Dr. Ralph Niederdrenk und Matthias Müller

Commercial Due Diligence

Dr. Ralph Niederdrenk und Matthias Müller

Commercial Due Diligence

Die strategische Logik erfolgreicher Transaktionen

WILEY-VCH

WILEY-VCH Verlag GmbH & Co. KGaA

1. Auflage 2012

Alle Bücher von Wiley-VCH werden sorgfältig erarbeitet. Dennoch übernehmen Autoren, Herausgeber und Verlag in keinem Fall, einschließlich des vorliegenden Werkes, für die Richtigkeit von Angaben, Hinweisen und Ratschlägen sowie für eventuelle Druckfehler irgendeine Haftung.

Bibliografische Information der Deutschen Nationalbibliothek
Die Deutsche Nationalbibliothek verzeichnet diese Publikation in der Deutschen Nationalbibliografie; detaillierte bibliografische Daten sind im Internet über http://dnb.d-nb.de abrufbar.

Printed in the UK

Gedruckt auf säurefreiem Papier.

Satz Mitterweger und Partner, Plankstadt
Druck und Bindung CPI – Ebner & Spiegel, Ulm
Umschlaggestaltung Adam Design, Weinheim

ISBN: 978-3-527-50668-2

Inhaltsverzeichnis

Abkürzungsverzeichnis

Abb.	Abbildung
AG	Aktiengesellschaft
AMP	Arbeitgeberverband Mittelständischer Personaldienstleister
AÜG	Arbeitnehmerüberlassungsgesetz
AÜ-Verträge	Arbeitnehmerüberlassungs-Verträge
BAP	Bundesarbeitgeberverband der Personaldienstleister
BIP	Bruttoinlandsprodukt
BZA	Bundesverband Zeitarbeit
bzw.	beziehungsweise
ca.	circa
CDD	Commercial Due Diligence
CGZP	Tarifgemeinschaft Christlicher Gewerkschaften für Zeitarbeit und Personalagenturen
DGB	Deutscher Gewerkschaftsbund
d.h.	das heißt
EBIT	earnings before interest and taxes
EBITDA	earnings before interest, taxes, depreciation and amortization
ESC	Ecole Supérieure de Commerce de Dijon
et al.	et alii
etc.	et cetera
f.	folgend
ff.	fortfolgend
FAZ	Frankfurter Allgemeine Zeitung
F&E	Forschung und Entwicklung

ggf.	gegebenenfalls
GmbH	Gesellschaft mit beschränkter Haftung
HHI	Herfindahl-Hirschmann-Index
Hrsg.	Herausgeber
IIC	Industrial Investment Council
iGZ	Interessenverband deutscher Zeitarbeitsunternehmen
IT	Informationstechnik
KGaA	Kommanditgesellschaft auf Aktien
LCC	Low Cost Countries
LSE	London School of Economics
M&A	Mergers and Acquisitions
Mio.	Millionen
Mrd.	Milliarden
MV-Verträge	Master-Vendor-Verträge
NHS	National Health Service
No.	Number
NOPAT	Net Operating Profit After Tax
Nr.	Nummer
Q&A	Questions&Answers
S.	Seite
sog.	sogenannte
SOP	Start of Production
vgl.	vergleiche
Vol.	Volume
z. B.	zum Beispiel

Vorwort

Das vorliegende Buch markiert den vorläufigen Höhepunkt unserer persönlichen Reise in die Welt der Commercial Due Diligence. Für den einen von uns begann diese Reise an einem Dezembermorgen des Jahres 2005 in der japanischen Hauptstadt Tokio mit der Entscheidung, dem neu gegründeten Commercial Due Diligence Team von PwC in Deutschland beizutreten. Für den anderen bereits viele Jahre zuvor als junger Berater bei Simon Kucher & Partner, als er den Auftrag erhielt, das Produkt Commercial Due Diligence für den deutschen Markt zu entwickeln. Seit dieser Zeit haben wir ein beträchtliches Stück Weg zurückgelegt und an zahlreichen Transaktionen in einer Vielzahl von Branchen gearbeitet. Gleichwohl hat dieses Buch transitorischen Charakter. Es stellt einen Schnappschuss unseres Denkens dar – nicht mehr, aber auch nicht weniger.

Commercial Due Diligence ist in großen Teilen Handwerk. Gemäß des Grundsatzes »What works is what matters« wollen wir dem Praktiker die richtigen Werkzeuge an die Hand geben und haben die aus unserer Erfahrung besten Konzepte in diesem Buch zusammengetragen. Zugleich reflektiert das vorliegende Buch auch unsere Philosophie der strategischen Analyse. Unser strategisches Denken ist stark industrieökonomisch geprägt. Wir glauben an den Kunden als Ausgangspunkt jeder Strategie und praktizieren einen quantitativen, datengetriebenen Ansatz der strategischen Analyse. Es ist das Buch, das wir selber gerne gelesen hätten, aber nirgendwo finden konnten. Andere hätten ein anderes Buch geschrieben – und das ist gut so. Letztlich ist es der Wettstreit der Ideen, der Kampf um das beste Konzept, der Fortschritt überhaupt erst ermöglicht. Die Commercial Due Diligence bildet da keine Ausnahme. In diesem Sinne freuen wir uns auf die Anregungen und die Kritik unserer Leser.

München und Frankfurt am Main im November 2011
Dr. Ralph Niederdrenk, Matthias Müller

A
Einleitung

Die zweite Dekade des 21. Jahrhunderts wird noch nie dagewesenen Wandel mit sich bringen. Mächtige Kräfte sind am Werk, die das Gesicht der Welt, so wie wir es kennen, nachhaltig verändern. Zu den Megatrends, die die kommende Zeit definieren, zählen unter anderem die Verschiebung des weltweiten Wachstumsschwerpunktes nach Asien, die Überalterung der Industriegesellschaften, die sich verändernde Einstellung der Bevölkerung zu Umwelt- und Klimaschutz, der technologische Wandel und die zunehmende Vernetzung der Akteure auf globaler Ebene, um nur einige zu nennen. Diesen sich mehr oder weniger evolutionär entwickelnden Megatrends stehen am anderen Ende des Spektrums sogenannte »Black Swans« gegenüber. Dabei handelt es sich um nicht vorhersehbare Ereignisse mit nur geringer Eintrittswahrscheinlichkeit, die allerdings eine extrem disruptive Wirkung entfalten können.[1] Beispiele sind Umweltkatastrophen, terroristische Anschläge sowie Finanz- und Wirtschaftskrisen. Mehr davon wird folgen.

Zusammen bilden Megatrends und »Black Swans« Kernaspekte des Kontextes, in dem bereits heute und noch in viel stärkerem Maße zukünftig unternehmerische Entscheidungen getroffen werden. Insbesondere in Deutschland und anderen Industrieländern haben die veränderten Rahmenbedingungen gravierende Auswirkungen auf die dort ansässigen Unternehmen. Um bei den oben genannten Beispielen zu bleiben: Die Verlagerung des Wachstumsschwerpunktes der Weltwirtschaft in den asiatischen Raum zwingt Unternehmen, ihre geografische Ausrichtung den veränderten Wachstumserwartungen anzupassen. Neue Wettbewerber aus Schwellenländern mit gänzlich anderen Kostenstrukturen tauchen plötzlich in westlichen Märkten auf und versuchen, diese mit Kampfpreisen zu erobern. Der Rohstoffhunger der aufstrebenden Volkswirtschaften führt weltweit zu Druck auf Preise und Verfügbarkeit von Rohstoffen. Zugleich hat die weit-

1 Vgl. Taleb (2010).

gehende Stagnation des Wachstums in den Industriestaaten steigenden Wettbewerbs- und Preisdruck zur Folge. Auch das verbleibende Wachstum in diesen Märkten wird sich in Zukunft direkt aus den Megatrends ableiten. So gewinnen zum Beispiel vor dem Hintergrund alternder Gesellschaften und einer steigenden Sensibilität der Bevölkerung für Themen des Umwelt- und Klimaschutzes die »Silver Markets« und »Green Markets« in den Industrieländern rasch an Dynamik. Weiterhin führen Technologiesprünge zur Auflösung von Branchengrenzen und Wertschöpfungsstrukturen. Schließlich schafft die zunehmende weltweite Vernetzung immer komplexere Ströme von Kapital, Informationen, Produkten und Menschen über geografische, politische und soziale Grenzen hinweg. Dies beschleunigt einerseits die Geschwindigkeit von technologischen und strategischen Innovationen, andererseits erlaubt die globale Vernetzung jederzeit Masseninteraktionen in globalem Maßstab und bringt eine nie dagewesene Volatilität und Unsicherheit mit sich.

In Summe haben all diese und weitere Entwicklungen gravierende Konsequenzen für die Unternehmensführung. Insbesondere wird sich die Haltbarkeit von Strategien, Geschäftsmodellen und Unternehmensplanungen deutlich verkürzen. Weitreichende Unternehmensentscheidungen werden in Zukunft in immer größerer Unsicherheit, Volatilität und Informationskomplexität getroffen. Neben den Unternehmen sind damit auch Unternehmenskäufer und -verkäufer immens wachsenden Risiken ausgesetzt. Die erfolgreiche Führung von Unternehmen in der zweiten Dekade des 21. Jahrhunderts wird um ein Vielfaches komplexer und anspruchsvoller sein, als dies noch zur Jahrtausendwende der Fall war. Gleiches gilt auch für das Transaktionsgeschäft.

Es liegt auf der Hand, dass in dieser Welt wachsender Volatilität und Unsicherheit ein immenses Bedürfnis nach Instrumenten besteht, die Risikopotenziale reduzieren und beherrschbar machen. Im Transaktionskontext kommt dabei der Commercial Due Diligence eine Schlüsselrolle zu. Im Unterschied zu allen anderen Formen der Due Diligence prüft allein die Commercial Due Diligence umfassend die Zukunftsaussichten einer Zielgesellschaft. Sie allein adressiert die strategische Logik von Transaktionen und damit auch den Wandel des externen Unternehmensumfeldes sowie dessen Einfluss auf Geschäftsmodell und Unternehmensplanung.

Damit sie die Zukunftsrisiken von Zielunternehmen in einer für Investoren und finanzierende Banken angemessenen Art und Weise aufzeigen kann, muss allerdings die »richtige« Form der Commercial Due Diligence gewählt werden. In diesem Buch wird eine deutlich quantitativ ausgerichtete Commercial Due Diligence propagiert. Aus dieser Perspektive stellt die Analyse der Zielgesellschaft, ihrer historischen Finanzkennzahlen und der Finanzplanung der Zielgesellschaft, den Ausgangspunkt dar, auf dem die qualitativen strategischen Analysen aufsetzen. Letztere werden allein mit dem Ziel durchgeführt, die Geschäftsplanung der Zielgesellschaft quantitativ zu bewerten und anzupassen. Die Commercial Due Diligence liefert damit im Ergebnis quantitativ messbare Aussagen zum zu erwerbenden Unternehmen, die unmittelbar in die Finanzmodelle der Investoren und Banken überführt werden können. Damit unterschiedet sich der hier vorgestellte Ansatz deutlich von der heute noch weithin üblichen Market bzw. Strategic Due Diligence. Letztere bewertet zwar auch die Zukunftsaussichten des zu kaufenden Unternehmens aus strategischer Perspektive, verzichtet aber weitgehend auf eine Quantifizierung ihrer Ergebnisse. Mangels Überführbarkeit ihrer Ergebnisse in quantitative Modelle verfehlt die Market bzw. Strategic Due Diligence eine Kernanforderung ihres Adressatenkreises und springt in dieser Hinsicht zu kurz.

Aufbau des Buches

Das vorliegende Buch stellt die Inhalte und Methoden der Commercial Due Diligence umfassend dar. Es unterteilt sich in fünf Kapitel.

Nach der Einleitung in Kapitel A wird die Commercial Due Diligence in Kapitel B in den Transaktionskontext eingeordnet. Neben der Definition der Commercial Due Diligence, ihrer Abgrenzung zu anderen Arten der Due Diligence und der konkreten Beschreibung der Analyseinhalte wird die Commercial Due Diligence als Teilprozessschritt des Unternehmenskaufs und -verkaufs eingestuft. Darüber hinaus wird im Detail aufgezeigt, welche Zielgruppen die Commercial Due Diligence bedient.

Kapitel C diskutiert im Detail die einzelnen Analyseschritte einer Commercial Due Diligence. So wird in der Analyse des Zielunternehmens die Geschäftsmodellanalyse thematisiert sowie die Notwendigkeit einer umfassenden Umsatz- und Margenanalyse aufgezeigt. Im Zuge der Analyse der Marktattraktivität, des zweiten Analyseschrittes der Commercial Due Diligence, werden Themen wie Marktdefinition und -segmentierung, Marktgröße und -profitabilität, Markttreiber und -wachstum sowie der Marktpreis fokussiert. Im dritten Analyseschritt erfolgt eine umfassende Analyse der Kundensituation, von der umfänglichen Analyse des Kundenstamms, über die Analyse der Kunden(end)märkte bis zur Diskussion des Einkaufsverhaltens der Kunden. Im nächsten, dem vierten Analyseschritt erfolgt eine ausführliche Darstellung der relevanten Inhalte zur Wettbewerbsanalyse

(Umfeld, relative Finanzanalyse, Wettbewerbsvorteilsanalyse). Im fünften Analyseschritt wird aufgezeigt, wie Business Pläne zu validieren sind. Im letzten Schritt wird zudem thematisiert, wie Wachstumspotenziale über den Business Plan hinaus im Rahmen einer Commercial Due Diligence behandelt werden.

Mit technischen Aspekten der Commercial Due Diligence befasst sich das Kapitel D. Hier werden Themen wie Projektmanagement, Informationsbeschaffung, Marktmodellierung und die eigentliche Berichterstellung umfassend dargestellt.

In Kapitel E werden Spezialprobleme der Commercial Due Diligence diskutiert. Eine typische Commercial Due Diligence folgt zwar analytisch einem gewissen Rahmen, allerdings können sich Zielunternehmen in ganz unterschiedlichen Marktkonstellationen befinden. Entsprechend ist dann auch der analytische Ansatz einer Commercial Due Diligence anzupassen. Im Einzelnen werden folgende Spezialprobleme diskutiert: Kommoditisierung, Kundenabhängigkeit, Beherrschung der Liefer- und Abnahmekette, Wettbewerb aus Schwellenländern, Märkte ohne Kern, Marktkonsolidierung, Preiskriege sowie vertikale Integration.

Kapitel F fasst die Kernaussagen des Buches zusammen und gibt einen Ausblick auf künftige Entwicklungen bzw. Anforderungen an eine Commercial Due Diligence.

B
Commercial Due Diligence im Transaktionskontext

1 Definition der Commercial Due Diligence

Eine Commercial Due Diligence (CDD) ist die »sorgfältige« Prüfung eines Zielunternehmens aus Markt-, Kunden- und Wettbewerbssicht im Vorfeld des Unternehmenskaufs und in enger Verzahnung zur Financial Due Diligence. Zielsetzung der Commercial Due Diligence ist es, die Geschäftsplanung des zu übernehmenden Unternehmens quantitativ zu validieren. Grundlage dieser Validierung ist die ausführliche Analyse der Nachhaltigkeit des heutigen und künftigen Geschäftsmodells des Zielunternehmens, seines Marktumfeldes, des Kundenverhaltens sowie seiner Positionierung im relevanten heutigen und künftigen Wettbewerbsumfeld.

Integraler Bestandteil der Commercial Due Diligence ist die Analyse und Darstellung der maßgeblichen quantitativen Schnittstellen zur Financial Due Diligence. Eine fundierte Commercial Due Diligence ist daher immer auch in Kombination mit der entsprechenden Financial Due Diligence zu sehen. Es macht wenig Sinn, einen Business Plan im Rahmen einer Commercial Due Diligence zu validieren, ohne dass die Ergebnisse dann auch in ihrer Auswirkung auf die Bilanz und Cashflow-Rechnung übertragen werden. Umgekehrt würde auch eine Financial Due Diligence zu kurz springen, die sauber und detailliert die Zahlenwelt der Vergangenheit validiert, dann aber einseitig historische Wachstumsraten in die Zukunft projiziert. Oftmals sieht man auch, dass eine Financial Due Diligence Business Pläne technisch sehr sauber im Sinne von Zahlenrichtigkeit sowie in Verbindung zu Bilanz und Cashflow-Rechnung validiert. Dies ist zweifelsohne wichtig, sagt aber nichts über die Zielerreichbarkeit des Business Plans aus. Diese Bewertung ist nur unter Einbeziehung der Ergebnisse der Commercial Due Diligence möglich.

2 Begriffsvielfalt zur Commercial Due Diligence

Die Disziplin der Commercial Due Diligence hat in der Praxis des Transaktionsgeschäfts erst relativ spät Einzug gehalten. Zudem hat sich in der Literatur bislang keine feste Definition für die Begrifflichkeit der Commercial Due Diligence herauskristallisiert. Dies führt in Summe dazu, dass sowohl in der Praxis als auch in der Theorie eine Vielzahl von Begriffen zur kommerziellen Sorgfältigkeitsprüfung verwendet werden, die mehr oder weniger dieselbe Zielsetzung verfolgen.

So war Anfang bis Mitte der 1990er Jahre im Transaktionsumfeld von Commercial Due Diligence nicht wirklich die Rede. Vielmehr führten die übernehmenden Unternehmen oder Private Equity Häuser die kommerzielle Analyse des Übernahmekandidaten in Eigenregie durch. De facto – wenn überhaupt – beschränkte sich diese Analyse auf eine rein deskriptive Darstellung des Markt- und Wettbewerbsumfelds. Rückschlüsse auf die Erreichbarkeit der Geschäftsplanung erfolgten nicht.

Mitte der 1990er Jahre kristallisierte sich dann der Begriff der Market Due Diligence[2] heraus. Die Market Due Diligence gleicht unternehmensintern verfügbare Informationen mit Fokus auf »marketingrelevante« Bereiche – wie zum Beispiel Produktportfolio, Absatz- und Preispolitik, Marketing- und Vertriebsorganisation – mit den Anforderungen des Marktes – wie etwa Kundenbedürfnissen, Wettbewerbsaktivitäten und rechtlichen Rahmenbedingungen – ab. Wenngleich die Market Due Diligence als Begrifflichkeit auch heute noch Verwendung findet und inhaltlich zweifelsohne wichtige Themenbereiche abdeckt, muss ihr als Schwäche attestiert werden, dass sie sich stark aus der Marketingpraxis ableitet. Entsprechend ist die Verbindung zur Financial Due Diligence hinsichtlich der Erreichbarkeit der Umsatzplanung allenfalls ansatzweise erkennbar. Eine integrative Verzahnung mit den Ergebnissen der Financial Due Diligence und eine fundamentale Bewertung der Geschäftsplanung erfolgen nicht. Im Grunde hat die Market Due Diligence ihre Marktforschungsecke nie wirklich verlassen und verfehlt somit den eigentlichen Zweck und das Ziel einer Commercial Due Diligence.

Seit Ende der 1990er Jahre wird im Zusammenhang mit der kommerziellen Sorgfältigkeitsprüfung häufig auch der Begriff der Strategic Due Dili-

2 Siehe dazu beispielsweise Sebastian/Niederdrenk/Tesch (1998, 2005).

gence[3] verwendet. Bestandteile ihrer begrifflichen Abgrenzung sind einerseits die Inhalte einer Market Due Diligence, andererseits sämtliche Aspekte eines typischen Strategieprojektes. Hierzu zählen insbesondere die Identifikation der strategischen Kernkompetenzen des Zielunternehmens und des Abgleich dieser Kompetenz mit der Erreichbarkeit des Business Plans. Zweifelsohne geht die Strategic Due Diligence in ihrer begrifflichen Abgrenzung sehr weit und gleicht auch hinsichtlich ihrer Analysen bis hin zur klassischen SWOT-Darstellung (Strengths, Weaknesses, Opportunities, Threats) einer typischen Commercial Due Diligence. Eine echte Verzahnung zu der finanziellen Situation des Unternehmens findet hier allerdings auch nur im Ansatz statt.

Zusammenfassend kann festgestellt werden, dass sich die Commercial Due Diligence in ihrer in diesem Buch gewählten Definition und den damit verbundenen analytischen Schritten nachhaltig im Transaktionsumfeld etabliert hat und auch international verwendet wird. Einher geht dies mit der Tatsache, dass heutzutage Finanzinvestoren und finanzierende Banken die Commercial Due Diligence als Standard in ihren Statuten vorschreiben, ähnlich zu den sonstigen Disziplinen der Due Diligence.

3 Abgrenzung zu anderen Arten der Due Diligence

Im Rahmen von Unternehmenstransaktionen werden Financial, Tax und Legal Due Diligence nahezu immer standardmäßig durchgeführt. In den letzten rund fünf Jahren sind neben der Commercial Due Diligence weitere Disziplinen wie Operational Due Diligence, Environmental Due Diligence, IT Due Diligence und Management Audit hinzugekommen. Die unterschiedlichen Arten der Due Diligence und ihre Abgrenzung zur Commercial Due Diligence werden im Folgenden kurz dargestellt.

Bei der *Financial Due Diligence* steht die Analyse der Ertragskraft des Unternehmens im Mittelpunkt.[4] Das Unternehmen wird in puncto Vermögens-, Ertrags- und Finanzlage sowie Planungsrechnung untersucht. In diesem Zusammenhang werden erfolgs- und bestandsorientierte Kennzahlen sowie unterschiedliche Bilanz- und Bewertungsmethoden geprüft. Analysen

3 Siehe dazu beispielsweise Cullinan/Holland (2002), Cullinan/Le Roux/Weddigen (2004) und Adolph/Gilles/Krings (2006).

4 Dazu und zu den nachfolgenden Ausführungen zur Financial Due Diligence vgl. Brebeck/Bredy (2005).

im Bereich Current Year Trading, Quality of Earnings, Working Capital und Cashflow gehören ebenso zur Financial Due Diligence wie die Kalkulation des Net Debt. Diese sogenannten »Netto-Schulden« sind Basis für die spätere Bewertung des zu erwerbenden Unternehmens. Integraler Bestandteil der Financial Due Diligence ist auch die Validierung des Business Plans. Hier konzentriert sich diese Disziplin allerdings eher auf die Konsistenz der geplanten Zahlen. In vielen Financial Due Diligence Berichten wird darüber hinaus die Erreichbarkeit der Planung aus der Ableitung entsprechender Umsatzwachstumsraten oder Aufwandsquoten aus der Vergangenheit validiert. Ist dies zweifelsohne ein legitimer Weg, muss dennoch festgestellt werden, dass die primär technische Analyse den Kern einer Business Plan Validierung nicht trifft. Gerade hier ist es ratsam, die Financial Due Diligence im Zusammenspiel mit der Commercial Due Diligence durchzuführen. Anders formuliert, erfährt die Financial Due Diligence durch die Verzahnung mit der Commercial Due Diligence einen nicht zu unterschätzenden Mehrwert. Erst mit der Commercial Due Diligence wird die Validierung der Planungsrechnung auf eine fundamentale Basis gestellt. Typischerweise wird die Financial Due Diligence von Wirtschaftsprüfern durchgeführt, die entsprechende Transaktionserfahrung mitbringen.

Die *Tax Due Diligence* konzentriert sich auf die Untersuchung der vergangenen Wirtschaftsjahre und der damit einhergehenden steuerlichen Aspekte.[5] Entsprechend geht es darum, steuerliche Risiken aufzudecken, die zu finanziellen Verpflichtungen gegenüber dem Fiskus führen können. Damit gleicht die Tax Due Diligence einer Art Betriebsprüfung, bei der potenzielle Nachzahlungen für die betreffenden Steuerarten zu identifizieren sind. Ein weiterer Aspekt ist die steuerlich optimale Gestaltung der Akquisitionsstruktur. Hierbei stehen die künftige Abschreibung des Kaufpreises, die steuerliche Absetzbarkeit der Finanzierungskosten, die Schaffung der Organvoraussetzungen und die Nutzung der in der Zielgesellschaft gegebenenfalls existierenden Verlustvorträge im Mittelpunkt. Die Tax Due Diligence wird in der Regel von auf diesen Bereich spezialisierten Steuerberatern durchgeführt. Eine Schnittstelle zur Commercial Due Diligence existiert nicht.

Die *Legal Due Diligence* analysiert die rechtlichen Verhältnisse des zu erwerbenden Unternehmens.[6] Ihren Stellenwert in der Beurteilung eines Un-

5 Dazu und zu den nachfolgenden Ausführungen zur Tax Due Diligence vgl. Welbers (2005).

6 Dazu und zu den nachfolgenden Ausführungen zur Legal Due Diligence vgl. Fritzsche/Griese (2005).

ternehmens erfährt die Legal Due Diligence bei den Fragen, ob die Unternehmertätigkeit einwandfrei begründet ist und ausgeübt wird, welchen offenen oder verdeckten Bestands- oder Haftungsrisiken sie ausgesetzt ist und inwieweit die aktuelle wettbewerbliche Situation abgesichert ist. Sämtliche Fragestellungen können im Extremfall die unternehmerische Existenz gefährden. Beispiele sind eine fehlende Nutzungserlaubnis für eine Produktionstätigkeit, schwebende und versicherungsmäßig nicht abgedeckte Produkthaftpflichtprozesse oder Unterlassungsklagen von Wettbewerbern wegen angeblicher Verletzung von Schutzrechten. Die Legal Due Diligence hat allenfalls bei der Analyse von Kundenverträgen oder bei der Betrachtung von Patenten eine Schnittstelle zur Commercial Due Diligence. Üblicherweise wird die Legal Due Diligence von auf diesen Bereich spezialisierten Rechtsanwälten ausgeführt.

Seit Anfang der 2000er Jahre hat die *Operational Due Diligence* Einzug in den Katalog der unterschiedlichen Sorgfältigkeitsprüfungen genommen. Die Operational Due Diligence konzentriert sich in ihrer Analyse primär auf die operativen Wertsteigerungspotenziale des Zielunternehmens. So untersucht diese Disziplin sowohl Einzelpositionen aus der Gewinn- und Verlustrechnung als auch bilanzbezogene Kennzahlen sowie Sonderthemen aus dem operativen Umfeld eines Unternehmens. Im Rahmen der Gewinn- und Verlustrechnung durchleuchtet die Operational Due Diligence umfassend die Positionen Materialaufwand, Personalaufwand und sonstige betriebliche Aufwendungen. Dies erfolgt auf Basis umfassender Analysen des Beschaffungsmanagements sowie sämtlicher funktionaler Bereiche wie Administration, Vertrieb und Marketing, Forschung und Entwicklung und Produktion. Einher geht die Operational Due Diligence mit der Analyse von Optimierungspotenzialen im Working Capital, der Überprüfung der Investitionsplanung sowie der »Produktpipeline« aus Forschung und Entwicklung. Oftmals werden auch initiierte Restrukturierungsmaßnahmen auf ihre bisherige Zielerreichung überprüft. Aufgrund ihrer »Nähe« zur Gewinn- und Verlustrechnung hat die Operational Due Diligence eine deutliche Schnittstelle zur Commercial Due Diligence. Sie erfährt spätestens in der Validierung des Business Plans ihre Funktion, den Ergebnissen der Commercial Due Diligence zuzuarbeiten. Die Operational Due Diligence wird häufig von Personen durchgeführt, die über eine entsprechende operative Führungsverantwortung in den aufgezeigten Funktionen eines Unternehmens verfügen.

Eine weitere Disziplin der Due Diligence ist die sogenannte *Environmental Due Diligence*, die die Identifikation von Umweltrisiken im Zusammenhang mit der geplanten Transaktion zum Gegenstand hat.[7] Konzentrierte sich diese in den 90er Jahren primär auf Branchen wie Petrochemie, Bergbau oder das verarbeitende Gewerbe, erstreckt sich die Notwendigkeit heutzutage auf fast alle Branchen. Treiber dieser Entwicklung ist das am Standort des Zielunternehmens geltende Umweltrecht. Bei Nichtbeachtung der Vielzahl von Gesetzen, Verordnungen und Verwaltungsvorschriften auf EU-, Bundes-, Landes- und Kommunalebene kann es schnell zu erheblichen finanziellen und mitunter auch strafrechtlichen Folgen kommen. Durchgeführt wird die Environmental Due Diligence von Experten aus den Fachbereichen Umweltrecht und Geologie.

Darüber hinaus wird auch die *IT Due Diligence* im Rahmen von Transaktionen durchgeführt.[8] Hier geht es darum, zu prüfen, ob das in der Zielgesellschaft existierende IT-System bzw. die IT-Systemlandschaft den aktuellen und künftigen Anforderungen entspricht. Häufig erfolgt eine IT Due Diligence auch dann, wenn Unternehmen selbst programmierte Software einsetzen, die für deren Geschäftsmodell von entsprechender Bedeutung ist. Die Tragfähigkeit dieser Software wird dann analysiert. Die IT Due Diligence wird typsicherweise von ausgebildeten Informatikern oder Softwarespezialisten durchgeführt.

Ein letztes Spezialthema sind sogenannte *Management Audits.*[9] In diesen Audits wird eine Analyse der Kompetenzen und Potenziale sowohl von einzelnen Führungskräften als auch von kompletten Managementteams durchgeführt. Hintergrund dieser Analyse ist die Tatsache, dass im Zuge des Einstiegs eines Finanzinvestors das Management beteiligt werden soll (Management Buy Out/Buy In). So ist der Finanzinvestor im Rahmen der Due Diligence fähig, das Management vorab einzuschätzen. Er erhält ein Gutachten über die Qualitäten und Verbesserungspotenziale des Managements. In der Regel werden Management Audits von auf diesen Bereich spezialisierten Personalberatungsunternehmen durchgeführt.

7 Dazu und zu den nachfolgenden Ausführungen zur Environmental Due Diligence vgl. Betko/Reiml/Schubert (2005).

8 Dazu und zu den nachfolgenden Ausführungen zur IT Due Diligence vgl. Koch/Menke (2005).

9 Zu den nachfolgenden Ausführungen vgl. Aldering/Högemann (2005).

4 Analyseinhalte der Commercial Due Diligence

Die Commercial Due Diligence ist eine Prüfung des Zielunternehmens aus Markt-, Kunden- und Wettbewerbssicht mit dem Ziel der Validierung des Business Plans. Dementsprechend existieren unterschiedliche Analyseinhalte, die im Rahmen dieser Prüfung adressiert werden müssen (vgl. Abbildung 1).

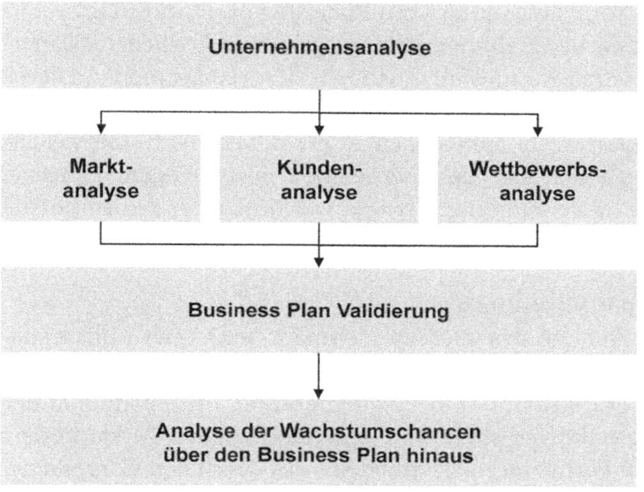

Abbildung 1: Analysebereiche der Commercial Due Diligence
Quelle: Eigene Darstellung

Analyse des Zielunternehmens
Ausgangspunkt der Commercial Due Diligence ist die Analyse des Zielunternehmens. In diesem Zusammenhang erfolgt zunächst eine umfassende Beschreibung und Bewertung des Geschäftsmodells. Die Betrachtung fokussiert sich dabei auf die vier Grundbausteine von Geschäftsmodellen – das Leistungsangebot, d.h. das Bündel aus Produkten und/oder Dienstleistungen, das einen Kundennutzen stiftet (Angebotsmodell), die Zielkunden und die Kundenschnittstelle (Kundenmodell), die Wertschöpfungsarchitektur und -partner (Wertschöpfungsmodell) sowie schließlich Umsatz- und Kostenstruktur, die zusammen die Gewinnerzielungslogik des Zielunternehmens begründen (Gewinnmodell).

Einen weiteren Untersuchungsschwerpunkt bildet die Analyse der finanziellen Leistungsfähigkeit des Zielunternehmens. Hierbei geht es weniger um eine umfassende Finanzanalyse im Sinne einer Financial Due Diligence. Vielmehr steht für die Commercial Due Diligence die Analyse der historischen und geplanten Umsätze (Preis-Mengen-Gerüst) nach Geschäftsfeldern, Produkten, Kunden, geografischen Märkten und Vertriebskanälen im Mittelpunkt. Diese Analyse verfolgt das Ziel, die Treiber der historischen und geplanten Umsatzentwicklung zu identifizieren. Einher geht die Umsatzanalyse mit der Betrachtung der Profitabilität des Zielunternehmens. Typischerweise erfolgt diese auf sämtlichen Margenebenen der Gewinn- und Verlustrechnung, vom Rohertrag bis zum EBIT.

Zur Analyse des Zielunternehmens gehört schließlich die Darstellung der Wachstumsstrategie und -maßnahmen des Managements. Hierbei gilt es, Wachstumspfade und zugrundeliegende Wachstumsinitiativen darzustellen und zu hinterfragen. Maßgeblich ist es, zu verstehen, mit welcher Wachstumsstrategie sich das Zielunternehmen in der Vergangenheit entwickelt hat, wie es heute aufgestellt ist und welche Unternehmensaufstellung für die Zukunft angestrebt wird.

Analyse der Marktattraktivität

Auf die Analyse des Zielunternehmens folgt eine umfassende Bewertung seines Marktumfeldes. Hierzu gehören die »richtige« Abgrenzung des relevanten Marktes und seine Segmentierung. Im Mittelpunkt der Analyse der Marktattraktivität steht die Quantifizierung der Marktgröße und -entwicklung in Form eines Marktmodells, das durch den Commercial Due Diligence Dienstleister erstellt wird. Hierbei ist es insbesondere wichtig, herauszuarbeiten, welche Treiber die Marktentwicklung – Wachstums- oder Schrumpfungsprozesse – beeinflussen. Daneben werden, eine entsprechende Datenverfügbarkeit vorausgesetzt, das Profitabilitätsniveau des Marktes und der »typische« Marktpreis analysiert. Im Rahmen der Marktpreisanalyse sind Entwicklungen der Vergangenheit, Erklärungen dieser Entwicklung sowie die mögliche künftige Preisentwicklung darzustellen. Schließlich stellt eine gute Marktanalyse den Absatzmarkt der Zielgesellschaft in den Kontext der gesamten industriellen Lieferkette vom Rohstofflieferanten bis zum eigentlichen Endkunden. Die Intelligenz dieser Betrachtung besteht dabei weniger in der reinen Darstellung, als vielmehr in der Analyse, ob sich die Werthaltigkeit der einzelnen Stufen der Lieferkette in der Vergangenheit verschoben hat und inwieweit dies in Zukunft der Fall sein wird.

Analyse der Kundensituation

Die Kundenanalyse ist einer der Kerninhalte der Commercial Due Diligence. Aus Prozesssicht zeichnet sich diese Analyse dadurch aus, dass hier neben Sekundärinformationen insbesondere primäre Daten in Form von Kunden,-, Wettbewerber- und Experteninterviews erhoben werden. Diese Vorgehensweise erlaubt, im Unterschied zu allen anderen Due Diligence Disziplinen, eine Einschätzung des Zielunternehmens aus Sicht des Marktes und stellt damit eine wichtige Ergänzung der Sekundäranalysen dar.

Inhaltlich erfolgt zunächst eine Analyse des Kundenstamms des Zielunternehmens. Auf der Grundlage einer sachgerechten Kundensegmentierung kann der Kundenstamm sowohl aus der finanziellen als auch aus der strategischen Perspektive beleuchtet werden. Die finanzielle Perspektive fokussiert auf die einschlägigen kundenbezogenen Finanzkennzahlen wie beispielsweise Umsatz, Umsatzwachstum und Profitabilität pro Kunde. Aus strategischer Sicht können unterschiedlichste Analysen geboten sein. Typische Analyseinhalte reichen von der Identifizierung möglicher Kundenabhängigkeiten durch ABC-Analysen über die Bestimmung der Kundendurchdringung (sog. Share of Wallet) und der Kundenloyalität bis hin zur Untersuchung der Fähigkeit zur Weitergabe von Materialpreissteigerungen an die Kunden.

In Business-to-Business-Märkten, in denen die vom Zielunternehmen bedienten Kunden wiederum in unterschiedlichen Endmärkten aktiv sind, muss die Entwicklung dieser Kundenmärkte im Rahmen der Commercial Due Diligence analysiert werden. Ziel ist es, ein möglichst umfassendes Verständnis der Entwicklung dieser Märkte und der strategischen Positionierung der Kunden des Zielunternehmens in diesen Märkten zu gewinnen.

Ein dritter Teilaspekt im Rahmen der Kundenanalyse ist das Einkaufverhalten. In diesem Zusammenhang werden die relevanten Kaufentscheidungsträger identifiziert und deren Organisation untersucht. Darauf aufbauend findet eine Betrachtung des Einkaufsprozesses und der im Einzelfall zur Anwendung kommenden Einkaufstrategien statt. Schließlich stellt die Identifikation der einschlägigen Einkaufskriterien und ihrer relativen Wichtigkeit eine klassische Analyse der Commercial Due Diligence dar.

Analyse des Wettbewerbs

Die Aufbereitung der Wettbewerbslandschaft des Zielunternehmens bildet die Grundlage der Wettbewerbsanalyse. Dabei kann eine erste Herausforderung bereits darin bestehen, die relevanten direkten und indirekten

Wettbewerber zu identifizieren. Hierunter fällt insbesondere auch die Frage, ob und welche Wettbewerber aus sogenannten Low-Cost-Countries wie China oder Indien in den Markt drängen. Die relevanten Wettbewerber des zu untersuchenden Zielunternehmens sind dann umfassend zu beschreiben. Typischerweise werden dabei Gesichtspunkte wie Umsatzgröße, Profitabilitätsniveau, Produkt- und Serviceangebot, kundenbezogene und regionale Abdeckung, Geschäftsmodell und Eigentümerstruktur adressiert. Maßgeblich ist in diesem Zusammenhang auch die Einordnung der Wettbewerber hinsichtlich ihrer strategischen Positionierung. Die Marktanteile der Wettbewerber, ihre Zugehörigkeit zu strategischen Gruppen sowie ihr Qualitäts- und Preisniveau liefern wichtige Anhaltspunkte. Schließlich ist die Natur und Intensität des Wettbewerbs in den einzelnen Segmenten des relevanten Marktes herauszuarbeiten.

Nach der Analyse des Wettbewerbsumfeldes werden in der Regel wichtige Finanzkennzahlen des Zielunternehmens mit denen seiner Wettbewerber verglichen (sog. relative Finanzanalyse). Im Mittelpunkt des Interesses stehen dabei das historische und geplante Wachstum des Zielunternehmens sowie seine Profitabilität in den relevanten Marktsegmenten.

Unterschiede in den Wachstumsraten und der Profitabilität des Zielunternehmens relativ zu seinen Konkurrenten weisen auf Wettbewerbsvorteile und -nachteile hin, die dann im dritten Schritt analysiert werden müssen. Hinsichtlich der einschlägigen Wettbewerbsvorteile ist zwischen Differenzierungs- und Kostenvorteilen zu unterscheiden. Von Interesse sind dabei neben der Existenz eines Wettbewerbsvorteils vor allem auch die Fragen nach seiner Nachhaltigkeit und seiner Umsetzung durch Preissetzung. Integraler Bestandteil der Analyse der Wettbewerbsvorteile und -nachteile ist die Identifikation der kundenbezogenen Leistungswahrnehmung der am Markt agierenden Unternehmen. Zu diesem Zweck werden Marktinterviews zu den kundenrelevanten Einkaufskriterien im Wettbewerbsvergleich geführt und anschließend ausgewertet. Dies ermöglicht die Einordnung der Zielgesellschaft und seiner Wettbewerber hinsichtlich ihrer Leistungswahrnehmung am Markt.

Validierung des Business Plans

Die Validierung des Business Plans ist das hauptsächliche Ziel der Commercial Due Diligence. Vor allem bei der Planungsvalidierung hat die Commercial Due Diligence ihre Schnittstelle zur Financial Due Diligence. Die Validierung erfolgt typischerweise in einem mehrstufigen Prozess und kann je nach Datenlage unterschiedlich komplex sein.

Im ersten Schritt sollte der Business Plan des Zielunternehmens mit Fokus auf die Umsatzplanung detailliert dargestellt werden. Dies geht einher mit der Analyse der umsatz- und gegebenenfalls der profitabilitätsbezogenen Treiber der Planung, einer Beschreibung der Planungsmethodik und des Planungsprozesses sowie der detaillierten Darstellung aller zugrunde liegenden Planungsannahmen.

Im nächsten Schritt erfolgt eine Bewertung der Planungskompetenz des Managements. Dies erfordert eine Einschätzung des markt- und kundenbezogenen Know-how des Managements, der Planungsqualität in Bezug auf die Anforderungen im Kapitalmarktumfeld sowie der Transparenz und Nachvollziehbarkeit der Planung.

Im dritten Schritt wird die Planung auf ihre Konsistenz mit dem Markt-, Kunden- und Wettbewerbsumfeld hin überprüft. Die Commercial Due Diligence bewertet die vom Management vorgelegte Umsatzplanung primär aus der Perspektive des Marktes. Sie beantwortet die Kernfrage, ob die Umsatzplanung des Zielunternehmens vor dem Hintergrund seines Marktumfeldes und seiner strategischen Positionierung realistisch ist. Zu diesem Zweck sind die der Umsatzplanung zugrundeliegenden Planungsannahmen auf Konsistenz mit den Ergebnissen der Markt-, Kunden- und Wettbewerbsanalyse hin zu überprüfen.

Je nach Branche und Lage des Einzelfalls muss die Business Plan Validierung im vierten Schritt durch weitere Plausibilitätsprüfungen wie beispielsweise die Analyse des Auftragsbuches, des Current Tradings oder der geplanten Wachstumsstrategie und -maßnahmen des Managements ergänzt werden.

Schließlich wird die Planung des Managements im fünften Schritt umfassend bewertet und entweder bestätigt oder angepasst. Im Extremfall kann es sogar notwendig sein, einen neuen »Bottom-up«-Business Plan zu entwickeln, da das Management bis dato einen solchen nicht erstellt hat oder das Detaillierungsniveau der vorliegenden Business Planung nicht ausreichend ist. Die angepasste Planung und gegebenenfalls betrachtete Szenarien sind dann hinsichtlich ihres Umsatz- und Ergebnisniveaus darzustellen und mit dem Financial Due Diligence Team abzugleichen. Auf diese Weise können die Ergebnisse der Commercial Due Diligence dann wiederum in ihrer Auswirkung auf Bilanz oder Cashflow-Rechnung berücksichtigt werden.

Identifikation von Wachstumspotenzialen über den Business Plan hinaus

Eine umfassende Commercial Due Diligence analysiert in einem letzten Kapitel die Wachstumspotenziale, die vom Management des Zielunternehmens im Business Plan nicht berücksichtigt worden sind. Hierbei sollten sämtliche Aspekte beleuchtet werden, die zu einem deutlichem Wachstum über den Business Plan hinaus führen können. Letztlich gilt es, sämtliche Wachstumsoptionen eines Unternehmens daraufhin zu untersuchen, ob und inwieweit unausgeschöpftes Potenzial existiert. Entsprechend ist das zusätzliche Wachstumspotenzial zu quantifizieren und nach den Kriterien Umsatzpotenzial, erforderliche Kosten und zeitliche Wirksamkeit zu priorisieren.

5 Commercial Due Diligence als Teilprozessschritt des Unternehmens(ver)kaufs

Die Commercial Due Diligence stellt einen Teilprozessschritt des Unternehmenskaufs bzw. -verkaufs dar. Im Folgenden wird zunächst die unterschiedliche Bedeutung der Commercial Due Diligence für Finanzinvestoren und strategische Unternehmenskäufer diskutiert. Danach erfolgt eine Einordnung der verschiedenen Spielarten der Commercial Due Diligence in den typischen Transaktionsprozess.

Arten von Unternehmenskäufern

Der Charakter eines Transaktionsprozesses wird stark durch die Art des Unternehmenskäufers bestimmt. Typischerweise wird zwischen Finanzinvestoren (Private Equity Häusern) und strategischen Investoren (Unternehmen) differenziert. Beide Käufergruppen verfolgen bei ihren Transaktionen unterschiedliche Zielsetzungen. Private Equity Häuser halten ihre Beteiligung allein aus Renditegründen und veräußern diese nach etwa drei bis fünf Jahren im Rahmen des sog. Exits. Demgegenüber verfolgen strategische Käufer ganz unterschiedliche Interessen wie beispielsweise die Sicherung technologischer Kompetenzen, die Erschließung neuer Märkte, die Konsolidierung des eigenen Marktes, die Erschließung von Synergiepotenzialen oder die Sicherung von Wachstumsoptionen.

Im Fokus dieses Buches stehen Private Equity Häuser, für die das Instrument der Commercial Due Diligence die größere Relevanz besitzt. Strategische Investoren kennen in der Regel das Geschäftsmodell sowie die Markt-, Kunden- und Wettbewerbssituation ihrer Zielunternehmen genau, da sie oftmals vergleichbar aufgestellt sind und selbst in eben diesem Umfeld agieren. Hinter den strategischen Investoren stehen gewöhnlich auch keine Banken, die geplante Transaktionen in gleichem Umfang mitfinanzieren wie im Fall von Private Equity. Entsprechend besteht auch von dieser Seite kein gesteigerter Bedarf an einer Commercial Due Diligence.

Exkurs zum Private Equity

Die Wurzeln des Private Equity Geschäfts liegen in den USA und Großbritannien, wo nach dem zweiten Weltkrieg die ersten Beteiligungsgesellschaften gegründet wurden. Erst 1965 folgte die Gründung der ersten Private Equity Gesellschaft in Deutschland. Nach einem Aufschwung in den späten 1990er Jahren erfuhr der Beteiligungsmarkt von 2001 bis 2003 eine Konsolidierungsphase, die von einem starken Einbruch insbesondere im Jahr 2004 gefolgt wurde. Von 2004 bis 2006 fand eine Markterholung statt. Seit 2007 gingen die Private Equity Gesellschaften in Folge der in den USA ausgelösten Finanzkrise dann schwierigen Zeiten entgegen. Im Laufe des Jahres 2011 zeichnete sich eine erneute Belebung des Private Equity Geschäfts ab.

Eine exakte definitorische Abgrenzung von Private Equity ist schwierig, da es sich nicht um ein theoretisch konzipiertes, sondern um ein praktisch entwickeltes Finanzierungskonzept handelt. Der Begriffsteil »Equity« bedeutet die Bereitstellung von Eigenkapital. Der Begriffsteil »Private« macht deutlich, dass dies außerhalb der Institutionen, wie beispielsweise der Börse, geschieht.

Die Private Equity Gesellschaft sammelt im Rahmen des Fundraising finanzielle Mittel bei verschiedenen Investoren ein und bündelt diese meist in Form eines Fonds. Kapitalgeber einer Private Equity Gesellschaft können institutionelle Investoren (Kreditinstitute, Versicherungen etc.), private Anleger, Konzerne oder andere Investoren wie z. B. staatliche Einrichtungen sein. Durch die Beteiligungsgesellschaft werden die Investitionsmittel in verschiedene Unternehmen investiert. Nach einer Beteiligungsdauer von im Durchschnitt fünf bis sieben Jahren werden die Portfoliounternehmen, im Idealfall mit Gewinn, wieder verkauft (Exit). Im Gegensatz zu Bankkrediten besteht kein Rückzahlungsanspruch. Als Eigenkapitalgeber profitieren Private Equity Investoren von einer positiven Unternehmensentwicklung und dem daraus folgenden Wertzuwachs des Portfoliounternehmens. Dabei wird ein großer Teil der Rendite durch die Teilnahme an der Unternehmenswertsteigerung beim Exit realisiert und ein kleinerer Teil durch laufende Erträge aus ausschüttungsfähigen Gewinnen des Unternehmens. Ziel ist es demzufolge, den Wert der Portfoliounternehmen zu steigern, um durch laufende Gewinne und den späteren Verkauf Kapitalrenditen zu erzielen.

Grundsätzlich lässt sich das Private Equity Häusern zur Steigerung des Wertes ihrer Transaktionen zur Verfügung stehende Instrumentarium in zwei Kategorien unterteilen: transaktionsbezogene Werthebel und strategische Werthebel. Der klassische transaktionsbezogene Werthebel ist die Änderung der Finanzierungsstruktur des Zielunternehmens. Sofern der Fremdkapitalzins unter der Gesamtkapitalrentabilität einer Investition liegt, führt eine Erhöhung des Verschuldungsgrades zu einer Steigerung der Eigenkapitalrendite. Daneben lassen sich durch geschickte Verhandlung des Kaufpreises bzw. des Kaufpreisbestimmungsmechanismus sowie der Nettofinanzverbindlichkeiten bereits im Rahmen der Transaktion günstige Voraussetzungen für die spätere Renditeerzielung schaffen. Demgegenüber besteht das Ziel der strategischen Werthebel in der Erzielung von Umsatz- und Profitabilitätswachstum. Beispiele sind die Ausrichtung des Unternehmens auf neue Wachstumsfelder, operative Verbesserungen sowie die Refokussierung des Unternehmens durch Zukäufe und Divestments. Die relative Bedeutung der Werthebel hat sich mit der Zeit verändert. So tritt die Refinanzierung des Zielunternehmens, die traditionell im Zentrum des Private Equity Geschäftsmodells steht, immer mehr hinter der strategischen und operativen Wertsteigerung zurück. Um den Wert ihrer Investitionen in ausreichendem Maße steigern zu können, müssen Private Equity Häuser zunehmend aktiv in die Geschäftsführung des Zielunternehmens eingreifen.

Private Equity erhöht die Finanzkraft von Unternehmen, ermöglicht diesen langfristige Zukunftsinvestitionen und ist somit ein wichtiger Erfolgsfaktor für unternehmerisches Wachstum. Der unternehmerische Handlungsspielraum wird im Wesentlichen durch die Eigenkapitalausstattung des Unternehmens bestimmt. Angesicht des tiefgreifenden Strukturwandels der Kreditfinanzierung (Basel II und Basel III) gewinnt eine angemessene Eigenkapitalquote zunehmend an Bedeutung. Private Equity ist folglich aus Unternehmenssicht eine Finanzierungsform und gleichzeitig aus Sicht des Kapitalmarkts eine alternative Anlageform.

Obwohl es in der internationalen Literatur weit verbreitet ist, Venture Capital und Private Equity zusammenzufassen, hat sich in der Praxis die Unterscheidung dieser Finanzierungsformen durchgesetzt. Beide Begriffe beziehen sich auf vorwiegend von institutionellen Kapitalgebern in Unternehmen investiertes Beteiligungskapital. Der entscheidende Unterschied: Während Venture Capital die Früh- sowie Expansionsfinanzierung junger, innovativer und nicht börsennotierter Unternehmen meint, steht Private Equity für die Investition in Unternehmen mit einem hohen Reifegrad (sog. Later Stage). Zudem werden fälschlicherweise die Begriffe Private Equity und Hedge Fonds oft synonym verwendet. Hedge Fonds sind Investmentgesellschaften oder -fonds, die verschiedenste Anlageinstrumente (z. B. Leerkäufe) zum Zweck der positiven, risikoeffizienten Wertentwicklung durch die Hebelwirkung der Fremdfinanzierung verwenden. Hedge Fonds investieren im Unterschied zu Private Equity fast ausschließlich in börsennotierte Unternehmen und erwirtschaften eine von der allgemeinen Marktentwicklung unabhängige Rendite. Während sich Private Equity Gesellschaften in der Regel mehrere Jahre an Unternehmen beteiligen, verfolgen Hedge Fonds einen kürzen Anlagehorizont.

Private Equity Investoren verlangen durch die Übernahme des je nach Umfang des Engagements unterschiedlichen, unternehmerischen Risikos und die im Insolvenzfall nachrangige Position gegenüber Kreditgebern oder anderen Gesellschaftern, hohe Renditen sowie Informations-, Kontroll- und Mitspracherechte. Daher gilt es bereits vorab, eine Investition in ein Unternehmen auf deren Leistungsfähigkeit hin zu prüfen. Dies geschieht im Rahmen der Due Diligence, auf deren Basis ein Kaufpreis bzw. Verkaufspreis ermittelt wird.

Ablauf eines typischen Transaktionsprozesses

Ein typischer Transaktionsprozess gliedert sich in fünf Phasen: Verkaufsvorbereitung, Käuferansprache, erste und zweite Bieterrunde sowie Vertragsverhandlungen (vgl. Abbildung 2). Dabei vergeht von den ersten Überlegungen bis zur finalen Vertragsunterzeichnung im Durchschnitt ein Zeitraum von rund sechs Monaten.

Verkaufsvorbereitung. In der Phase der Verkaufsvorbereitung erfolgt zunächst eine Klärung der grundsätzlichen Verkaufserwartungen, beispielsweise im Hinblick auf Kaufpreis, Zeitplan und Wunschpartner. Einher geht dies mit der Festlegung der beabsichtigten Verkaufsstrategie. So ist abzuwägen, ob allein die Erzielung des maximalen Verkaufspreises im Mittelpunkt stehen soll oder aber auch andere Faktoren wie Standorterhalt oder Arbeitsplatzgarantien Berücksichtigung finden werden. Ebenso ist zu bestimmen, ob es einen Bieterwettbewerb oder exklusive Verhandlungen geben soll. In diesem Zusammenhang werden drei wesentliche Verkaufsstrategien unter-

Prozess-schritt	Verkaufs-vorbereitung	Käufer-ansprache	Erste Bieterrunde	Zweite Bieterrunde	Kaufvertrags-verhandlungen
Beschreibung	▪ Festlegung der Verkaufsstrategie ▪ Verfassen des Informations-memorandums ▪ Erstellung des Datenraums ▪ Unternehmens-bewertung ▪ Durchführung einer Vendor Due Diligence ▪ Vorbereitung der Management Präsentation	▪ Identifikation und Ansprache von Kaufinteressenten ▪ Unterzeichnung einer Vertraulich-keitserklärung mit Kaufinteressenten ▪ Versendung des Informations-memorandums an Kaufinteressenten	▪ Einholung von nicht-bindenden Geboten basierend auf Informations-memorandum und ggf. Red Flag Due Diligence	▪ Einladung von ausgewählten Bietern zu detaillierter Due Diligence ▪ Gewährung von Bieterzugang zu Vendor Due Diligence, Datenraum und Management	▪ Verhandlungen mit den beiden Top-Bietern ▪ Finalisierung des Kaufvertrages mit dem optimalen Bieter ▪ Signing ▪ Closing

Abbildung 2: Struktur eines typischen Transaktionsprozesses
Quelle: Eigene Darstellung

schieden: die exklusive Verhandlung, die kontrollierte Auktion und die offene Auktion. Bei ersterer wird mit nur einem Investor verhandelt, bei der kontrollierten Auktion wird eine begrenzte Anzahl von potenziellen Käufern angesprochen und bei der offenen Auktion erfolgt eine breite Ausschreibung und somit die Ansprache und Verhandlung mit einer Vielzahl von Interessenten.

Nachdem die Verkaufsstrategie definiert worden ist, werden die transaktionsrelevanten Unternehmensdokumente, die den Bietern bei der späteren Due Diligence über den Datenraum zur Verfügung gestellt werden, zusammengetragen. Zudem erfolgt die Erstellung und Plausbilisierung der mehrjährigen Geschäftsplanung der zu verkaufenden Gesellschaft. In diesem Zusammenhang wird auch das sogenannte Informationsmemorandum, in dem das Unternehmen umfassend dargestellt wird, verfasst. Integraler Bestandteil dieses Memorandums sind ein Branchen- und Marktüberblick, die Beschreibung des Geschäftsmodells sowie sämtliche Finanzinformationen. Zudem wird ein Überblick über die rechtliche und organisatorische Struktur, die Produktionsstätten und das Leistungsangebot gegeben.

Im Anschluss erfolgt die Unternehmensbewertung, um die Bandbreite des zu erwartenden Verkaufserlöses festzulegen. In dieser Bandbreite sollten dann die Angebote der angesprochenen Kaufinteressenten liegen. Schließlich sind die Vorbereitung der Management Präsentation sowie die Erstellung eines ersten Entwurfs des Kaufvertrages wichtige Inhalte dieser Transaktionsphase. Häufig empfiehlt sich im Rahmen der Verkaufsvorbereitung auch die Durchführung von Vendor Assistance und Vendor Due Diligence. Auf die Vorteile dieser Spielarten der Due Diligence wird später noch im Detail eingegangen.

Käuferansprache. Zweiter Prozessschritt des Unternehmensverkaufs ist die Käuferansprache. Zu diesem Zweck müssen zunächst potenzielle Kaufinteressenten identifiziert werden. Diese können entweder der Gruppe der Finanzinvestoren (Private Equity) oder der Gruppe der strategischen Investoren angehören. In jüngster Zeit gibt es zudem eine dritte Gruppe, die sogenannten Family Offices. Hierbei handelt es sich um vermögende Familien, die ihre finanziellen Mittel partiell – ähnlich einem Finanzinvestor – in direkten Unternehmensbeteiligungen anlegen. Die möglichen Interessenten müssen entsprechend ihrer Attraktivität als Käufer in eine Rangfolge gebracht werden. In diesem Zusammenhang spricht man auch von der »Long List« der grundsätzlich in Frage kommenden Kaufinteressenten und von der »Short List« der prioritären und bevorzugt zu behandelnden potenziellen Investoren. Auf der Grundlage dieser Listen erfolgt die Ansprache der Kaufinteressenten. Nach Unterzeichnung einer Vertraulichkeitserklärung wird den Kaufinteressenten das Informationsmemorandum zugesandt. Im Vorfeld wird oftmals zusätzlich zum Informationsmemorandum auch ein sogenannter Teaser an die Kaufinteressenten verteilt. Dieses Dokument enthält eine Kurzdarstellung des Kaufobjektes, um ein erstes Interesse zu wecken.

Erste Bieterrunde. Aus Sicht des Verkäufers besteht das Ziel der ersten Bieterrunde in der Einholung eines indikativen, nicht-bindenden Angebotes seitens der Kaufinteressenten. Das Angebot wird auf Basis des Informationsmemorandums und gegebenenfalls einer Red Flag Due Diligence erstellt und enthält eine Kaufpreisindikation sowie Angaben zur geplanten Finanzierung der Transaktion und den Due Diligence Erfordernissen. Dies kann im Vorfeld einer Managementpräsentation oder nach Durchführung der Managementpräsentation erfolgen. Letztlich dient das indikative Angebot dazu, festzulegen, in welcher Form der Kaufinteressent im weiteren Verkaufsprozess zu berücksichtigen ist. Grundsätzlich gilt es für die Verkaufsseite in der ersten Bieterrunde, diejenigen potenziellen Kaufinteressenten auszuwählen, die in die konkrete Due Diligence beim Zielunternehmen eintreten.

Zweite Bieterrunde. Die zweite Bieterrunde führt zur Abgabe eines verbindlichen Angebotes durch die qualifizierten Kaufinteressenten. In der Regel werden drei bis zehn Bieter zur detaillierten Due Diligence eingeladen. Diese Bieter erhalten dann Zugang zur Vendor Due Diligence, zum Datenraum und zum Management der zu verkaufenden Gesellschaft. Parallel dazu erstellen die Kaufinteressenten ein Finanzierungskonzept. Aus Sicht des Verkäufers ist es wichtig, dass dieser Sicherheit gewinnt, in welcher Form der zu bezahlende Kaufpreis finanziert wird, welche Bankpartner hinzugezogen werden und wie die Finanzierung grundsätzlich zu strukturieren ist.

Kaufvertragsverhandlungen. Im letzten Prozessschritt werden Kaufvertragsverhandlungen – in der Regel mit den beiden aussichtsreichsten Bietern – durchgeführt. In diesen Verhandlungen wird schließlich der Kaufvertrag mit dem optimalen Bieter einschließlich der vom Verkäufer zu übernehmenden Garantien verhandelt. Bestandteil ist die finale Festlegung des Kaufpreises. Auch gilt es, die Transaktion kartellrechtlich zu prüfen, die Kreditverträge zu finalisieren, etwaige Gremienentscheidungen einzuholen und dann letztlich den Kaufvertrag zu unterzeichnen (sog. Signing). Nach dem Signing erfolgt, oftmals zeitversetzt, das Closing. Closing bezeichnet letztlich den Übergangsstichtag der Anteile und die Überweisung des Kaufpreises.

Commercial Due Diligence im Transaktionsablauf

Eine Commercial Due Diligence kann sowohl durch den Käufer während der Exekutionsphase einer Transaktion als auch durch den Verkäufer während der Vorbereitungsphase durchgeführt werden.

Buy Side Commercial Due Diligence. Der klassische Fall ist die vom Käufer durchgeführte Commercial Due Diligence, die auch als Buy Side Commercial Due Diligence bezeichnet wird. In diesem Zusammenhang unterscheidet man in der Regel drei Formen: die Red Flag Commercial Due Diligence, die Full Scope Commercial Due Diligence und die Top Up Commercial Due Diligence.

Die Red Flag Commercial Due Diligence nimmt einen Zeitraum von etwa einer Woche in Anspruch und verfolgt das Ziel, strategische Dealbreaker vor Durchführung der Full Scope Due Diligence bereits in der Frühphase des Transaktionsprozesses zu identifizieren.[10] Dabei fokussiert sich die Red Flag Due Diligence in erster Line auf die Positionierung des Zielunternehmens im externen Marktumfeld und greift bei der Informationserhebung auf externe Quellen, wie etwa ein strukturiertes Interviewprogramm mit Käufern, Wettbewerbern und Branchenexperten, zurück. Ein Kontakt zum Management des Zielunternehmens und Zugang zum Datenraum sind für die Red Flag Commercial Due Diligence daher nicht unbedingt erforder-

10 Zu den Ausführungen zur Red Flag Commercial Due Diligence vgl. Niederdrenk/Müller (2008).

lich. Erste spezifische Fragestellungen, die einen Dealbreaker darstellen könnten, können von einem professionellen Commercial Due Diligence Team auch unabhängig analysiert werden.

Eine Full Scope Commercial Due Diligence umfasst eine vollständige Analyse des Zielunternehmens aus Markt- und Wettbewerbssicht. Integraler Bestandteil ist entsprechend die Validierung des Business Plans. Eine Full Scope Commercial Due Diligence setzt auch oftmals auf einer Red Flag Commercial Due Diligence auf. So werden dann die Ergebnisse der Red Flag Phase nochmals im Detail überprüft und durch die anderen Teilbereiche der Commercial Due Diligence umfassend ergänzt.

Die dritte Form der Commercial Due Diligence auf Käuferseite ist die sogenannte Top Up Commercial Due Diligence, die auf einer bereits existenten Vendor Commercial Due Diligence aufsetzt. So hat das Management des zu verkaufenden Unternehmens bereits eine umfassende Commercial Due Diligence durchführen lassen, die dann im Rahmen des Verkaufsprozess Grundlage für sämtliche kommerziellen Fragen darstellt. Eine Top Up Commercial Due Diligence nimmt somit das Vendor Due Diligence Gutachten als Grundlage und behandelt ausschließlich Themenbereiche, die entweder nicht oder nur unvollständig dargestellt sind oder deren strategische Logik aus Sicht des Kaufinteressenten nochmals überprüft werden muss. In der Regel kann eine Top Up Commercial Due Diligence in einem überschaubaren Zeitraum durchgeführt werden. Maßgeblich hierbei ist zweifelsohne die Qualität und inhaltliche Tiefe der vorliegenden Vendor Commercial Due Diligence.

Vendor Commercial Due Diligence.[11] Neben der klassischen Due Diligence auf Käuferseite hat sich in den vergangenen Jahren die Vendor Due Diligence, die im Auftrag des Verkäufers in der Vorbereitungsphase einer Transaktion durchgeführt wird, etabliert. Die Vendor Due Diligence wird auch als Sell Side Due Diligence bezeichnet.

Hintergrund dieser Form der Due Diligence ist, dass der traditionelle Verkaufsprozess, bei dem die Durchführung der Due Diligence der Käuferseite obliegt, aus Sicht des Verkäufers nicht die Erzielung des bestmöglichen Kaufpreises garantiert. So ist es nicht ausgeschlossen, dass die käuferseitige Due Diligence Risiken zu Tage bringt, die auch dem Verkäufer und seinen

11 Der nachfolgende Abschnitt zur Vendor Due Diligence greift stark auf Frühauf/Niederdrenk (2008) zurück. Der Text entspricht Niederdrenk/Müller (2011) und wurde in Hertz-Eichenrode et al. (2011) erstveröffentlicht.

Beratern nicht bekannt waren. Daraus abgeleitet kann es zu einer Reduktion des angebotenen Kaufpreises kommen. Aufgrund des auftretenden Informationsungleichgewichts kann der Verkäufer zudem in eine schwächere Verhandlungsposition geraten, weil er meist kurzfristig nicht in der Lage ist, auf die vorgebrachten neuen Erkenntnisse zu reagieren. Ein weiterer Grund für einen möglichen suboptimalen Preis liegt in der Zeitdauer, die während der käuferseitigen Due Diligence vergehen kann. Die Bereitstellung der »richtigen« Daten führt häufig zu Verzögerungen. Viele Unternehmen sind auf die Frageliste und den Detaillierungsgrad der Due Diligence Dienstleister nicht optimal vorbereitet, was zu zeitaufwendigen Nacharbeiten und zusätzlichen Belastungen führt. Je länger jedoch ein Unternehmen im Verkaufsprozess gefangen ist, desto eher sind negative Folgen auf den zu erzielenden Preis, beispielsweise aufgrund von Störungen der Betriebsabläufe oder der starken zeitlichen Inanspruchnahme des Managements, wahrscheinlich. Zudem ist die Einhaltung der Vertraulichkeit in langen Verkaufsprozessen problematisch, so dass es zu negativen Auswirkungen bei Kunden, Lieferanten und Mitarbeitern kommen kann.

Um diesen Schwierigkeiten zu begegnen, hat sich in den letzten Jahren, insbesondere bei großen Auktionsprozessen unter Beteiligung von Private Equity Bietern, die Vorbereitung des Zielunternehmens in Form einer Vendor Due Diligence und gegebenenfalls auch einer Vendor Assistance durchgesetzt. Die Vendor Due Diligence wird durch einen unabhängigen Due Diligence Dienstleister durchgeführt, bevor das Unternehmen am Markt angeboten wird. Es handelt sich dabei um eine unabhängige Prüfung des zu verkaufenden Unternehmens gemäß den Anforderungen der potenziellen Investoren und ihrer finanzierenden Banken. Das Ergebnis ist ein vollumfänglicher und bankenfähiger Due Diligence Bericht. Die Vendor Due Diligence wird zwar vom Verkäufer beauftragt, der Auftrag und die Haftungsansprüche gehen aber nach Abschluss der Transaktion auf den Käufer über. Somit bietet die Vendor Due Diligence in der Regel aus der Sicht eines potentiellen Käufers einen ähnlichen Grad an Sicherheit wie die klassische, vom Käufer durchgeführte Due Diligence.

Der eigentlichen Vendor Due Diligence kann zusätzlich noch eine Vendor Assistance vorgeschaltet sein. Bei der Vendor Assistance wird das Management des zu verkaufenden Unternehmens durch einen externen Dienstleister mit dem Ziel beraten, einen möglichst optimalen Verkaufsprozess zu gewährleisten. Das Zielunternehmen wird daraufhin geprüft, ob alle transaktionsrelevanten Informationen in erforderlicher Qualität und notwendigem Detaillierungsgrad zur Verfügung stehen. Etwaige Informationslücken werden durch den Dienstleister in Zusammenarbeit mit dem Management geschlossen. Im Unterschied zur Vendor Due Diligence verbleibt bei der Vendor Assistance der Auftrag und die damit zusammenhängenden Haftungsansprüche beim Verkäufer.

Die Vorbereitung eines Unternehmensverkaufs in Form von Vendor Due Diligence und Vendor Assistance bietet für den Verkäufer eine Reihe von Vorteilen. Erstens wird die Kontrolle des Verkäufers über den Verkaufsprozess in ganz erheblichem Maße erhöht. Die potenziellen Probleme, die im Rahmen der späteren käuferseitigen Due Diligence zu Tage treten können, sind bereits im Vorfeld bekannt, so dass das bereits erwähnte Informationsungleichgewicht verhindert wird. Das Management des zu veräußernden Unternehmens kann sich ganz in Ruhe auf die Fragen der Vendor Due Diligence einstellen, sämtliche Unterlagen zusammenstellen und »Due Diligence«-gerecht aufbereiten. Kritische Themenbereiche, die sich dann im Vendor Due Diligence Bericht wiederfinden, sind im Vorfeld zwischen Management und Due Diligence Gutachter umfassend diskutiert worden. Überraschungseffekte sind infolgedessen weitestgehend ausgeschlossen. Zudem ist es möglich, identifizierte Schwachstellen im Unternehmen zeitnah zu beheben. Notfalls besteht sogar die Möglichkeit, den Verkaufsprozess frühzeitig abzubrechen, falls die Vendor Due Diligence Risiken identifiziert, die zu einer unangemessenen Bewertung führen würden.

Zweitens besteht eines der stichhaltigsten Argumente für eine Vendor Due Diligence in der Verkürzung des eigentlichen Verkaufsprozesses. Durch die gezielte Vorbereitung des Zielunternehmens und die professionelle Aufarbeitung der Informationen ist es möglich, mehrere Bieter gleichzeitig mit den für die Bewertung und Finanzierung notwendigen Fakten zu versorgen. Dadurch wird der Gesamtprozess, insbesondere bei Auktionen, deutlich verkürzt. Der vorbereitete Vendor Due Diligence Bericht wird an die identifizierten Bieter versendet. Letztere erhalten dann im Prozess ein enges Zeitfenster für ihre eigene Due Diligence sowie die Möglichkeit, im Rahmen eines Fragen und Antworten (Q&A) Meetings den neutralen Due Diligence Gutachter zum Bericht zu befragen. Die eigentliche Due Diligence der Bieter wird sich dann nur noch auf einige wenige für den individuellen Käufer unerlässliche zusätzliche Untersuchungen beschränken. Oft vergehen von der Versendung des Berichtes über das Management-Meeting und die Q&A-Session bis zum Vertragsabschluss nur sechs Wochen. Dies ist im Rahmen der klassischen käuferseitigen Due Diligence nicht möglich.

Drittens läuft das zu veräußernde Unternehmen durch die Vendor Due Diligence nicht Gefahr, dass der gesamte operative Betrieb still steht. Insbesondere das Management ist in der Regel stark in den Prozess eingebunden und findet nicht ausreichend Zeit, sich um das Tagesgeschäft zu kümmern. Eine Vendor Due Diligence kann so aufgesetzt werden, dass die bei Transaktionen üblicherweise entstehende Unruhe im Unternehmen weitgehend vermieden und die zeitliche Inanspruchnahme des Managements optimiert wird. So wird das Management etwa durch den Umstand, dass das Vendor Due Diligence Team einen Großteil der Q&A Meetings während der Due Diligence der interessierten Bieter abdeckt, stark entlastet.

Viertens ermöglicht die professionelle Vorbereitung auf den Verkaufsprozess in vielen Fällen überhaupt erst die Ansprache einer größeren Anzahl von Bietern und von Private Equity Gesellschaften. Die sich daraus ergebende Konkurrenzsituation führt für den Verkäufer zwangsläufig zu höheren Verkaufspreisen.

Daneben bieten Vendor Due Diligence und Vendor Assistance auch für die Käuferseite nicht unerhebliche Vorteile. Durch die Vendor Assistance wird gewährleistet, dass Informationen von vornherein in erforderlicher Form zur Verfügung stehen. Die Vendor Due Diligence stellt für die Käufer eine zusätzliche Informationsquelle dar, die oftmals Informationen enthält, die sonst nicht oder nur mit hohem Aufwand erhoben werden könnten. Ein Beispiel sind Kundenaussagen zum Zielunternehmen. In nahezu allen Verkaufsprozessen ist es unerwünscht, dass mehrere Due Diligence Dienstleister der Bieter die Kernkunden des Zielunternehmens zu ihrem Lieferanten befragen. Schließlich minimiert die Red Flag Due Diligence die versunkenen Kosten der Käufer im Falle eines vorzeitigen Ausscheidens aus dem Transaktionsprozess.

6 Zielgruppen der Commercial Due Diligence

Die Zielgruppen eines Commercial Due Diligence Berichts unterscheiden sich je nachdem, ob die Transaktion bereits abgeschlossen ist oder nicht. Vor Abschluss der Transaktion, dem sog. Closing, konzentriert sich der Leserkreis in erster Linie auf das Projektteam und das Investitionskomitee des Private Equity Hauses, die finanzierenden Banken sowie die anderen Due Diligence Dienstleister.

Das Projektteam des Private Equity Hauses besteht typischerweise aus dem für das Projekt zuständigen Partner sowie, je nach Größe der Transaktion, aus einem oder mehreren Investmentmanagern. Das Projektteam ist für die Abwicklung des gesamten Akquisitionsprozesses, vom Erstkontakt zum zu akquirierenden Unternehmen bis zum Closing, zuständig. Das bedeutet letztlich auch, dass es die Commercial Due Diligence verantwortet, in dem es den Arbeitsumfang festlegt und den externen Dienstleister bestimmt. Entsprechend gehört das Projektteam zu den Empfängern des kommerziellen Gutachtens. Darüber hinaus ist es möglich, dass auch die Geschäftsführung und die Gesellschafter des Private Equity Hauses die Commercial Due Diligence lesen. Ebenso kann das Investment Committee des Private Equity Hauses, dessen Mitglieder fallweise auch Due Diligence Gutachten lesen, als potenzielle Zielgruppe identifiziert werden.

Eine andere wichtige Zielgruppe des Commercial Due Diligence Berichts vor Closing sind die finanzierenden Banken. Es ist üblich, die Banken bereits bei der ersten Managementpräsentation des zu übernehmenden Unternehmens in den Transaktionsprozess zu integrieren. Somit sind die Banken frühzeitig involviert, um sich ein Bild über das Zielunternehmen zu verschaffen. Oftmals haben sie auch ihre eigenen Vorstellungen in Bezug auf die zu definierenden Prüfungsaspekte. Entsprechend wichtig ist es, dass diese Aspekte zeitnah in den Arbeitsumfang integriert werden und dann im Commercial Due Diligence Prozess Berücksichtigung finden. Die Banken lesen das Commercial Due Diligence Gutachten äußerst detailliert, sind diese Ergebnisse doch wiederum maßgeblich, um den eigenen Kreditausschuss von der Finanzierungsfähigkeit des Zielunternehmens zu überzeugen. Dies schließt auch Syndizierungspartner des Konsortialführers mit ein.

Des Weiteren sind auch die anderen Due Diligence Dienstleister Zielgruppe des Commercial Due Diligence Berichts. Die Anpassung beispielsweise der Umsatzplanung führt direkt zur Notwendigkeit der Anpassung der restlichen Gewinn- und Verlustrechnung, der Bilanz sowie der Cashflow-Rechnung. Auch kann es sein, dass die Erreichung gewisser Meilensteine in der Business Planung Auswirkungen auf die Honorierung des Kaufpreises hat. Dies würde dann im Rahmen des Gesellschaftervertrages Berücksichtigung finden. Entsprechend wird die Commercial Due Diligence häufig auch vom Legal Due Diligence Dienstleister gelesen.

Nach Abschluss der Transaktion erweitert sich der Kreis der Adressaten um das Management des erworbenen Unternehmens sowie gegebenenfalls weitere finanzierende Banken. Insbesondere aufgrund der strategischen Aspekte einer Commercial Due Diligence wird diese sehr gerne vom Management des Zielunternehmens als strategisches Basispapier zu Themen wie Einschätzung der Marktentwicklung, Kundenwahrnehmung, Wettbewerbsstrategie oder der Erreichbarkeit des Business Plans verwendet. Auch wird die Commercial Due Diligence als Grundlage genommen, um Wertsteigerungspotenziale nach Closing zu heben. Zudem ist es gangbar, dass basierend auf dem Commercial Due Diligence Gutachten, neue Maßnahmen der Unternehmensstrategie, beispielsweise notwendige Internationalisierungsmaßnahmen, abgeleitet und umgesetzt werden. Eine gute Commercial Due Diligence hat immer den Charakter eines Strategiepapiers und kann somit für das Management auch eine wichtige Grundlage für die weitere Unternehmensentwicklung sein.

Neben dem Management der Zielgesellschaft können auch weitere kreditfinanzierende Banken, die nicht im Rahmen der Finanzierung des Kaufpreises als Bankpartner fungiert haben, Zielgruppe der Commercial Due Diligence sein. Wenngleich dies kein Automatismus ist, kann aber gerade eine positive Commercial Due Diligence dazu genutzt werden, Kreditverhandlungen sowohl im Langfrist- als auch Kurzfristbereich nochmals zu untermauern und entsprechend zu unterstützen.

C
Analyseinhalte der Commercial Due Diligence

1 Analyse des Zielunternehmens

Kernfragen bei der Analyse des Zielunternehmens

- Geschäftsmodell
  - Was ist das Leistungsangebot des Zielunternehmens?
  - Welchen Zielkunden wird das Leistungsangebot auf welche Art und Weise angeboten?
  - Wie ist die Wertschöpfung organisiert, so dass die Leistung profitabel erbracht werden kann?
  - Welche Umsatz- und Kostenstruktur liegt der Gewinnerzielungslogik des Zielunternehmens zugrunde?
- Umsätze und Margen
  - Was sind die historischen und geplanten Umsätze und Margen des Zielunternehmens? Durch welche Faktoren werden diese getrieben?
- Wachstumsstrategie und -maßnahmen
  - Was ist die Wachstumsstrategie der Zielgesellschaft im Planungszeitraum und darüber hinaus?
  - Welche konkreten Maßnahmen sind im Planungszeitraum vorgesehen, um die strategischen Wachstumsziele zu erreichen?

1.1 Geschäftsmodellanalyse

Ein erfolgreiches Geschäftsmodell ist die Grundlage für nachhaltig profitables Wachstum eines Unternehmens. Viele Unternehmen verstehen ihr Geschäftsmodell nicht in ausreichender Weise. Genau dies ist jedoch insbesondere aus Sicht eines Private Equity Investors aber Grundvoraussetzung für eine Beteiligung. Der Commercial Due Diligence kommt daher die

Aufgabe zu, das Geschäftsmodell des Zielunternehmens umfassend darzustellen.

Bezüglich des Geschäftsmodellbegriffs besteht in der einschlägigen Literatur erhebliche begriffliche und konzeptionelle Unschärfe.[12] Für die Zwecke der Commercial Due Diligence wird unter einem Geschäftsmodell die grundlegende Gewinnerzielungslogik eines Unternehmens verstanden. Ein Geschäftsmodell besteht aus den vier Grundbausteinen Angebotsmodell, Kundenmodell, Wertschöpfungsmodell und Gewinnmodell (vgl. Abbildung 3).[13]

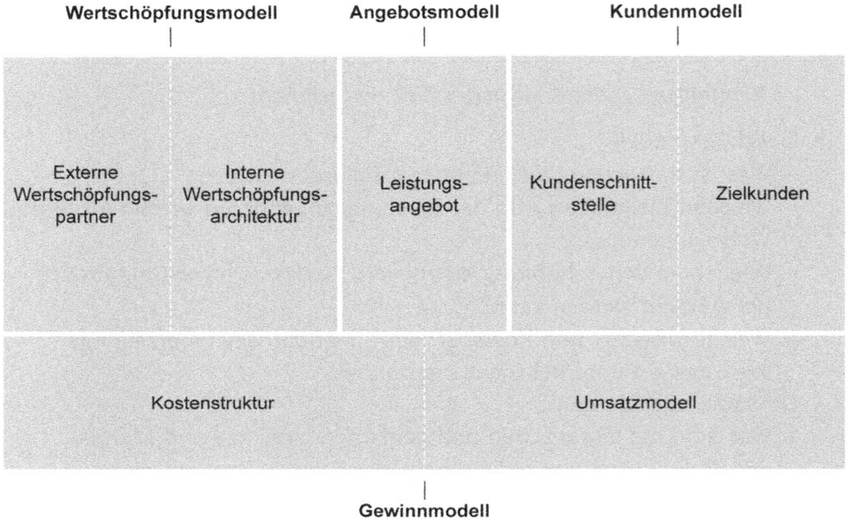

Abbildung 3: Bestandteile von Geschäftsmodellen
Quelle: Modifiziert nach Osterwalder/Pigneur (2010)

1.1.1 Angebotsmodell

Der erste Grundbaustein eines Geschäftsmodells, das Angebotsmodell, beschreibt das Leistungsangebot eines Unternehmens. Darunter ist ein Bündel von Produkten und/oder Dienstleistungen, die einen Kundennutzen stiften, zu verstehen. Bei der Analyse des Leistungsangebotes eines Un-

12 Siehe dazu die unterschiedlichen Definitionen des Geschäftsmodellbegriffs beispielsweise bei Chesbrough (2006), Johnson (2010), Linder/Cantrell (2000), Magretta (2002), Mullins/Komisar (2009) und Strähler (2002).

13 Bei der hier verwendeten Definition des Geschäftsmodellbegriffs handelt es sich um eine Modifikation des Konzepts von Osterwalder (2004) und Osterwalder/Pigneur (2010).

ternehmens stehen die Art des Leistungsangebotes, das Kundennutzenversprechen und die Differenzierung des Leistungsangebotes im Vordergrund.

Art des Leistungsangebotes

Die Art des Leistungsangebotes wird durch die einzelnen Angebotsbestandteile, ihre Zusammensetzung sowie den Preis und die Konditionen des Angebotes bestimmt.

Angebotsbestandteile können Produkte und/oder Dienstleistungen sein. Dabei ist zu beachten, dass neben reinen Produkten und reinen Dienstleistungen auch Mischformen auftreten können. Dies sind zum einen produktbegleitende Dienstleistungen wie beispielsweise Installation, Wartung und Reparatur, bei denen der Anbieter als »dienstleistender Produzent« auftritt. Die andere wesentliche Mischform sind dienstleistungsbegleitende Produkte. Der Anbieter nimmt hier die Rolle des »produzierenden Dienstleisters« ein.[14]

In Bezug auf die Zusammensetzung der Angebotsbestandteile sind einerseits das Ausmaß der Leistungsbündelung und andererseits der Integrationsgrad der Leistungen zu berücksichtigen.[15] Kombiniert man beide Dimensionen in Form einer Matrix, lassen sich vier Angebotstypen definieren (vgl. Abbildung 4):

- Die grundlegendste Art des Leistungsangebotes ist eine *Einzelleistung*, d. h. ein einzelnes Produkt oder eine einzelne Dienstleistung. Der Kundennutzen einer Einzelleistung wird primär durch ihre Leistungsmerkmale bestimmt. Die meisten Konsumgüter fallen in diese Kategorie. Bei Investitionsgütern muss je nach Differenzierungsgrad der Produkte zwischen Commodities und Spezialitäten unterschieden werden.
- Ein *Leistungsbündel* ist eine Kombination mehrerer Produkte und/oder Dienstleistungen. Dabei können die im Bündel angebotenen Einzelleistungen vom Anbieter oder von Dritten hergestellt werden. Ein Anbieter von Leistungsbündeln stiftet dadurch Kundennutzen, dass er als »Single Source« am Markt auftritt und aufgrund seines Mengenvorteils im Einkauf niedrigere Preise anbieten kann. Das Angebot ist für alle Kunden standardisiert.

14 Die Begriffe »dienstleistender Produzent« und »produzierender Dienstleister« wurden Backhaus/Schneider (2009) entnommen.

15 Zur nachfolgend dargestellten Systematisierung der Angebotstypen vgl. Marn/Roegner/Zawada (2004) und Roegner/Seifert/Swinford (2001).

- Unter einem *System* versteht man eine Gruppe von Einzelleistungen, die speziell für einen bestimmten Kunden zusammengesetzt werden. Der durch einen Systemintegrator erzeugte Kundennutzen besteht in der kundenindividuellen Verbindung der einzelnen Systemkomponenten.
- Eine *Kundenlösung* ist eine integrierte und individualisierte Leistung eines Unternehmens, die auf die ganzheitliche Lösung eines kundenindividuellen Problems ausgerichtet ist. Anders als der Systemintegrator übernimmt der Lösungsanbieter die Verantwortung für die erfolgreiche Umsetzung der Problemlösung. Mit anderen Worten besteht der Kundennutzen in der realisierten Lösung des kundenspezifischen Problems.

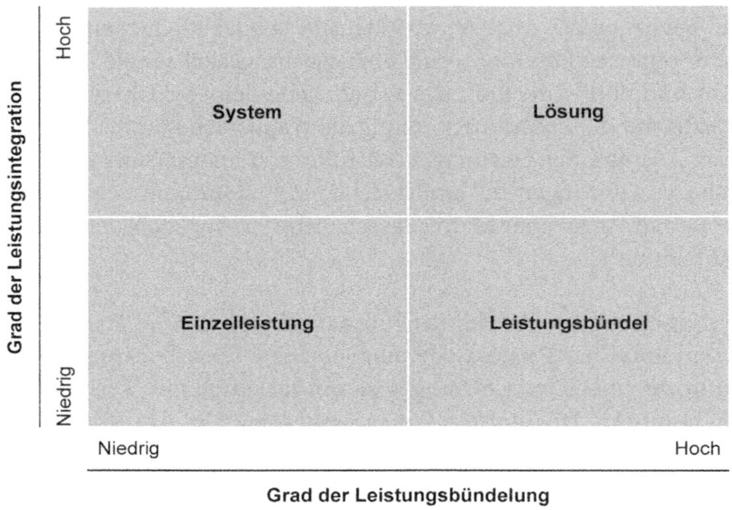

Abbildung 4: Angebotsarten
Quelle: Modifiziert nach Marn/Roegner/Zawada (2004) und Roegner/Seifert/Swinford (2001)

Fallbeispiel – Hilti Flottenmanagement[16]

Mit der Einführung seines Flottenmanagementprogramms hat das Liechtensteiner Unternehmen Hilti, das Elektrowerkzeuge für die Bauindustrie herstellt, den Wechsel vom Komponenten- zum Lösungsanbieter eingeleitet. Nachdem das Flottenmanagement im Jahr 2000

16 Zu diesem Fallbeispiel vgl. Johnson (2010) und Johnson/Christensen/Kagermann (2008).

von Hilti zunächst im Pilotmarkt Schweiz getestet worden war, erfolgte in den nächsten drei Jahren die weltweite Markteinführung. Auslöser für diese Veränderung des Geschäftsmodells war die in den späten 1990er Jahren einsetzende Kommoditisierung des Marktes für Elektrowerkzeuge. Da das Produktportfolio von Hilti auf das Profitsegment und damit das »High End« des Marktes ausgerichtet ist, betraf dieser Trend das Unternehmen in besonderem Maße. Infolge der Kommoditisierung übererfüllte Hilti die Kundenerwartungen zunehmend und graduelle Produktverbesserungen waren nicht mehr geeignet, um das weitere Wachstum zu sichern.

Zugleich war durch die Kommoditisierung jedoch auch ein neues Kundenproblem entstanden, das die Neuausrichtung des Geschäftsmodells ermöglichte. Es wurde für die Kunden aus der Bauindustrie nämlich zunehmend schwieriger und teurer, ihren Bestand an Elektrowerkzeugen selbst zu managen. Neben den Reparaturkosten erhöhten sich insbesondere auch die Kosten für die Planung, welche Werkzeuge in welcher Menge an einem bestimmten Tag benötigt werden, und deren logistische Umsetzung. Genau für dieses Kundenproblem bot Hilti mit der Einführung seines Flottenmanagements eine Lösung an. Dem liegt der Gedanke zugrunde, dass Bauunternehmen nicht damit ihr Geld verdienen, dass sie Werkzeuge besitzen, sondern sie benutzen. Dementsprechend wird im Rahmen des Hilti Flottenmanagements die Benutzung des Werkzeugs, nicht das Werkzeug an sich, verkauft. Das Nutzenversprechen besteht darin, den Kunden die für ihre spezifischen Anforderungen besten Werkzeuge zum richtigen Zeitpunkt zur Verfügung zu stellen. Dabei werden seitens der Kunden mit einem fixen monatlichen Betrag alle Geräte- und Servicekosten, einschließlich der Kosten für Reparatur und Ersatz, abgedeckt.

Für die Kunden bringt das Hilti Flottenmanagement eine Reihe von Vorteilen mit sich. Die Kunden müssen die Werkzeuge nicht mehr in der eigenen Bilanz aktivieren, verfügen aber zugleich über eine aus den neuesten Profitgeräten bestehende Geräteflotte, die nur solche Maschinen enthält, die sie auch wirklich brauchen. Die stets einsatzbereiten Geräte werden laufend gewartet und weisen deshalb eine nur niedrige Ausfallrate auf. Die Auslagerung administrativer Verwaltungstätigkeiten an Hilti spart den Kunden Zeit und Geld. Kostenvoranschläge und Reparaturrechnungen entfallen, gekennzeichnete Geräte erleichtern die

Geräteverwaltung. Die Kostentransparenz vereinfacht die Budgetierung und Finanzplanung.

Um das neue Angebot erbringen zu können, musste Hilti weitreichende Änderungen in seinem Geschäftsmodell vornehmen. Es musste eine Kundenschnittstelle in Form eines Online-Flottenkontos geschaffen werden, das den Kunden ein umfassendes Monitoring und eine effiziente Verwaltung der Geräteflotte ermöglicht. Das Umsatzmodell von Hilti veränderte sich gleich in mehrfacher Weise. Die Natur und der Zeitpunkt der Zahlungsströme verschoben sich von einer Einmalzahlung beim Werkzeugkauf auf kontinuierliche monatliche Zahlungen. Die Anzahl der Transaktionen wurde geringer, aber dafür vergrößerten sich die Transaktionsvolumina. Der Wertschöpfungsschwerpunkt von Hilti verlagerte sich von Produktentwicklung, Produktion und Distribution hin zu Service. Dies bedeutete die Einführung eines direkten Vertriebsansatzes und von Vertragsmanagement sowie den massiven Ausbau der Lagerhaltungs-, Bestandsmanagement- und Logistikkompetenz. Entsprechend der Wertschöpfungsaktivitäten änderte sich auch die Kosten- und Assetstruktur von Hilti. Insbesondere musste das Unternehmen nunmehr die Werkzeuge in der eigenen Bilanz aktivieren.

Schließlich sind der Preis und die Konditionen des Angebotes maßgeblich. Bei der Commercial Due Diligence sollte in jedem Fall der Preispunkt des Angebotes im Vergleich zum Markt bzw. zum durchschnittlichen Wettbewerber festgestellt werden. Dabei kann zwischen Niedrigpreisen, Durchschnittspreisen und Hoch- oder Premiumpreisen unterschieden werden.[17] Darüber hinaus kann in Einzelfällen auch die Analyse der sonstigen Angebotskonditionen, beispielsweise der Gewährleistungsrechte und Garantien, erforderlich sein.

17 Siehe Kapitel 4.1.2. Daneben nimmt die Bedeutung kostenloser Angebote für ausgewählte Kundengruppen im Rahmen von Geschäftsmodellen zu. Diese »Kostenlos-Geschäftsmodelle« beruhen dann auf alternativen Umsatzströmen von anderen Kundengruppen. Siehe dazu ausführlich Anderson (2009).

Kundennutzenversprechen

Mit dem Leistungsangebot eines Unternehmens verbindet sich ein Nutzenversprechen für dessen Kunden (sog. Customer Value Proposition). Beispielsweise kann das Nutzenversprechen in der Erfüllung eines Kundenbedürfnisses oder der Lösung eines Kundenproblems bestehen. Der Wert des Leistungsangebotes ist umso größer, je höher der gestiftete Kundennutzen ist. Das Kundennutzenversprechen muss im Rahmen der Commercial Due Diligence – differenziert nach den adressierten Kundensegmenten – herausgearbeitet und beschrieben werden. Grundsätzlich kann sich der Kundennutzen einer Leistung aus drei Faktoren ergeben:[18]

- *Leistungsnutzen:* Das Kundenutzenversprechen kann zunächst darin bestehen, dass eine Leistung mit überlegenen Leistungseigenschaften zu einem mit dem Wettbewerb vergleichbaren Preis angeboten wird. Die den Wettbewerbern überlegenen Leistungseigenschaften können beispielsweise bessere Qualität, überlegene Funktionalität, höhere Nutzerfreundlichkeit, stärkere Individualisierung oder attraktiveres Design sein. In der Regel ist dieses Kundennutzenversprechen gleichbedeutend mit einer Strategie der Leistungsdifferenzierung.
- *Preisnutzen:* Das zweite mögliche Leistungsversprechen besteht im Angebot eines mit dem Wettbewerb vergleichbaren Leistungsnutzens zu einem niedrigeren Preis. Bei einem solchen Angebot handelt es sich in der Regel um eine Standardleistung, die gerade noch ausreichende Leistungsmerkmale aufweist, und setzt eine Niedrigkostenstruktur des betreffenden Anbieters voraus.
- *Beziehungsnutzen:* Beim Kundenutzenversprechen des Beziehungsnutzens geht es um die Gestaltung der Beziehung zum Kunden. Im Vordergrund steht dabei die ganzheitliche Lösung von kundenindividuellen Problemstellungen. Wichtige Arten des Beziehungsnutzens sind beispielsweise die Reduktion der Kosten oder des Risikos der Kunden, die Herstellung von Zugang zu Leistungsangeboten für Kundengruppen, denen diese Leistungen zuvor nicht zur Verfügung standen, oder die Verbesserung der Art und Weise der Leistungserbringung.

Differenzierungsgrad des Leistungsangebotes

Schließlich ist der Wert des Leistungsangebotes eines Unternehmens für seine Kunden davon abhängig, wie stark dieses gegenüber dem Wettbewerb

18 Zur nachfolgenden Darstellung der unterschiedlichen Arten des Kundennutzens vgl. Treacy/Wiersema (1995).

differenziert ist. Je differenzierter – oder sogar einzigartiger – das Leistungsangebot ausfällt, desto größer ist das Wertpotenzial des Geschäftsmodells.

In der Praxis kann die Bewertung des Differenzierungsgrades anhand einer qualitativen Skala, die das Leistungsangebot des Unternehmens zu dem seiner Wettbewerber in Beziehung setzt, vorgenommen werden:[19]

- *Undifferenziertes Angebot (»me too«):* Das Angebot eines Unternehmens unterscheidet sich nicht von dem seiner Wettbewerber.
- *Innovative Imitation:* Ein Unternehmen imitiert das Angebot seiner Wettbewerber, aber erhöht seinen Wert durch das Hinzufügen innovativer Elemente.
- *Differenziertes Angebot:* Ein Unternehmen differenziert sein Angebot vom Wettbewerb durch dessen Leistungseigenschaften oder Preis.
- *Alleingestelltes Angebot:* Ein Unternehmen verfügt über ein einzigartiges Leistungsangebot.

1.1.2 Kundenmodell

Das Kundenmodell, der zweite Grundbaustein von Geschäftsmodellen, betrifft die Doppelfrage, welchen Zielkunden das Leistungsangebot auf welche Art und Weise erbracht wird. Es setzt sich damit aus den Einzelelementen Zielkundenselektion und Kundenschnittstelle zusammen.

Zielkundenselektion

Im Rahmen der Zielkundenselektion wird sowohl festgelegt, welche Kundengruppen bedient werden, als insbesondere auch, welche Kundengruppen nicht bedient werden. Mit der Auswahl der Zielkunden werden wichtige Grundsatzentscheidungen für ein Unternehmen getroffen, beispielsweise welche Kundenbedürfnisse es erfüllen muss und gegen welche Wettbewerber es antritt. Grundsätzlich steigt mit der Werthaltigkeit der adressierten Kunden auch die Werthaltigkeit des Geschäftsmodells.

Eine effektive Zielkundenselektion setzt die Segmentierung der existierenden und potenziellen Kundenbasis des Unternehmens voraus. Dies erlaubt es dem Unternehmen, seine Ressourcen auf die Kunden mit dem größten Umsatz- und Gewinnpotenzial zu konzentrieren. Als Faustregel gilt, dass Kunden unter folgenden Bedingungen zu unterschiedlichen Kundensegmenten gehören:[20]

19 Zur nachfolgenden Klassifizierung der Differenzierungsgrade vgl. Osterwalder (2004).
20 Zur nachfolgenden Aufzählung vgl. Osterwalder/Pigneur (2010).

- Die Kunden haben unterschiedliche Bedürfnisse bzw. Probleme und müssen daher mit unterschiedlichen Angeboten bedient werden.
- Die Kunden unterscheiden sich in ihrem (Ein-)Kaufverhalten.
- Die Kunden zeigen unterschiedliche Präferenzen für Vertriebskanäle.
- Die Kunden sind unterschiedlich profitabel, was entweder in unterschiedlichen Zahlungsbereitschaften oder Kostenstrukturen begründet ist.

Kundenschnittstelle

Die Schnittstelle zwischen den Zielkunden und dem anbietenden Unternehmen wird in erster Linie durch den Vertriebskanal definiert. Der Vertriebskanal stellt quasi die Brücke zwischen dem Leistungsangebot eines Unternehmens und seinen Zielkunden dar und bringt dieses »in den Markt«. Dabei haben die adressierten Kundensegmente oft unterschiedliche Vertriebskanalpräferenzen. Neben der Kanalpräferenz der Zielkunden ist die Wahl und Ausgestaltung des relevanten Vertriebskanals stark von der Art der Kundenbeziehung abhängig. Für ein Unternehmen ist die sorgfältige Definition der Art der Kundenbeziehung deshalb wichtig, weil jede Kundeninteraktion mit der Entstehung von Kosten verbunden ist. Dabei müssen Parameter wie die Dauer der Kundenbeziehung, die Anzahl der Transaktionen (einmalig, mehrmalig oder kontinuierlich), die durchschnittliche Transaktionsgröße und der Personalisierungsgrad (persönlicher Service oder Selbstbedienung) unterschieden werden.

1.1.3 Wertschöpfungsmodell

Als dritter Grundbaustein von Geschäftsmodellen gibt das Wertschöpfungsmodell eines Unternehmens Antwort auf die Frage, wie das Leistungsangebot profitabel erbracht wird. Es kann zwischen dem internen Wertschöpfungsmodell (Wertschöpfungsarchitektur) und dem externen Wertschöpfungsmodell (Wertschöpfungspartner) unterschieden werden.

Wertschöpfungsarchitektur

Die Wertschöpfung eines Unternehmens ist die Differenz zwischen dem Verkaufspreis einer Leistung und dem Einkaufspreis für die bezogenen Vorleistungen (Rohmaterialien). Der Begriff der Wertschöpfungsarchitektur beschreibt die Organisation der Wertschöpfung und umfasst die vom Unternehmen grundsätzlich abgedeckten Wertschöpfungsaktivitäten, die Struktur der Wertschöpfungsaktivitäten, den erforderlichen Ressourceneinsatz sowie die Wertschöpfungstiefe.

Bei der Systematisierung der vom Unternehmen abgedeckten Wertschöpfungsaktivitäten bietet das Konzept der Wertschöpfungskette, das nach Hauptaktivitäten und unterstützenden Aktivitäten unterscheidet, grundsätzliche Orientierung.[21] Danach sind Hauptaktivitäten diejenigen Tätigkeiten, die einen direkten wertschöpfenden Beitrag zur Erstellung eines Produktes oder einer Dienstleistung liefern. Im Grundmodell sind dies Eingangslogistik, Produktion, Ausgangslogistik, Marketing & Vertrieb und Kundenservice. Demgegenüber sind unterstützende Aktivitäten diejenigen Tätigkeiten, die für die Ausübung der primären Aktivitäten die notwendige Voraussetzung sind. Dazu zählen Unternehmensinfrastruktur, Personalwirtschaft, Technologieentwicklung und Beschaffung. Die Wertkette eines Unternehmens ist mit den Wertketten der Lieferanten und Abnehmer verknüpft. Sie bilden zusammen das Wertschöpfungskettensystem einer Branche.

Bei der Analyse der Wertschöpfungsstruktur muss insbesondere dem Trend zur zunehmenden Auflösung und Modularisierung traditioneller Wertschöpfungsketten, die auch als »Dekonstruktion«[22] oder »Entbündelung«[23] bezeichnet wird, Rechnung getragen werden. Angesichts der steigenden Anzahl unternehmensindividueller Wertschöpfungsstrukturen innerhalb vieler Branchen ist häufig eine komplexere und über die traditionelle lineare Wertschöpfungskette hinausgehende Betrachtung erforderlich. In solchen Fällen bietet es sich an, den Wertschöpfungsprozess als multidirektionales »Wertschöpfungsgitter« zu begreifen (vgl. Abbildung 5).[24] In einem Wertschöpfungsgitter existieren drei Dimensionen, entlang derer der Wertschöpfungsprozess eines Unternehmens organisiert werden kann. In der vertikalen Dimension können Unternehmen nicht-lineare Wertmöglichkeiten in ihrer angestammten Wertschöpfungskette jenseits ihrer direkten Zulieferer und Abnehmer wahrnehmen. Die horizontale Dimension bezieht sich auf Opportunitäten in parallelen Wertschöpfungsketten. In der vertikalen Dimension eröffnen sich Unternehmen weitere Perspektiven bei der Suche nach Wertschaffungsmöglichkeiten in anderen Wertschöpfungsketten und auf anderen Wertschöpfungsstufen.

21 Zu den Ausführungen zum Konzept der Wertschöpfungskette vgl. Porter (1985).
22 Heuskel (2004).
23 Hagel/Singer (1999).
24 Zu den Ausführungen zum Wertschöpfungsgitter vgl. Pil/Holweg (2006).

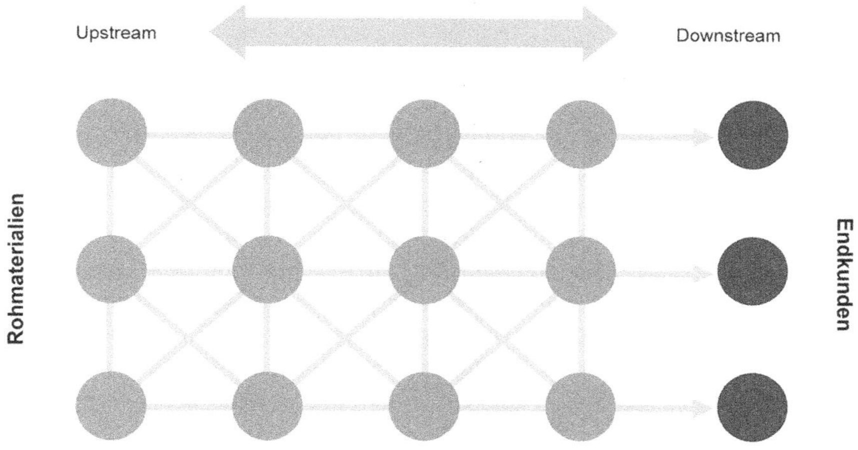

Abbildung 5: Wertschöpfungsgitter
Quelle: Modifiziert nach Pil/Holweg (2006)

Entbündelung von Wertschöpfungsprozessen

Alle Unternehmen sind auf einen oder mehrere von drei Kernprozessen ausgerichtet: das Management von Kundenbeziehungen, Produktinnovationen und Infrastrukturen.[25]

- *Management von Kundenbeziehungen:* Beim Management von Kundenbeziehungen steht die Identifikation und Gewinnung von Neukunden sowie die Pflege und der Ausbau der Beziehungen zu Bestandskunden im Mittelpunkt. Ein Beispiel sind die großen PC-Hersteller wie etwa Hewlett-Packard oder Acer, die die PCs von sog. Original Design Manufacturers (ODMs) wie dem taiwanesischen Unternehmen Quanta produzieren lassen und sich selbst auf die Vermarktung der PCs konzentrieren. Kritischer Erfolgsfaktor dieser Art der Wertschöpfung sind Verbundvorteile (Economies of Scope). Angesichts der zur Kundengewinnung und zum Aufbau von Kundenbeziehungen erforderlichen hohen Investitionen muss ein hoher kundenbezogener Marktanteil erreicht werden, um die anfänglichen Investitionen zu rechtfertigen. Aus diesem Grund versuchen diese Unternehmen, dem jeweiligen Kunden so viele Produkte und Dienstleistungen

25 Die nachfolgenden Ausführungen fassen Hagel/Singer (1999) zusammen.

wie möglich zu verkaufen. Der Managementfokus liegt naturgemäß auf dem Kunden und geht mit einer stark serviceorientierten Unternehmenskultur einher. Beim Management der Kundenbeziehung geht es vor allem darum, in die Interaktion mit den Kunden zu investieren und schnell auf die individuellen Bedürfnisse der Kunden zu reagieren.

- *Management von Produktinnovationen:* Beim Management von Produktinnovationen liegt der Wertschöpfungsschwerpunkt auf der Entwicklung und der Markteinführung neuer Produkte und Dienstleistungen. Ein Beispiel sind Pharma- und Biotechnologieunternehmen. Dabei sind sowohl die für die Markteinführung erforderliche Zeitdauer (Time-to-Market) als auch der richtige Zeitpunkt der Markteinführung entscheidend. Ein möglichst früher Markteintritt des betreffenden Produktes ermöglicht die Erzielung von Premiumpreisen und den Aufbau eines hohen Marktanteils aufgrund der damit verbundenen First-Mover-Vorteile. Der Fokus des Managements liegt auf der Rekrutierung und Bindung von kreativen Mitarbeitern, die die Schlüsselressource für die Entwicklung innovativer Produkte und Dienstleistungen sind.
- *Management von Infrastrukturen:* Beim dritten Wertschöpfungsschwerpunkt geht es um das Management von Produktionsanlagen und -netzwerken, Lieferketten und physischen Infrastrukturen. Beispiele sind Auftragsfertiger wie Flextronics oder Telekommunikationsunternehmen. Das Management von Infrastrukturen wird durch Skaleneffekte getrieben. Im Allgemeinen stehen kapitalintensive Anlagen und Einrichtungen im Mittelpunkt, die hohe Fixkosten verursachen. Da die Stückkosten mit wachsenden Volumen sinken, ist es für die Rentabilität maßgeblich, hohe Produktionsvolumina zu erzielen. Das Hauptaugenmerk des Managements liegt damit auf den Kosten. Diese »Kostenmentalität« prägt auch maßgeblich die Unternehmenskultur.

Werden die drei Kernprozesse in einem Unternehmen gebündelt, führen die unterschiedlichen Erfolgsfaktoren unweigerlich zu Konflikten. Reichweite (Scope), Schnelligkeit und Größe (Scale) lassen sich nicht gleichzeitig optimieren. Aus diesem Grund haben viele Unternehmen keine andere Wahl, als sich entweder von Anfang an klar auf einen Kernprozess auszurichten oder sich zu entflechten und sich auf einen Kernprozess zu konzentrieren.

Mit zunehmender Unternehmensgröße gewinnt die Frage der internationalen Organisation der Wertschöpfungsaktivitäten an Bedeutung. Die Lokalisierung von Wertschöpfungsaktivitäten sollte sich dabei grundsätzlich am »Best Country«-Prinzip orientieren. Eine Wertschöpfungsaktivität sollte also an demjenigen internationalen Standort ausgeübt werden, der dafür die besten Voraussetzungen bietet bzw. an dem die größten Kostenvorteile realisiert werden können. Daneben definiert die Wertschöpfungstiefe (Grad der Eigenwertschöpfung) die Wertschöpfungsarchitektur eines Geschäftsmodells in ganz maßgeblicher Weise. In Abhängigkeit vom Grad des Outsourcings erfolgt die Fremdwertschöpfung durch externe Wertschöpfungspartner.

Schließlich ist der Einsatz von Ressourcen erforderlich, um die in einem Geschäftsmodell vorgesehenen Wertschöpfungsaktivitäten ausüben zu können. Die erfolgskritischen Ressourcen unterscheiden sich von Geschäftsmodell zu Geschäftsmodell. Es lassen sich physische Ressourcen (z. B. Produktionsanlagen, Maschinen, Gebäude oder IT-Systeme), intellektuelle Ressourcen (Patente, Urheberrechte, Marken), Humanressourcen und finanzielle Ressourcen (Barmittel, Eigen- und Fremdkapital) unterscheiden.[26]

Wertschöpfungspartner

Der Begriff des externen Wertschöpfungsmodells bezieht sich auf die Wertschöpfungspartner entsprechend der jeweiligen Wertschöpfungstiefe. Es handelt sich mit anderen Worten um das Netzwerk von Lieferanten und Partnern eines Unternehmens, die für das Funktionieren des Geschäftsmodells erfolgskritisch sind. Dabei kann zwischen drei hauptsächlichen Motiven für die Einbeziehung von Wertschöpfungspartnern unterschieden werden:[27]

- *Kostenoptimierung:* Ein wichtiger Grund für die Zusammenarbeit mit Wertschöpfungspartnern ist die Optimierung der Kostenposition. Sofern ein Unternehmen nicht selbst in der Lage ist, eine Wertschöpfungsaktivität kostenoptimal auszuführen, kann es durch Outsourcing von den Kostenvorteilen seiner Wertschöpfungspartner – beispielsweise aufgrund von Größenvorteilen, eines höheren Spezialisierungsgrades oder Standorten in Niedrigkostenländern – profitieren.

26 Vgl. Osterwalder/Pigneur (2010).
27 Zur nachfolgenden Darstellung der Motive von Wertschöpfungspartnerschaften vgl. Osterwalder/Pigneur (2010).

- *Risikoreduzierung:* Strategische Partnerschaften können dazu beitragen, unternehmensindividuelles Risiko zu reduzieren. Ein Beispiel sind die Kooperationen der Automobilhersteller zur Entwicklung alternativer Antriebstechnologien.
- *Sicherung von Ressourcen:* Sofern ein Unternehmen nicht selbst alle Ressourcen zur erfolgreichen Umsetzung seines Geschäftsmodells besitzt, müssen die Ressourcenlücken durch Allianzen mit Wertschöpfungspartnern geschlossen werden. Das Ziel dieser Partnerschaften kann beispielsweise in der Akquisition von Technologien oder Kompetenzen bestehen.

1.1.4 Gewinnmodell

Die Gewinnerzielungslogik eines Unternehmens ist die Konsequenz der konkreten Ausgestaltung des Kunden-, Angebots- und Wertschöpfungsmodells. Das Gewinnmodell besteht aus den Einzelelementen Umsatzmodell und Kostenstruktur.

Umsatzmodell

Das Umsatzmodell ist die Konsequenz des Kunden- und Angebotsmodells und beschreibt die Art der Zahlungsströme, die an ein Unternehmen fließen, sowie den dazugehörigen Preismechanismus.[28]

Ein Unternehmen kann mehrere Zahlungsströme aus unterschiedlichen Quellen erhalten. Grundsätzlich existieren zahlreiche mögliche Zahlungsstromtypen wie beispielsweise Erlöse aus dem Verkauf von Produkten und/oder Dienstleistungen, Benutzungsgebühren, Abonnementsgebühren, Miet- oder Leasinggebühren, Lizenzgebühren, Transaktionsgebühren und Werbeeinnahmen.[29] Je nach Art der Kundenbeziehung können diese Zahlungsströme entweder einmaliger oder wiederkehrender Natur sein. Die Zeitdauer zwischen dem Zeitpunkt des Kostenanfalls für die Leistungserbringung und dem Zeitpunkt des Zahlungsstroms bestimmt die Höhe des Vorfinanzierungsbedarfs eines Geschäftsmodells.

Jeder Zahlungsstrom eines Unternehmens kann einen anderen Preismechanismus aufweisen. Die Art der Preisgestaltung hat im Einzelfall erhebliche Auswirkungen auf die Höhe der erzielten Umsätze. In diesem Zusammenhang kann zwischen Einheitspreissetzung und Preisdifferenzierung

28 Vgl. Osterwalder (2004) und Osterwalder/Pigneur (2010).
29 Vgl. Osterwalder/Pigneur (2010).

unterschieden werden.[30] Im Vergleich zur Einheitspreissetzung erlaubt Preisdifferenzierung die Erzielung höherer Gewinne. Preisdifferenzierung zeichnet sich dadurch aus, dass identische Leistungen zu unterschiedlichen Preisen angeboten werden. Dabei wird das Ziel verfolgt, die unterschiedlichen Zahlungsbereitschaften der Käufer möglichst optimal auszuschöpfen. Dies ist jedoch nur dann möglich, wenn eine Käufermigration zwischen den unterschiedlichen Preispunkten verhindert werden kann. Es existieren unterschiedliche Varianten der Preisdifferenzierung:

- *Kundenbezogene Preisdifferenzierung:* Die kundenbezogene Preisdifferenzierung nutzt Unterschiede in der individuellen Zahlungsbereitschaft von Käufern aus. In der Theorie ist es dabei ideal, wenn jedem Käufer der individuelle Maximalpreis abverlangt werden kann. In der Praxis werden Käufer mit ähnlichen Maximalpreisen zu Segmenten zusammengefasst.
- *Räumliche Preisdifferenzierung:* Von räumlicher Preisdifferenzierung wird gesprochen, wenn eine Unterscheidung der Preise nach geografischen Gebieten erfolgt. Beispielsweise kann ein Produkt in unterschiedlichen Ländern oft zu unterschiedlichen Preisen verkauft werden. Aber auch innerhalb einzelner Länder ist häufig eine räumliche Preisdifferenzierung möglich.
- *Zeitliche Preisdifferenzierung:* Bei der zeitlichen Preisdifferenzierung werden die Preise je nach Zeitpunkt der Nachfrage unterschiedlich gesetzt. Insbesondere solche Leistungen, deren Verbrauch an bestimmte Zeiten gebunden ist und die nicht gelagert werden können, sind für eine zeitliche Preisdifferenzierung geeignet. Dabei handelt es sich eher um Dienstleistungen als um physische Produkte. Ein klassisches Beispiel sind Tag- und Nachttarife.
- *Mengenbezogene Preisdifferenzierung:* Die mengenbezogene Preisdifferenzierung, die auch als nichtlineare Preisbildung bezeichnet wird, kann vielfältige Formen annehmen. All diesen Varianten ist gemeinsam, dass der Preis pro Einheit mit zunehmender Bezugsmenge sinkt. Beispiele sind Mengenrabatte, Boni (z. B. Frequent Flyer Programme), Blocktarife (Grundpreis plus variable Gebühr) sowie Staffelpreise.

30 Zu den nachfolgenden Ausführungen zur Preisdifferenzierung vgl. Simon (1992).

Kostenstruktur

Die Kostenstruktur eines Unternehmens wird maßgeblich durch dessen Angebots- und Wertschöpfungsmodell bestimmt. Grundsätzlich lassen sich Geschäftsmodelle hinsichtlich der Kostenstruktur eines Unternehmens in zwei Kategorien einteilen:[31]

Kostengetriebene Geschäftsmodelle: Charakteristikum der kostengetriebenen Geschäftsmodelle ist eine Niedrigkostenstruktur. Ausgehend von einem Kundennutzenversprechen, das auf den im Wettbewerbsvergleich niedrigsten Preis ausgerichtet ist, werden konsequent alle Möglichkeiten der Kostenminimierung wie Standardisierung, Outsourcing und Offshoring genutzt. Beispiele für solche Niedrigkosten-Geschäftsmodelle sind Southwest Airlines und Ryanair.

Kundennutzengetriebene Geschäftsmodelle: Das Ziel von Geschäftsmodellen, die den Kundennutzen in den Mittelpunkt stellen, besteht in der Abschöpfung der maximalen Zahlungsbereitschaft ihrer Zielkunden. Zu diesem Zweck kombinieren sie eine hohe Angebotsindividualisierung mit einer differenzierenden Preispolitik. Demgegenüber sind die Kostenimplikationen des Geschäftsmodells nur von untergeordneter Bedeutung.

Ein besonders wichtiges Kriterium bei der Beurteilung der Kostenstruktur von Unternehmen ist der Fixkostenanteil. Hohe Fixkosten führen bei Wachstum zu Skaleneffekten, da die Fixkosten über ein immer größeres Volumen verteilt werden können, und damit letztendlich zu Gewinnen. Der Nachteil hoher Fixkosten zeigt sich demgegenüber in Rezessionsphasen. Bei hohen Fixkosten führt eine Wachstumsabschwächung oder gar negatives Wachstum schnell zu erheblichen Verlusten. Ein hoher variabler Kostenanteil hat den umgekehrten Effekt.

Fallbeispiel – Geschäftsmodelle von Motor-, Getriebe- und Antriebsstrangzulieferern in der Automobilindustrie

In der Automobilindustrie können die Zulieferer im Bereich Motor, Getriebe und Antriebsstrang je nachdem schwerpunktmäßig zur Anwendung kommenden Fertigungsprozess unterschiedlichen Geschäftsmodellen zugeordnet werden (vgl. Abbildung 6).

31 Zu den nachfolgenden Ausführungen zur Klassifizierung von Geschäftsmodellen nach ihrer Kostenstruktur vgl. Osterwalder/Pigneur (2010).

Es lassen sich fünf relevante Fertigungsverfahren unterscheiden:

- Beim *Urformen* wird aus einem formlosen Ausgangsstoff ein Stoffzusammenhalt geschaffen und ein Werkstück hergestellt. Die für die Automobilindustrie relevanten Ausgangsstoffe sind Metalle und Plastik bzw. Synthetik. Je nach Zustand des Ausgangsstoffes kommen unterschiedliche Verfahren des Urformens zur Anwendung. Bei Stoffen im flüssigen Zustand werden Verfahren wie beispielsweise Gießen oder Druckgießen verwendet. Für gasförmige Ausgangsstoffe wird Metalldampfen genutzt. Die Verarbeitung plastischer Materialien geschieht durch Spritzgießen oder Extrusion. Bei Stoffen mit körnigem oder pulverförmigem Ausgangszustand kommt Sintern zum Einsatz.
- Durch das Fertigungsverfahren des *Umformens* wird ein festes Werkstück plastisch verformt. Der Stoffzusammenhalt des Werkstoffes bleibt erhalten. Bei Massivformen wird je nach Temperatur zwischen Kalt-, Warm- und Heißumformen unterschieden. Zur Umformung von Blechen kommen Verfahren wie Walzen, Biegen, Stauchen und Hydroformen zum Einsatz.
- Bei der *mechanischen Bearbeitung* von Werkstücken wird zwischen Schneiden bzw. Fragmentieren durch Messer, Schere, Laser oder Wasserstrahl sowie Bearbeitung durch Verfahren wie Drehen, Bohren oder Fräsen unterschieden.
- Mit *Oberflächenbehandlung* werden Fertigungsverfahren bezeichnet, bei denen die äußeren Schichten des Wertstücks bearbeitet werden. Relevante Verfahren der Oberflächenbehandlung sind beispielsweise das Spanen, das Abtragen durch thermische, chemische oder elektrochemische Einwirkung oder das Beschichten.
- Schließlich werden durch die Fertigungstechnik des *Fügens* Werkstücke dauerhaft miteinander verbunden. Zu den verschiedenen Fügeverfahren zählt beispielsweise das Schweißen, Verschrauben, Nieten oder Kleben.

Aufsetzend auf diesen Fertigungsverfahren können im automobilen Wertschöpfungsumfeld Motor, Getriebe und Antriebsstrang vier grundlegende Geschäftsmodelle unterschieden werden:

- *Urformspezialisten* stellen die Erstformen der Motor-, Getriebe- und Antriebsstrangkomponenten her. In diese Gruppe fallen vor allem Gießereien, beispielsweise Gienanth.

- *Formspezialisten* haben in der Regel eine hohe Umformkompetenz über ein breites Spektrum an Bauteilen. Auf dieses Fertigungsverfahren sind in der Automobilindustrie insbesondere mittelständische Unternehmen spezialisiert, die durch einen durchschnittlichen Automatisierungsgrad gekennzeichnet sind. Zu den führenden Formspezialisten zählen beispielsweise Hirschvogel, Johann Hay und Neumayer Tekfor.
- *Komponentenspezialisten* sind üblicherweise auf ein bis maximal zwei Komponentengruppen spezialisiert und beherrschen mehrere Fertigungsverfahren. Ihren Verfahrensschwerpunkt haben sie in der Regel beim Umformen, der mechanischen Bearbeitung sowie der Oberflächenbehandlung. Ihre Kompetenz kann jedoch auch bis in die Fügetechnik hineinreichen. Sie verfügen über eine hohe Entwicklungskompetenz und werden seitens der OEM früh in F&E-Prozesse eingebunden. Beispiele für Komponentenspezialisten sind Mahle (Motorkomponenten), Gévelot (Getriebekomponenten), GKN Driveline (Antriebsstrangkomponenten) und ThyssenKrupp Presta (Motor- und Getriebekomponenten).
- *Tier-1-Zulieferer* sind im maßgeblichen Wertschöpfungsumfeld in erster Linie *für Getriebe- und Antriebsstrangmodule* zu finden. Sie konzentrieren sich auf die Modulassemblierung und haben die Komponentenfertigung an Tier-2-Zulieferer ausgelagert. Beispiele sind ZF und Metaldyne.

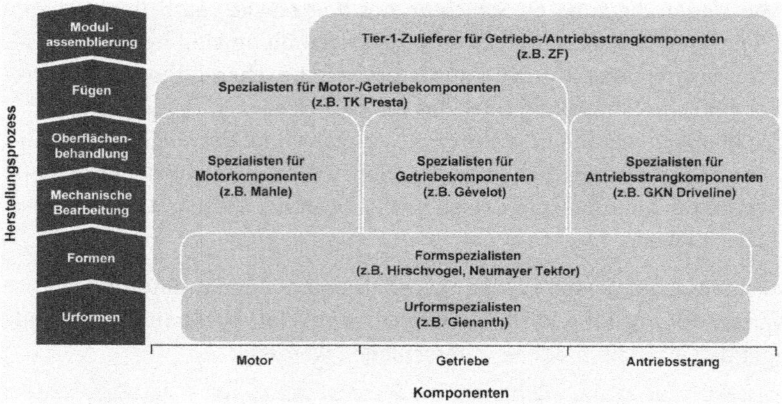

Abbildung 6: Geschäftsmodelle von Motor-, Getriebe- und Antriebsstrangzulieferern in der Automobilindustrie
Quelle: Eigene Darstellung

1.2 Umsatz- und Margenanalyse

Die Analyse der historischen und für die Zukunft geplanten Umsätze und Gewinnmargen bildet den zweiten großen Schwerpunkt der Untersuchung des Zielunternehmens. Für die Commercial Due Diligence ist eine möglichst frühzeitige Durchführung der Umsatz- und Margenanalyse erfolgskritisch, da aus deren Ergebnissen kritische Fragen für die spätere Markt-, Kunden- und Wettbewerbsanalyse abgeleitet werden müssen. Der Analyse kommt damit eine leitende Funktion für die strategischen Analysen zu. Nur durch die enge Verzahnung beider Analysebereiche kann die Relevanz der strategischen Betrachtungen für die Validierung des Business Plans, das Hauptziel des Commercial Due Diligence, gewährleistet werden.

1.2.1 Umsatzanalyse

Bei der Umsatzanalyse steht neben der Darstellung der gegenwärtigen Umsatzverteilung (Schritt 1) sowie der historischen und geplanten Umsatzentwicklung (Schritt 2) vor allem die Frage nach den Umsatztreibern (Schritt 3) im Mittelpunkt.

Schritt 1: Analyse der gegenwärtigen Umsatzverteilung

Die Umsatzanalyse beginnt mit der Darstellung der gegenwärtigen Umsatzverteilung in den im Einzelfall relevanten Dimensionen. Dies erlaubt häufig erste interessante Aussagen über die Geschäftsausrichtung des Unternehmens. Die in der Regel relevanten Umsatzdimensionen sind:

- Geschäftsfelder
- Produktgruppen (ggf. auch Einzelprodukte)
- Geografische Märkte
- Kundengruppen (ggf. auch Einzelkunden)
- Distributionskanäle

Je nach Lage des Einzelfalls kann es auch sinnvoll sein, weitere Dimensionen in die Betrachtung einzubeziehen, beispielsweise Gesellschaften, Marken oder die unterschiedlichen Wertschöpfungsstufen im Falle von vertikal integrierten Unternehmen. Eine gute Möglichkeit, die Umsatzverteilung eines Unternehmens im Überblick darzustellen, ist beispielsweise das »Umsatz-Cockpit« (vgl. Abbildung 7).

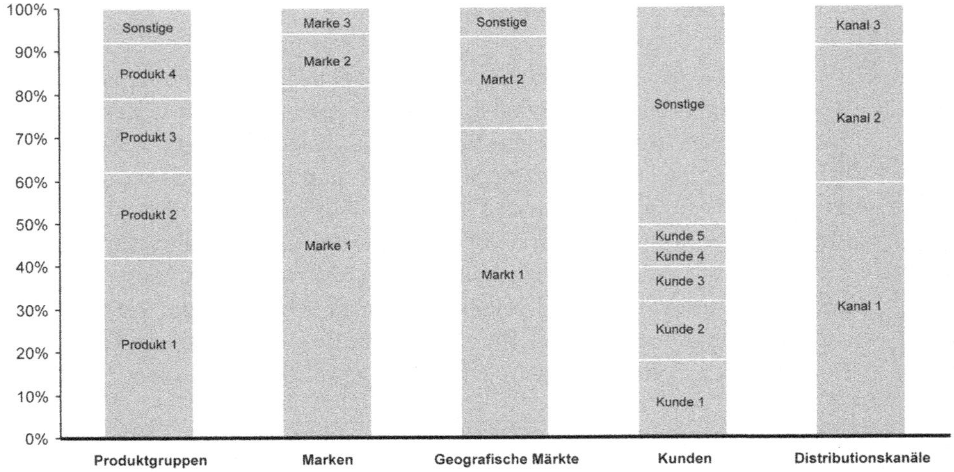

Abbildung 7: Illustratives Umsatz-Cockpit
Quelle: Eigene Darstellung

Schritt 2: Analyse der Umsatzentwicklung

Hat man ein umfassendes Verständnis für die Verteilung der Umsätze gewonnen, ist die historische und geplante Entwicklung der Umsätze in den relevanten Dimensionen zu analysieren. Die Umsatzentwicklung in der Vergangenheit kann dabei herangezogen werden, um die Umsatzplanung zu plausibilisieren. Insbesondere wenn die Umsatzplanung aggressiver ausfällt als die historische Entwicklung (sog. »Hockey Stick«), ist dies kritisch zu hinterfragen. Die Commercial Due Diligence muss dann im Rahmen der weiteren Unternehmensanalyse sowie der Markt-, Kunden- und Wettbewerbsbetrachtung nach möglichen Rechtfertigungen suchen.

Bei der Analyse der Umsatzentwicklung muss unbedingt die Vergleichbarkeit der Umsätze im Zeitverlauf gewährleistet werden. Dabei führen Währungsschwankungen und Veränderungen bei der Revenue Recognition regelmäßig zu den größten Verzerrungen.[32]

- *Währungsschwankungen:* Währungseffekte müssen bei Unternehmen, die auch außerhalb des Euroraumes tätig sind, berücksichtigt werden. Die Umwandlung von Fremdwährungen in die Berichtswährung erfolgt am Ende jedes Berichtszeitraumes. Sofern eine Fremdwährung gegenüber der Berichtswährung aufwertet (abwertet), führt dies zu höheren

32 Vgl. Koller/Goedhart/Wessels (2005).

(niedrigeren) Umsätzen, die nicht durch höhere (niedrigere) Preise oder eine größere (kleinere) abgesetzte Menge begründet sind. Sind die Währungsschwankungen im Betrachtungszeitraum erheblich, muss eine »Constant Currency«-Analyse durchgeführt werden, um die Vergleichbarkeit der Umsätze zu gewährleisten. Zu diesem Zweck sind die Umsätze in sämtlichen Berichtsjahren auf den Wechselkurs des Basisjahres umzurechnen.

- *Veränderung der Revenue Recognition:* Auch Veränderungen in der Revenue-Recognition-Politik können zu erheblichen Verzerrungen der Umsatzleistung eines Unternehmens führen. Sind diese Änderungen signifikant, müssen diese für die Zwecke der Umsatzanalyse rückgängig gemacht bzw. die früheren Umsätze ebenfalls angepasst werden. Dies kann im Einzelfall einen erheblichen Arbeitsaufwand bedeuten.

Schritt 3: Analyse der Umsatztreiber

Die Analyse der Umsatztreiber stellt aus Sicht der Commercial Due Diligence den entscheidenden Schritt bei der Umsatzanalyse dar. Es muss detailliert herausgearbeitet werden, welche Faktoren die Entwicklung in der Vergangenheit getrieben haben und mit welchen Strategien und Maßnahmen das Management die für die Zukunft geplante Umsatzentwicklung umsetzen will. Dabei können grundsätzlich vier Gruppen von Umsatztreibern – Produkte, Kunden und Märkte, Menge, Preis und Mix, operative Treiber und strategische Treiber – unterschieden werden.

Produkte, Kunden und Märkte. Zunächst ist danach zu fragen, welche Produkte, Kunden und geografischen Märkte das Umsatzwachstum treiben. Je nach Einzelfall können weitere Dimensionen dazukommen. Eine häufig in diesem Zusammenhang gemachte weitere Unterscheidung differenziert beispielsweise Produkte weiter in existierende und neue Produkte. Auf diese Weise kann der Grad der Produktinnovation des betrachteten Unternehmens im Rahmen der Umsatzanalyse geprüft werden. Entsprechendes gilt für Kunden und Märkte.

Menge, Preis und Mix. Die Umsatzentwicklung kann stark durch Mengen-, Preis- und Mixeffekte getrieben sein. Bei der Analyse des Mengen-Preis-Gerüstes wird der Preis häufig als durchschnittlicher Verkaufspreis (definiert als durchschnittlicher Umsatz pro Stück) angegeben. In diesem Fall können Preis- und Mixeffekte in der Regel nicht getrennt werden. Wenn der Umsatz pro Stück steigt kann dies an steigenden Preisen liegen. Ebenso gut kann aber auch eine Mixverschiebung von niedrigpreisigen zu hochpreisigen Produkten, Kunden oder Märkten der Grund sein. Wurden Währungseffekte zuvor nicht bereinigt, müssen diese ebenfalls berücksichtigt werden. Volumen-, Preis- und Mixeffekte können anhand einer Umsatzbrücke visualisiert werden (vgl. Abbildung 8).

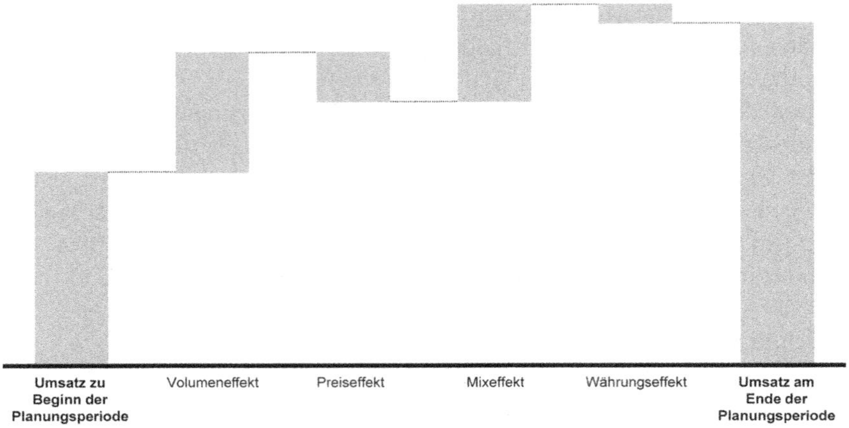

Abbildung 8: Illustrative Preis-Mengen-Analyse
Quelle: Eigene Darstellung

Operative Umsatztreiber. Über die rein finanzorientierte Betrachtung hinaus, ist es oft auch sinnvoll branchenspezifische und operative Umsatztreiber in die Analyse mit einzubeziehen und entsprechende Treiberbäume zu erstellen (vgl. Abbildung 9). Zum Beispiel lässt sich in der Zeitarbeit der Gesamtumsatz eines Zeitarbeitsunternehmens in den durchschnittlichen Umsatz pro Niederlassung und die Anzahl der Niederlassungen unterteilen. Der Umsatz pro Niederlassung ist seinerseits das Produkt aus der Anzahl der externen Mitarbeiter (d. h. solche, die an die Kunden verliehen werden) pro Niederlassung und dem Umsatz pro externem Mitarbeiter. Letzterer setzt sich aus dem durchschnittlichen Umsatz pro Stunde und den durchschnittlichen Stunden pro externem Mitarbeiter zusammen.

Auf der Grundlage eines solchen Treiberbaumes können dann zum einen im Rahmen der späteren Wettbewerbsanalyse die Marktteilnehmer nach den unterschiedlichen Kennzahlen miteinander verglichen werden. Zum anderen gibt die Veränderung der einzelnen Kennzahlen im Betrachtungszeitraum Aufschluss über die Treiber des Umsatzwachstums. Die Implikationen solcher Analysen können weitreichend sein. Im Zeitarbeitsbeispiel ist etwa eine Erhöhung der Anzahl der Niederlassungen oder der Anzahl der externen Mitarbeiter pro Niederlassung mit Investitionen verbunden. Demgegenüber kann eine Verbesserung des Umsatzes pro externem Mitarbeiter auf operative Faktoren zurückgeführt werden.

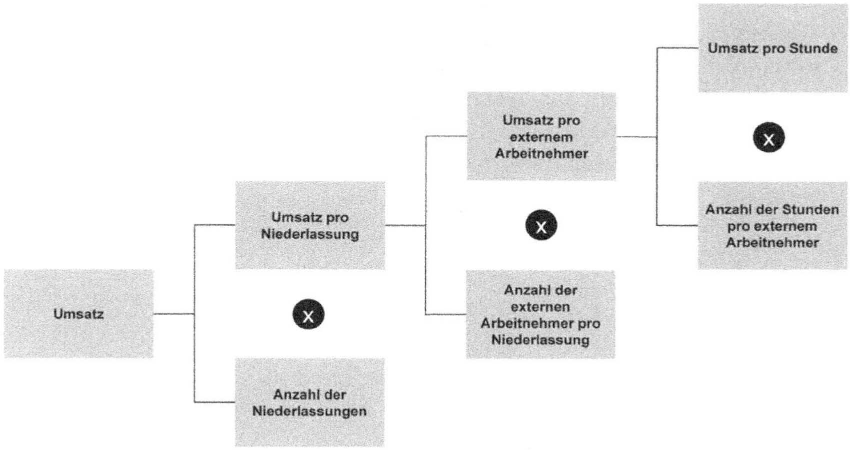

Abbildung 9: Branchenspezifische Umsatzkennzahlen in der Zeitarbeit
Quelle: Eigene Darstellung

Strategische Umsatztreiber. Schließlich ist für die Commercial Due Diligence entscheidend, die Zusammensetzung des Umsatzwachstums nach seinen strategischen Treibern zu analysieren. Zu diesem Zweck kann das Wachstum eines Unternehmens in drei Bestandteile aufgeteilt werden (vgl. Abbildung 10):[33]

- *Wachstum durch Akquisitionen:* Unternehmenskäufe stellen einen wesentlichen Wachstumshebel aus strategischer Sicht dar und müssen aus diesem Grund gesondert betrachtet werden. Nach Abzug des durch M&A-Aktivitäten erzielten (Netto-)Wachstums verbleibt das organische Wachstum. Hierzu zählt das durch zugekaufte Unternehmen im zweiten Jahr nach der Transaktion erzielte Wachstum.
- *Wachstum mit dem Markt:* Das organische Wachstum eines Unternehmens setzt sich zum einen aus demjenigen Bestandteil zusammen, der der Wachstumsrate des Marktes entspricht. Im Rahmen der strategischen Analyse kann davon ausgegangen werden, dass dieses Wachstum ohne die Existenz besonderer Wettbewerbsvorteile erzielt werden kann.

33 Zur nachfolgenden Darstellung der strategischen Umsatztreiber vgl. Viguerie/Smit/Baghai (2008).

Liegt das organische Wachstum eines Unternehmens unter dem Marktwachstum, verliert es Marktanteile und es muss ein Wettbewerbsnachteil dieses Unternehmens angenommen werden.

- *Wachstum des Marktanteils:* Zweiter Bestandteil des organischen Wachstums ist das Wachstum über dem Markt. Mit anderen Worten entspricht dies dem Wachstum, das durch Marktanteilsgewinne von Wettbewerbern erzielt werden muss. Der Gewinn von Marktanteilen setzt die Existenz von Wettbewerbsvorteilen gegenüber diesen Konkurrenten voraus.

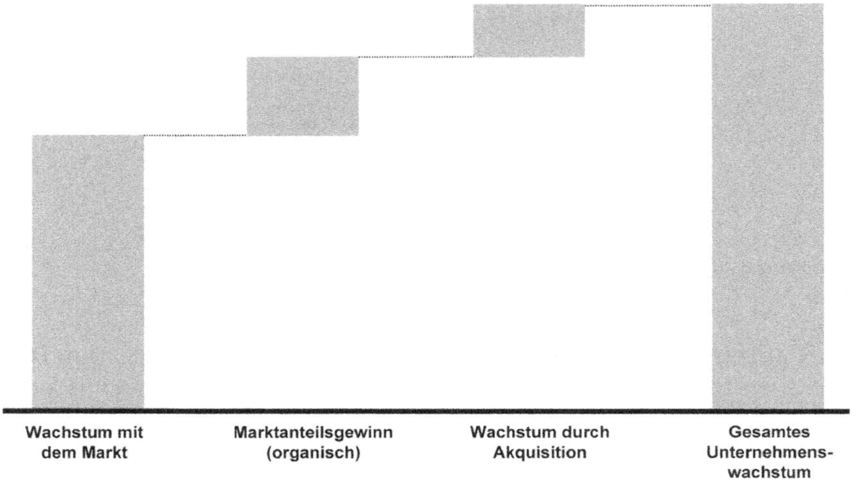

Abbildung 10: Illustrative Analyse der strategischen Wachstumskomponenten
Quelle: Modifiziert nach Viguerie/Smit/Baghai (2008)

1.2.2 Profitabilitäts- und Margenanalyse

Obgleich die Umsatzerzielung bei der Commercial Due Diligence deutlich stärker im Fokus steht als die Kostenseite, ist dennoch eine Betrachtung der wichtigsten Profitabilitätskennzahlen – Rohertrag, EBITDA, EBIT – auf Basis der Gewinn- und Verlustrechnung sowie der entsprechenden Margen für die strategische Analyse unverzichtbar.[34]

34 Im Einzelfall kann es auch sinnvoll sein, den ökonomischen Wert als Kennzahl zu betrachten. Ökonomischer Wert wird dann geschaffen, wenn die Rendite auf das investierte Kapital (ROIC) über den Kapitalkosten liegt. Dabei gilt eine positive Differenz zwischen Kapitalrendite und Kapitalkosten in der Regel als Indikator für die Existenz von Wettbewerbsvorteilen. Siehe dazu beispielsweise Koller/Goedhart/Wessels (2005).

Die für die Commercial Due Diligence zentralen Fragestellungen lauten:

- Wie sieht die grundsätzliche Margenstruktur des Zielunternehmens und seiner unterschiedlichen Geschäftsfelder aus?
- Wie groß sind die Profit Pools des Zielunternehmens?
- Wie hat sich die Profitabilität in den relevanten Dimensionen entwickelt? Welche Faktoren haben diese Entwicklungen getrieben?
- Ist das vom Zielunternehmen erzielte Umsatzwachstum profitabel?
- Wie wirkt sich eine etwaige Branchenzyklizität auf die Rohertragsmarge des Zielunternehmens aus?

Weitergehende Analysen der Profitabilität sind im Regelfall den Dienstleistern für die Financial oder Operational Due Diligence vorbehalten.

Analyse der Margenstruktur

Ausgangspunkt der Profitabilitätsanalyse ist die Betrachtung der Margenstruktur des Unternehmens und seiner Geschäftsbereiche, die aus der Gewinn- und Verlustrechnung abgeleitet werden kann (vgl. Abbildung 11).

Die Analyse der Margenstruktur erlaubt es beispielsweise, Aussagen zur Architektur des Geschäftsmodells des Zielunternehmens zu treffen bzw. zu validieren. So weist etwa ein hoher Materialaufwand in Kombination mit geringen Abschreibungen auf einen hohen Outsourcing-Grad hin. Des Weiteren kann ein hoher Materialaufwand indizieren, dass die Profitabilität des Zielunternehmens in besonderem Maße der Gefahr von Materialpreissteigerungen ausgesetzt ist. Dann bietet es sich zum einen an, die historische und für die Zukunft erwartete Entwicklung der Materialpreise zu untersuchen. Zum anderen sollten Sensitivitätsanalysen durchgeführt werden, um das Ausmaß der Abhängigkeit der Marge von den Rohmaterialpreisen zu bestimmen.

Größe des Profit Pools

Grundsätzlich sollte die Profitabilitäts- und Margenanalyse in den gleichen Dimensionen erfolgen wie die Umsatzanalyse. Damit ist die Frage zu beantworten, welche Produkte, geographischen Märkte, Kunden und Distributionskanäle profitabel sind und welche nicht. Während dabei die im Einzelfall relevante Profitabilitätsmarge die wichtigste Kennzahl darstellt, kann diese oft erst in der Gesamtschau mit dem absoluten Gewinn korrekt interpretiert werden. Bei der Darstellung bietet es sich daher an, die Marge

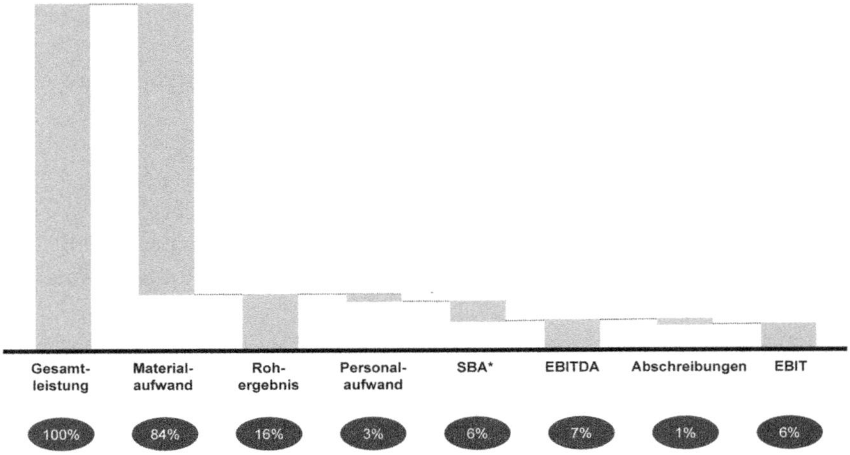

Abbildung 11: Illustrative Analyse der Margenstruktur
*(Anmerkung: SBA = Sonstige betriebliche Aufwendungen)
Quelle: Eigene Darstellung

auf einer Achse mit dem Umsatzanteil auf der anderen zu kombinieren. Die Größe der Fläche entspricht dann dem absoluten Gewinn (vgl. Abbildung 12).

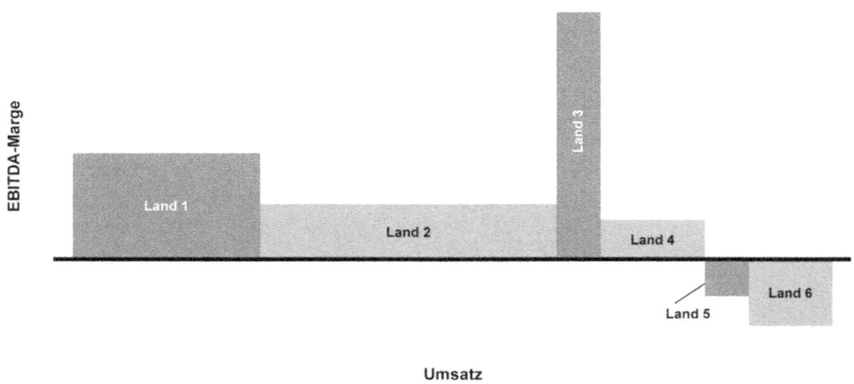

Abbildung 12: Illustrative Profit-Pool-Analyse
Quelle: Eigene Darstellung

Profitabilitätsentwicklung und -treiber

Neben der zeitpunktbezogenen Betrachtung der Profitabilität muss ihre zeitraumbezogene Entwicklung einschließlich der zugrundeliegenden Treiber untersucht werden. Typische Analysen sind dabei Margenbetrachtungen und EBITDA-Brücken, die die durch die maßgeblichen Profitabilitätstreiber hervorgerufenen EBITDA-Veränderungen zeigen. Neben rein finanziellen Profitabilitätstreibern sollten bei der Commercial Due Diligence soweit wie möglich auch operative Profitabilitätstreiber einbezogen werden. Zur Illustration sei das folgende Beispiel genannt (vgl. Abbildung 13):[35]

Der Gewinn von Fluggesellschaften lässt sich als Produkt aus dem Gewinn pro verfügbarer Sitzmeile und der Anzahl der verfügbaren Sitzmeilen ausdrücken. Der Gewinn pro verfügbarer Sitzmeile wiederum ist die Differenz zwischen Umsatz pro verfügbarer Sitzmeile und Aufwendungen pro verfügbarer Sitzmeile. Der Umsatz pro verfügbarer Sitzmeile schließlich ergibt sich durch Multiplikation des Umsatzes pro Passagiermeile mit dem Ladefaktor, d.h. dem Verhältnis von Passagiermeilen zu verfügbaren Sitzmeilen.

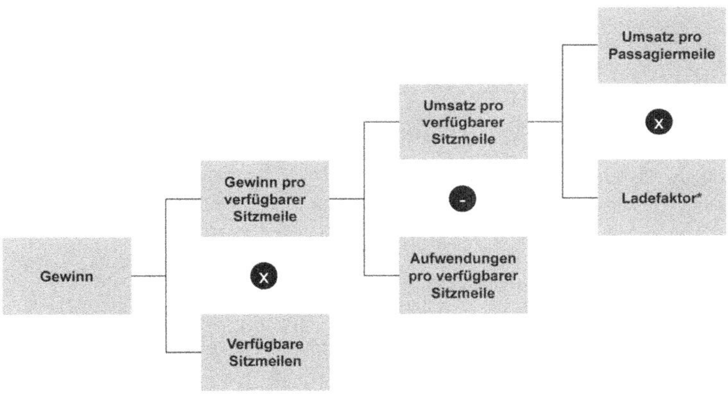

Abbildung 13: Gewinntreiber von Fluggesellschaften
*(Anmerkung: Ladefaktor = Passagiermeilen pro verfügbarer Sitzmeile)
Quelle: Eigene Darstellung

Profitabilität des Umsatzwachstums

Schließlich ist die Analyse der Profitabilität des Umsatzwachstums aus Sicht der Commercial Due Diligence zentral. Zu diesem Zweck können die Dimensionen Umsatzwachstum und absolutes Ergebniswachstum bzw.

35 Zum nachfolgenden Beispiel vgl. Grant (2005).

Margenveränderung in einer Matrix angeordnet werden. Es ergeben sich dann vier Quadranten: profitables Wachstum, unprofitables Wachstum, profitable Schrumpfung und unprofitable Schrumpfung. In diese Matrix sind Produkte, Kunden oder Märkte einzutragen. Graphisch werden die einzelnen Geschäftsfelder als Kreise dargestellt, wobei die Kreisflächen proportional dem Umsatzbeitrag im letzten Jahr der Betrachtungsperiode entsprechen (vgl. Abbildung 14).

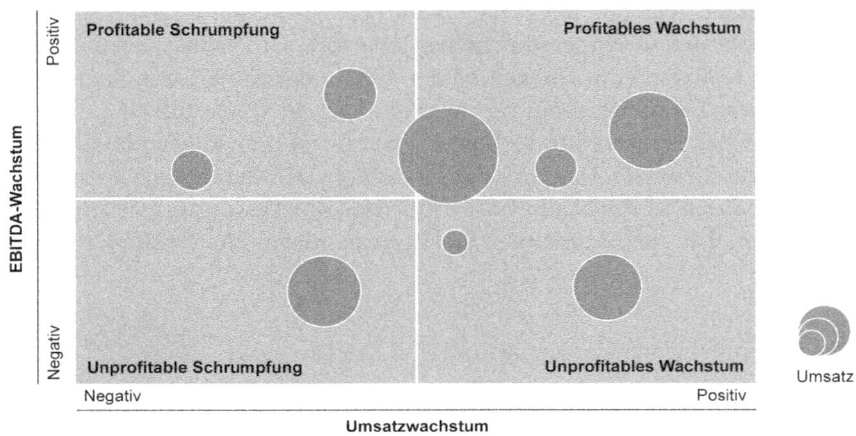

Abbildung 14: Illustrative Analyse der Profitabilität des Umsatzwachstums
Quelle: Eigene Darstellung

Zyklizität der Rohertragsmarge

In zyklischen Branchen kommt es zu starken Schwankungen der Rohertragsmargen der Marktteilnehmer im Zeitverlauf. Diese Zyklizität der Rohertragsmargen kann preis- oder kostengetrieben sein. In diesen Branchen ist es daher wichtig, die Zyklizität bei der Analyse der Finanzdaten des Zielunternehmens zu berücksichtigen und im Lichte der Zyklizität zu interpretieren. So muss beispielsweise eine Umsatz- oder Margenverschlechterung nicht unbedingt mit einem langfristigen negativen Trend gleichzusetzen sein, sondern kann lediglich den Eintritt in eine Abschwungsphase des Zyklus bedeuten. Bei der Analyse der historischen Finanzkennzahlen reicht daher die klassische Betrachtung eines Drei- bis Fünfjahreszeitraumes in der Regel nicht aus. Es sollte mindestens ein voller Branchenzyklus abgedeckt werden. Bei der Betrachtung von Umsatz- und Margenprojektionen in Business Plänen sollte berücksichtigt werden, dass deren Ersteller angesichts der Schwierigkeit, Zyklen – insbesondere an ihren Wendepunkten – korrekt vorherzusagen, sich in der Regel auf lineare Projektionen beschränken.[36]

Gründe für eine Zyklizität der Rohertragsmarge

Eine Zyklizität der Rohertragsmarge wird in der Regel durch einen oder mehrere der folgenden drei Faktoren hervorgerufen: Zyklizität der Nachfrage, Kapazitätsschwankungen und Volatilität der Rohmaterialpreise.[37]

Zyklische Nachfrage. Die Zyklizität einer Branche kann durch eine zyklische Nachfrage, die sich hauptsächlich über Schwankungen der durchsetzbaren Preise für die Branchenprodukte auswirkt, getrieben sein. Hervorgerufen wird die zyklische Nachfrage in konsumentennahen Branchen am Ende von Lieferketten oft durch den allgemeinen Konjunkturzyklus. Beispiele hierfür sind die Automobil-, Telekommunikations- und Luftfahrt- oder Zeitarbeitsbranche.

Kapazitätsschwankungen. Mit zunehmender Entfernung einer Branche zum Endverbraucher und steigender Kapitalintensität nimmt die Bedeutung von prozyklischen Investitionen in Produktionskapazität als Treiber von Zyklizität der Rohertragsmarge zu. Beispiele hierfür sind in der Papier-, Chemie- und Stahlindustrie zu finden. Dem liegt der folgende Mechanismus zugrunde:[38] Besteht in einem Markt ein starkes Nachfragewachstum, hat dies eine hohe Kapazitätsauslastung zur Folge und führt zu steigenden Preisen und damit zu steigenden Cashflows der Marktteilnehmer. Die Kombination aus optimistischen Nachfrageerwartungen, starker Auslastung und hohen Kassenbeständen zieht prozyklische Investitionen der Marktteilnehmer in zusätzliche Produktionskapazitäten nach sich. Hinzu kommen Bedenken der Marktteilnehmer, dass ihre Wettbewerber stärker wachsen könnten als sie selbst. Dementsprechend sollen die Investitionen nicht zuletzt auch deshalb getätigt werden, um den Marktanteil zu halten. Da es zu einer in etwa zeitgleichen Inbetriebnahme der neuen Kapazitäten kommt, existiert schon bald ein deutlicher Angebotsüberhang. Angesichts der nunmehr

36 Vgl. Koller/Goedhart/Wessels (2005).
37 Vgl. Hansen et al. (2009).
38 Zur nachfolgenden Darstellung dieses Mechanismus vgl. Hansen et al. (2009).

existierenden Überkapazitäten sinken mit den Preisen auch die Cashflows der Marktteilnehmer. Niedrige Kassenbestände führen zu einem konservativen Investitionsverhalten. Es wird so lange nicht mehr in zusätzliche Kapazitäten investiert, bis sich das Verhältnis von Angebot und Nachfrage infolge des Nachfragewachstums wieder ausgeglichen hat. Der Zyklus beginnt von neuem, sobald die Nachfrage das Angebot wieder übersteigt.

Das Ausmaß der durch prozyklische Investitionen hervorgerufenen Zyklizität der Rohertragsmarge wird durch eine Reihe von Faktoren beeinflusst:

- *Höhe des Nachfragewachstums:* Die Höhe des Nachfragewachstums hat erheblichen Einfluss auf die Absorption von zusätzlichen Produktionskapazitäten. Wächst die Nachfrage stark, werden die neuen Kapazitäten schnell absorbiert. Anders verhält es sich in einem stagnierenden oder nur langsam wachsenden Markt.
- *Länge der Vorlaufzeit:* Je länger die Vorlaufzeit der Investition ist, desto größer ist die Unsicherheit über die zum Zeitpunkt der Inbetriebnahme herrschenden Nachfragebedingungen und damit der Wahrscheinlichkeit, dass Angebot und Nachfrage nicht miteinander im Einklang stehen.
- *Betriebsgröße relativ zum Markt:* Ist die mindestoptimale Betriebsgröße eines Werkes im Verhältnis zur Gesamtkapazität des Marktes hoch, steigt die Wahrscheinlichkeit von Überkapazitäten, sobald mehrere Marktteilnehmer zur gleichen Zeit investieren.
- *Preissensitivität:* Je höher die Sensitivität der Marktpreise zu Schwankungen im Angebot oder der Nachfrage ist, desto eher wird ein Nachfrageüberhang zu Preissteigerungen führen und die Wahrscheinlichkeit von prozyklischen Investitionen erhöhen.

Volatile Rohmaterialpreise. Schwankungen der Rohmaterialpreise können eine durch Nachfrage oder Kapazitätsauslastung hervorgerufene Zyklizität noch verstärken. Der Einfluss von Rohmaterialpreisschwankungen auf die Rohertragsmarge ist von mehreren Faktoren abhängig:

- *Weitergabefähigkeit:* Ausschlaggebend ist die Fähigkeit eines Unternehmens, Materialpreisänderungen an seine Kunden weiterzugeben. Ist die Weitergabefähigkeit, die sich beispielsweise in Form von Preisgleitklauseln ausdrückt, sehr hoch, sind die Cashflows weitgehend unabhängig von den Materialpreisen. Ist sie niedrig, so führen Kostenänderungen auch zu starken Änderungen in den Cashflows des Unternehmens.

- *Anteil der Materialkosten an den Gesamtkosten:* Die Zyklizität ist grundsätzlich umso stärker, je höher der Anteil der Materialkosten an den Gesamtkosten ist.
- *Höhe der Wertschöpfung relativ zu den Materialkosten:* Ist die Wertschöpfung einer Branche im Vergleich zu den Materialkosten gering, laufen die Unternehmen grundsätzlich ein großes Risiko, im Falle von Materialpreisfluktuationen Margeneinbußen hinnehmen zu müssen. Eine hohe relative Wertschöpfung schafft hingegen eine größere Pufferzone für Fluktuationen der Materialpreise und verringert daher die Auswirkungen der Zyklizität.

1.3 Analyse der Wachstumsstrategie und -maßnahmen

Die Analyse der vom Management des Zielunternehmens vorgesehenen Wachstumsstrategie und -maßnahmen, der große dritte Schwerpunkt der Analyse des Zielunternehmens, beantwortet die Frage nach dem »Wie?« der Managementplanung. Sie ist soweit wie möglich mit der Analyse der geplanten Umsatz- und Ergebnisentwicklung zu verknüpfen. Dabei sind zwei Ebenen zu unterscheiden:

- *Wachstumsstrategie:* Was ist die Wachstumsstrategie der Zielgesellschaft im Planungszeitraum und darüber hinaus?
- *Wachstumsmaßnahmen:* Welche konkreten Maßnahmen sind im Planungszeitraum vorgesehen, um die strategischen Wachstumsziele zu erreichen?

Wachstumsstrategie

Eine Wachstumsstrategie besteht grundsätzlich aus vier Bausteinen – der Wachstumsplattform, der Wachstumsdimension, dem Wachstumsmodus sowie dem Zeithorizont des Wachstums (vgl. Abbildung 15).

Grundlage jedweder Wachstumsstrategie ist die *Wachstumsplattform.* Mit anderen Worten: Soll das angestrebte Wachstum innerhalb oder außerhalb des Kerngeschäfts erzielt werden? In der Regel handelt es sich bei dem Geschäftsfeld mit dem höchsten Umsatz- und Ergebnisbeitrag um das Kernge-

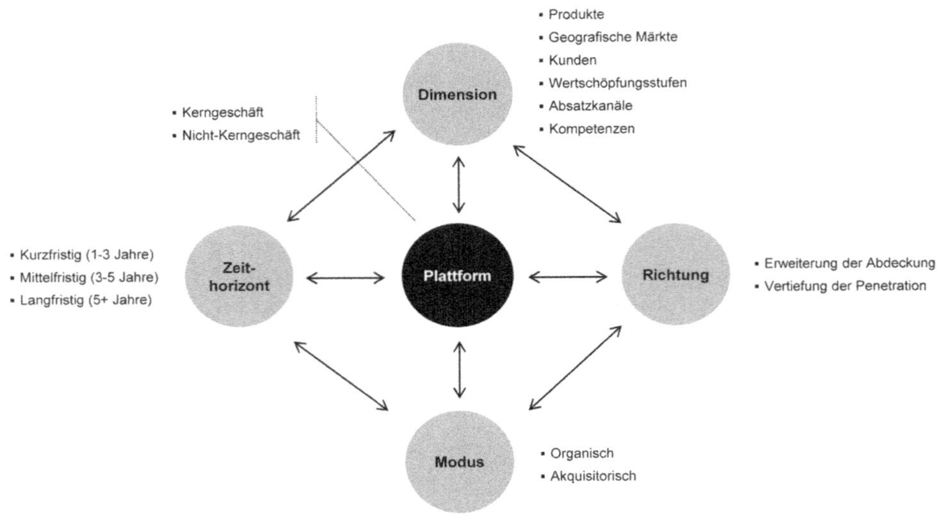

Abbildung 15: Bausteine von Wachstumsstrategien
Quelle: Eigene Darstellung

schäft eines Unternehmens. Die Erfolgschancen neuer Wachstumsfelder sind grundsätzlich in der Nachbarschaft des Kerngeschäfts am größten und sinken mit zunehmender Entfernung vom Kerngeschäft.[39]

Der zweite Baustein einer Wachstumsstrategie ist die *Wachstumsdimension*. Es lassen sich sechs grundsätzliche Wachstumsdimensionen unterscheiden:

- Produkte,
- Kunden,
- Geografien,
- Absatzkanäle,
- Wertschöpfungsstufen,
- Kompetenzen.

In jeder Dimension lässt sich Wachstum entweder innerhalb der bestehenden Unternehmensgrenzen oder durch eine Erweiterung der Unternehmensgrenzen erzielen. Beispielsweise kann ein Unternehmen in der Dimension »Kunde« mit bestehenden Kunden wachsen, indem es den Grad der Kundendurchdringung (sog. Share of Wallet) erhöht, oder es wächst mit neuen Kunden, indem es seine Kundenabdeckung verbreitert.

39 Vgl. Zook (2003).

Der *Wachstumsmodus* ist der dritte Baustein einer Wachstumsstrategie. Relevant ist in diesem Zusammenhang zum einen die Unterscheidung von organischem Wachstum und Wachstum durch Unternehmenskäufe (sog. Buy & Build-Strategien). Zum anderen kann der Wachstumsmodus Marktanteilsgewinne, also die Verdrängung von Wettbewerbern, oder ein Wachstum mit dem Markt vorsehen.

Der *Zeithorizont* des geplanten Wachstums ist der vierte und letzte Baustein von Wachstumsstrategien. Im Rahmen der Commercial Due Diligence bietet es sich an, zwischen Wachstum im Planungszeitraum des Business Planes und Wachstum nach dem Planungszeitraum zu unterscheiden. Während des Planungszeitraumes findet das kurzfristige (z. B. 1-2 Jahre) und mittelfristige (z. B. 3-5 Jahre) Wachstum des Zielunternehmens statt, nach dem Planungszeitraum das langfristige Wachstum (z. B. 5+ Jahre).

Die im konkreten Einzelfall relevanten Elemente der Wachstumsstrategie des Zielunternehmens sind im Rahmen der Commercial Due Diligence nach Möglichkeit zu quantifizieren und können zum Beispiel in Form einer Umsatzbrücke dargestellt werden.

Wachstumsmaßnahmen

Neben der Wachstumsstrategie sind im zweiten Schritt die konkreten Maßnahmen herauszuarbeiten, mit denen das Management die Wachstumsstrategie im Planungszeitraum umzusetzen gedenkt. Die grafische Darstellung dieser Maßnahmen kann beispielsweise mit Hilfe eines »Marktschachbretts« erfolgen (vgl. Abbildung 16).

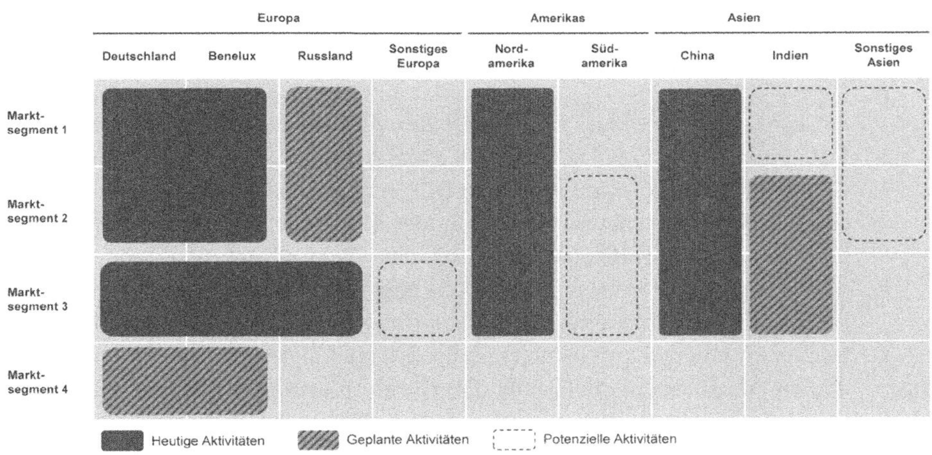

Abbildung 16: Illustrative Darstellung von Wachstumsmaßnahmen
Quelle: Eigene Darstellung

2 Analyse der Marktattraktivität

Kernfragen bei der Analyse der Marktattraktivität

- *Marktdefinition und -segmentierung*
  - Welche Marktgrenzen definieren den Markt sachgerecht?
  - Wie teilt sich der Gesamtmarkt in Marktsegmente auf?
- *Marktgröße und -profitabilität*
  - Wie groß ist der vom Zielunternehmen adressierte und adressierbare Markt?
  - Wie profitabel sind die einzelnen Marktsegmente?
- *Marktentwicklung und -treiber*
  - Wie groß ist das historische und zukünftige Marktwachstum des Gesamtmarktes und der einzelnen Marktsegmente?
  - Welche Faktoren treiben und beschränken das Wachstum des Marktes und seiner Segmente? Welchen Einfluss haben die Markttreiber auf Marktvolumen, Marktpreise und Marktwert?
- *Marktpreis und -entwicklung*
  - Was ist das derzeitige Preisniveau im Gesamtmarkt sowie in den einzelnen Marktsegmenten?
  - Wie haben sich die Marktpreise historisch entwickelt? Welche Entwicklung wird für die Zukunft erwartet?

2.1 Marktdefinition und -segmentierung

Gegenstand der Marktanalyse ist der Absatzmarkt der Zielgesellschaft. Dabei ist die korrekte Definition der Markt- und Segmentgrenzen eine der Grundfragen der Commercial Due Diligence schlechthin, stellt sie doch die Grundlage für die spätere Bewertung des Marktwachstums und die Beurteilung der Wettbewerbspositionierung des Zielunternehmens dar. Werden der Gesamtmarkt oder einzelne Marktsegmente zu weit gefasst, fallen die Marktwachstumsraten zu niedrig aus und die Wettbewerbsposition des betrachteten Unternehmens erscheint schwächer als es tatsächlich der Fall ist. Andererseits besteht die Gefahr, den Gesamtmarkt oder Marktsegmente unangemessen eng zu definieren, so dass die Wachstumsraten zu hoch liegen und dem betreffenden Unternehmen ein hoher Marktanteil zugeschrieben wird, der seiner Wettbewerbsposition nicht gerecht wird.

Marktdefinition

Ein Markt besteht aus einer Gruppe von Unternehmen (Anbietern), die vergleichbare Produkte oder Dienstleistungen einer Gruppe von ähnlichen Kunden anbieten. Der relevante Markt ist in sachlicher (Produkt- bzw. Dienstleistungsmarkt), räumlicher (geografischer Markt) und zeitlicher Hinsicht (zeitlicher Markt) abzugrenzen.

Probleme ergeben sich vor allem bei der sachlichen Marktabgrenzung.[40] In der Theorie werden die Grenzen eines Produktmarktes durch das Kriterium der Substituierbarkeit bestimmt. Zwei Produkte bilden dann einen einzigen Produktmarkt, wenn sie sich in einer so engen Substitutionsbeziehung befinden, dass sie in direkter Konkurrenz stehen. Als Maß für die Substituierbarkeit dient dabei die Kreuzelastizität der Nachfrage. Sie beschreibt die Veränderung der nachgefragten Menge von Produkt A in Reaktion auf eine Veränderung des Preises von Produkt B. Bei hoher Kreuzelastizität der Nachfrage bilden die betreffenden Produkte einen Produktmarkt. Für die Zwecke der Commercial Due Diligence ist die Bestimmung von Kreuzelastizitäten angesichts des hohen Datenaufwandes nicht praktikabel. Ein pragmatischer Test zur Bestimmung der Produktmarktgrenzen besteht daher in der Prüfung der Homogenität von Anbietern und Kunden. Weisen zwei Produkte stark unterschiedliche Anbieter- und Kundenstrukturen auf, so stellt dies ein Indiz dafür dar, dass diese nicht dem gleichen Produktmarkt zuzuordnen sind.

Ähnliche Überlegungen treffen für die geographischen Grenzen eines Marktes zu.[41] Die Kernfrage lautet hier: Steht das Zielunternehmen in einem einzigen globalen Markt oder in einer Reihe von unterschiedlichen regionalen, nationalen oder lokalen Märkten im Wettbewerb? Zwei Geografien bilden dann unterschiedliche Märkte, wenn sie aufgrund hoher Transportkosten, regulatorischer Anforderungen oder Kundenpräferenzen räumlich voneinander abgegrenzt sind. In diesem Fall sollten für die gleiche Leistung in den beiden Geografien unterschiedliche durchschnittliche Preisniveaus zu beobachten sein. Andernfalls bilden sie mit hoher Wahrscheinlichkeit einen Markt.

Schließlich kann das Kriterium Zeit dann eine Rolle bei der Marktdefinition spielen, wenn die Interaktionen zwischen Anbietern und Nachfragern

40 Zu den nachfolgenden Ausführungen zur sachlichen Marktabgrenzung vg. Schmidt (1996).

41 Zu den nachfolgenden Ausführungen zur geografischen Marktabgrenzung vgl. Grant (2005).

nicht kontinuierlich stattfinden. Dies ist etwa bei saisonalen Märkten, beispielsweise bei Frischeprodukten im Lebensmitteleinzelhandel, der Fall. Dabei ist eine unterjährige Saisonalität von einer Zyklizität im Jahresvergleich zu unterscheiden.

Marktsegmentierung

Nach der Marktdefinition erfolgt die strategische Segmentierung des Marktes im Rahmen der ermittelten Marktgrenzen. Oft existieren entsprechende Branchenkonventionen infolge von Datenerhebungen durch Verbände und Regierungsstellen. Eine gute Commercial Due Diligence geht jedoch über akzeptierte Klassifizierungssysteme hinaus und schafft dadurch Mehrwert, dass sie die betreffenden Märkte einzelfallspezifisch segmentiert.

Dazu müssen zunächst die einschlägigen Segmentierungsvariablen identifiziert werden.[42] Marktsegmentierung betrifft die Kernfrage, welche Kunden mit welchem Leistungsangebot bedient werden. Entsprechend lassen sich die grundsätzlich in Betracht kommenden Segmentierungskriterien in angebots- und kundenbezogene Variablen unterteilen:

- Die *angebotsbezogenen Segmentierungskriterien* charakterisieren die im Markt vorhandenen Produktvarianten. Hierunter fallen Variablen wie etwa Produktqualität (z. B. Standard- vs. Premiumprodukte), Produktgröße, Preispunkte, Material (z. B. Kunststoff vs. Metall), Verpackung (z. B. Flaschen- vs. Dosenbier), Marke (z. B. Private Label vs. Herstellermarke), Produktionstechnologie (z. B. automatisiert vs. manuell) oder Produktionsvolumen (z. B. hochvolumig vs. niedrigvolumig). Im Einzelfall können auch gebrauchte Produkte und Ersatzteile, die oft durch gänzlich andere Wertschöpfungsketten als Neuprodukte gekennzeichnet sind, angebotsbezogene Variablen sein.
- *Käuferbezogene Segmentierungskriterien* können drei Untergruppen – Käufertyp, Käufergeografie und Vertriebskanal – zugeordnet werden. In Bezug auf den Käufertyp ist zwischen industriellen Käufern und privaten Konsumenten zu unterscheiden. Industrielle Käufer können beispielsweise nach Branche, Größe (als Näherungsgröße für Einkaufsmacht), Einkaufsprozess und -verhalten, Strategie (z. B. Qualitätsführerschaft vs. Kostenführerschaft) oder Eigentümerstruktur segmentiert werden. Private Konsumenten werden nach demografischen Kriterien (z. B.

42 Zur nachfolgend dargestellten Systematisierung der Segmentierungskriterien vgl. Grant (2005).

Alter, Geschlecht, Größe, Gewicht, Familienstand, Nationalität, Religionszugehörigkeit), sozioökonomischen Kriterien (Beruf, Einkommen, Ausbildung), psychografischen Kriterien (z. B. Merkmalen der Persönlichkeit, Lebensstil, Typologien wie »Double Income No Kids«) oder verhaltensorientierten Kriterien (z. B. Informations-, Kauf- und Verwendungsverhalten) segmentiert. Der geografische Standort der Käufer ist dann ein maßgebliches käuferbezogenes Segmentierungskriterium, wenn Märkte aufgrund hoher Transportkosten, regulatorischen Anforderungen oder Kundenpräferenzen räumlich voneinander abgegrenzt sind. Geographie ist zudem ein gängiges Segmentierungskriterium für Dienstleistungen, wo in der Regel Präsenz erforderlich ist. Schließlich ist der Vertriebskanal ein wichtiges Kriterium zur käuferbezogenen Marktsegmentierung. Die Kunden- und Wettbewerbsdynamik kann sich erheblich von Vertriebskanal zu Vertriebskanal unterscheiden. Zudem hat die Wahl des Vertriebskanals wesentliche Implikationen für die Konfiguration des internen Wertschöpfungsprozesses eines Unternehmens. Zu unterscheiden ist zunächst Direktvertrieb vom Vertrieb über Händler. Die Händler wiederum können in der Regel in unterschiedliche Händlertypen (z. B. Vollsortimenter, Discounter) unterteilt werden.

Je nach betrachtetem Markt sind unterschiedliche Segmentierungskriterien relevant. Beispielsweise kann der Markt für Automobilkomponenten (Tier-2-Zulieferer) anhand von sechs Kriterien segmentiert werden (vgl. Abbildung 17).

Entsprechend der zu beantwortenden analytischen Fragestellung sollten die relevanten Segmentierungskriterien in eine Rangfolge nach ihrer Wichtigkeit gebracht werden. Die wichtigsten Segmentierungsvariablen sind in der Regel solche, die den Markt sauber in Segmente aufteilen, die durch eine möglichst geringe Austauschbarkeit von Produkten und Kunden gekennzeichnet sind. Diese Segmente sind aufgrund von Preisdifferentialen identifizierbar. Auf Grundlage der wichtigsten Kriterien kann dann eine zwei- oder dreidimensionale Segmentierungsmatrix des Marktes erstellt werden.

2.2 Marktgröße und -profitabilität

Um die strategische Marktselektion des Zielunternehmens bewerten zu können, muss die Größe und Profitabilität des Gesamtmarktes und seiner Marktsegmente ermittelt werden.

Abbildung 17: Segmentierungskriterien des Marktes für Automobilkomponenten
Quelle: Eigene Darstellung

Ermittlung der Marktgröße

Die Bestimmung der Größe des Gesamtmarktes und seiner Segmente ist ein klassischer Baustein jeder Commercial Due Diligence. Dabei kann grundsätzlich auf Primär- und Sekundärinformationen zurückgegriffen werden. In der ganz überwiegenden Zahl der Fälle wird die Verwendung von Sekundärinformationen jedoch zu kurz greifen, da diese den Nischencharakter des relevanten Marktes nicht mit dem gebotenen Detaillierungsgrad reflektieren. Eine wesentliche Aufgabe der Commercial Due Diligence besteht dann darin, ein Marktmodell zu erstellen, das die Größe des Gesamtmarktes und seiner Segmente auf der Basis der Markttreiber quantifiziert.[43] Die verfügbaren Sekundärinformationen sollten ergänzend als Referenzpunkte herangezogen werden, um die Ergebnisse des Marktmodells zu plausibilisieren. Die ermittelte Markt- und Segmentgröße kann beispielsweise in Form eines Marimekko-Diagramms dargestellt werden (vgl. Abbildung 18).

43 Zum Thema Marktmodellierung siehe ausführlich Kapitel D3.

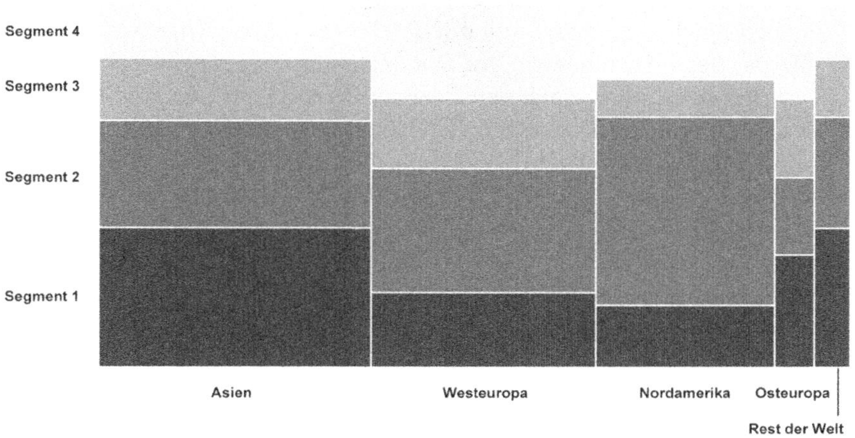

Abbildung 18: Beispielhafte Darstellung der Markt- und Segmentgröße
Quelle: Eigene Darstellung

Ermittlung der Marktprofitabilität

Die Ermittlung der Markt- und Segmentprofitabilität erfolgt in drei Schritten: [44]

- *Schätzung des Gesamtgewinns des Marktes:* Zunächst muss der Gesamtgewinn des Marktes geschätzt werden. Dazu kommen zwei alternative Ansätze in Frage. Im Rahmen eines Top-Down-Ansatzes kann die Gesamtprofitabilität des Marktes dadurch abgeleitet werden, dass man eine Schätzung der kumulativen Umsätze aller Unternehmen des Marktes mit deren durchschnittlicher Gewinnmarge multipliziert. Alternativ kann die Schätzung der Marktprofitabilität durch einen Bottom-up-Ansatz vorgenommen werden. Ausgangspunkt sind dabei die bekannten Finanzinformationen der Zielgesellschaft sowie die öffentlichen Finanzinformationen börsennotierter Gesellschaften, die in vielen Märkten für einen Großteil der Gesamtgewinne verantwortlich sind. Auf dieser Grundlage müssen dann die kumulativen Gewinne der verbleibenden privaten Marktteilnehmer geschätzt werden. Dazu werden die Gewinnmargen des Zielunternehmens sowie der börsennotierten Gesellschaf-

44 Zur nachfolgend dargestellten Vorgehensweise bei der Ermittlung der Marktprofitabilität vgl. Gadiesh/Gilbert (1998b).

ten entsprechend den Wettbewerbsvorteilen und -nachteilen der verbleibenden Spieler angepasst und mit deren kumulativen Umsätzen multipliziert. Der Gesamtgewinn des Marktes ist die Summe des bekannten Gewinns des Zielunternehmens, der veröffentlichten Gewinne der großen börsennotierten Gesellschaften und der geschätzten Gewinne der sonstigen privaten Spieler.

- *Schätzung der Segmentgewinne:* Im zweiten Schritt wird der kumulative Gewinn der einzelnen Marktsegmente ermittelt. Im Regelfall werden nicht alle Marktteilnehmer nur auf ein einziges Marktsegment fokussiert sein (sog. »Pure Play«-Unternehmen) oder Finanzergebnisse in der erforderlichen Granularität veröffentlichen. Dann müssen die bekannten Umsätze und Gewinnmargen der Spieler, die in mehreren Marktsegmenten tätig sind, aufgeteilt werden. Anschließend werden bekannte Gewinnmargen der Zielgesellschaft und der »Pure Play«-Unternehmen herangezogen, um realistische Annahmen in Bezug auf die gemischten Spieler zu treffen. Dabei sind die Wettbewerbsvorteile und -nachteile der gemischten Spieler gegenüber der Zielgesellschaft und der »Pure Play«-Unternehmen entsprechend zu berücksichtigen. Durch Addition der Gewinne der Zielgesellschaft und der »Pure Play«-Spieler sowie der Schätzungen für die gemischten Spieler erhält man die kumulativen Gewinne der einzelnen Marktsegmente.
- *Plausibilitätskontrolle:* Abschließend erfolgt eine Plausibilitätskontrolle, indem die Schätzung des Gesamtgewinns des Marktes (Schritt 1) mit der ermittelten Summe der Gewinne in den jeweiligen Marktsegmenten (Schritt 2) verglichen wird. Sollten materielle Abweichungen bestehen, müssen Annahmen und Kalkulationen im Sinne eines iterativen Prozesses erneut geprüft werden.

Herausforderungen bei der Bestimmung der Marktprofitabilität

Die Analyse der Markt- und Segmentprofitabilität kann in der Praxis erhebliche Probleme mit sich bringen. In den meisten Branchen entspricht die Finanzberichterstattung der maßgeblichen Spieler nicht den Stufen der Wertschöpfungskette, den Marktsegmenten oder oft nicht einmal dem Gesamtmarkt. Zwar werden detaillierte Informationen zu einzelnen Unternehmen verfügbar sein, aber diese Unternehmen sind oft in unterschiedlichen Märkten und Marktsegmenten sowie auf unterschiedlichen Stufen der Liefer- und Wertschöpfungskette positioniert.

Entsprechend können gute Informationen zu Produktverkäufen oder Kundenverbrauch vorhanden sein, aber die Produkte, Kunden und Verkaufskanäle stimmen nicht genau mit den im Einzelfall relevanten Grenzen des Marktes, des Marktsegmentes oder der Wertschöpfungsaktivität überein. Die Überführung der verfügbaren Daten in akkurate Schätzungen der Größe eines Marktes oder einer Wertschöpfungsaktivität und ihrer Profitabilität erfordert erheblichen Aufwand. Aus diesem Grund wird in der Praxis häufig auf die Bestimmung der Marktprofitabilität verzichtet, obgleich diese inhaltlich geboten wäre.

2.3 Markttreiber und -wachstum

Neben der Definition und Segmentierung des Marktes sowie der Bestimmung der Marktgröße und -profitabilität bildet die Ermittlung des Marktwachstums den dritten Schwerpunkt der Marktanalyse. Eine gute Commercial Due Diligence zeichnet sich dadurch aus, dass das Marktwachstum aus einer Analyse der maßgeblichen Markttreiber abgeleitet wird. Dabei muss die Entwicklung des Marktwachstums quantitativ mit der Veränderung der Markttreiber im Zeitverlauf verknüpft werden.

Analyse der Markttreiber

Unter dem Begriff Markttreiber sind alle Faktoren zu verstehen, die direkt oder indirekt das Wachstum des Marktes und seiner Segmente beeinflussen. Dabei sollte sich die Analyse nicht nur auf Wachstumstreiber beschränken, sondern vielmehr auch solche Faktoren einbeziehen, die das Marktwachstum beschränken (negative Markttreiber).

Mit Blick auf die in Betracht kommenden Faktoren kann zwischen makroökonomischen Markttreibern und marktspezifischen Markttreibern unterschieden werden. Zu den makroökonomischen Treibern zählen beispielsweise das Wachstum des Bruttoinlandsprodukts und Wechselkursentwicklungen. Die marktspezifischen Treiber können ihrerseits wiederum in anbieterbezogene Treiber und käuferbezogene Treiber untergliedert werden. Beispiele für anbieterbezogene Treiber sind Variablen wie Regulation und Konsolidierung der Anbieter. Auf der Käuferseite können sich Faktoren wie beispielsweise das Wachstum von Abnehmerbranchen oder Substitutions- und Komplementärprodukte als Treiber auswirken. Die Marktreiber in sämtlichen Kategorien werden durch branchenspezifische Besonderheiten geprägt, die im Einzelfall sauber herauszuarbeiten sind.

Fallbeispiel – Markttreiber in der Zeitarbeitsbranche[45]

Die deutsche Zeitarbeitsbranche beschäftigte nach Zahlen des Branchenverbandes BZA im Jahr 2010 rund 790.000 Zeitarbeitnehmer. Marktführer in Deutschland sind mit weitem Abstand Randstad und Adecco.

Der deutsche Zeitarbeitsmarkt wird durch eine Vielzahl von Faktoren getrieben, die in drei Gruppen zusammengefasst werden können (vgl. Abbildung 19):

- *Entwicklung des Bruttoinlandsprodukts:* Das Wachstum des Zeitarbeitsmarktes korreliert stark mit der Entwicklung des Bruttoinlandsproduktes (BIP). Die Konjunkturentwicklung ist der wichtigste Treiber des Zeitarbeitsmarktes. Da die Entwicklung des BIP zyklisch ist, schlägt sich diese Zyklizität auch im Wachstumsmuster des Zeitarbeitsmarktes nieder. So brach auch der deutsche Zeitarbeitsmarkt, der seit 1993 Wachstumsraten im zweistelligen Bereich gezeigt hatte, während der Rezession der Jahre 2002 und 2003 ein. Daraufhin folgte bis Sommer 2008 wiederum eine Phase starken Wachstums mit jährlichen Wachstumsraten von bis zu 20 Prozent, die mit der im September 2008 einsetzenden Wirtschaftskrise wieder beendet wurde. Der Zeitarbeitsmarkt erreichte daraufhin im April 2009 seinen Tiefpunkt und befindet sich seitdem wieder im Aufschwung.
- *Entwicklung der Penetrationsrate:* Die Penetrationsrate ist der Anteil der Zeitarbeitnehmer an den Erwerbstätigen. In Deutschland liegt die Penetrationsrate leicht über dem europäischen Durchschnitt. In den vergangenen 10 Jahren hat sich die Penetrationsrate in Deutschland kontinuierlich erhöht. Die Penetrationsrate hängt stark vom Regulierungsgrad der Zeitarbeitsbranche ab. Der deutsche Zeitarbeitsmarkt wird durch das im Jahr 1972 in Kraft getretene Arbeitnehmerüberlassungsgesetz (AÜG) geregelt. Der Markt wurde in der Vergangen-

45 Die deutsche Zeitarbeitsbranche unterliegt insbesondere in tariflicher und regulatorischer Hinsicht ständigen Veränderungen. Das folgende Beispiel gibt den Stand vom Mai 2011 wieder.

heit mehrfach deutlich dereguliert. Neben dem regulatorischen Umfeld wird die Penetrationsrate vor allem durch den Flexibilitätsbedarf der Unternehmen getrieben. Insbesondere nach Wirtschaftskrisen ist ein gesteigertes Bedürfnis von Unternehmen nach Variabilisierung von Fixkosten zu beobachten.

- *Preisentwicklung:* Dritter Treiber der Zeitarbeitsbranche ist die Preisentwicklung, die neben dem Wettbewerbsdruck der Anbieter und dem Preisdruck seitens der Kunden vor allem auch von der Entwicklung des Lohnniveaus abhängig ist.
  - Grundsätzlich nimmt der Wettbewerbsdruck in der Zeitarbeit aufgrund der steigenden Kundennachfrage während Phasen des Wirtschaftsaufschwungs ab. Im Wirtschaftsabschwung führt die schwindende Nachfrage zu Verdrängungswettbewerb und der Wettbewerbsdruck nimmt zu. Dabei ist der Wettbewerbsdruck im unqualifizierten Marktsegment (klassisches Helfergeschäft) in der Regel höher als im qualifizierten Marktsegment.
  - Der Preisdruck seitens der Kunden wird durch deren relative Verhandlungsmacht gegenüber den Zeitarbeitsunternehmen bestimmt. Während die Kunden in Wirtschaftsabschwungsphasen über eine hohe relative Verhandlungsmacht verfügen, kehrt sich dieses Machtverhältnis in Wirtschaftsaufschwungsphasen um. Im Aufschwung haben Zeitarbeitsunternehmen aufgrund des Facharbeitermangels insbesondere im qualifizierten Segment eine hohe preisliche Durchsetzungsfähigkeit gegenüber ihren Kunden.

Die Entwicklung des Lohnniveaus ist vom Ausmaß der Tariflohnerhöhungen abhängig, die im Regelfall in Form von höheren Preisen an die Kunden weitergegeben werden. Im deutschen Zeitarbeitsmarkt existieren zwei Arbeitgeberverbände, die Flächentarifverträge verhandeln: der Bundesarbeitgeberverband der Personaldienstleister (BAP) und der Interessenverband deutscher Zeitarbeitsunternehmen (iGZ). Der BAP ist im Jahr 2011 aus einer Fusion des Bundesverbandes Zeitarbeit (BZA) und des Arbeitgeberverbandes Mittelständischer Personaldienstleister (AMP) entstanden. Tarifpartner des BAP sind der Deutsche Gewerkschaftsbund (DGB) sowie die Tarifgemeinschaft Christlicher Gewerkschaften für Zeitarbeit und Personalagenturen (CGZP). Alleiniger Tarifpartner des iGZ ist der DGB. Neben den Flächentarifverträgen existieren zahlreiche Haustarifverträge, die im

Vergleich zu den Flächentarifverträgen in der Regel niedrigere Löhne und Gehälter für die Zeitarbeitskräfte vorsehen.
Neben der tarifvertraglichen Situation haben schließlich auch die regulatorischen Rahmenbedingungen Einfluss auf die Entwicklung des Lohnniveaus. Im April 2011 wurde die Einführung eines Mindestlohnes für die Zeitarbeitsbranche beschlossen.[46] Dies geschah nicht zuletzt auch vor dem Hintergrund der seit dem 1. Mai 2011 auch für die osteuropäischen Mitgliedsstaaten geltenden Arbeitnehmerfreizügigkeit in der EU, um ein »Lohndumping« im deutschen Zeitarbeitsmarkt zu verhindern. Demgegenüber konnten sich Forderungen nach der Einführung von »Equal Pay«, d.h. der Gleichstellung von Zeitarbeitnehmern mit den Stammbeschäftigten bei der Entlohnung, bislang noch nicht durchsetzen. Aufgrund einer Tariföffnungsklausel im Arbeitnehmerüberlassungsgesetz kann in Deutschland nach wie vor

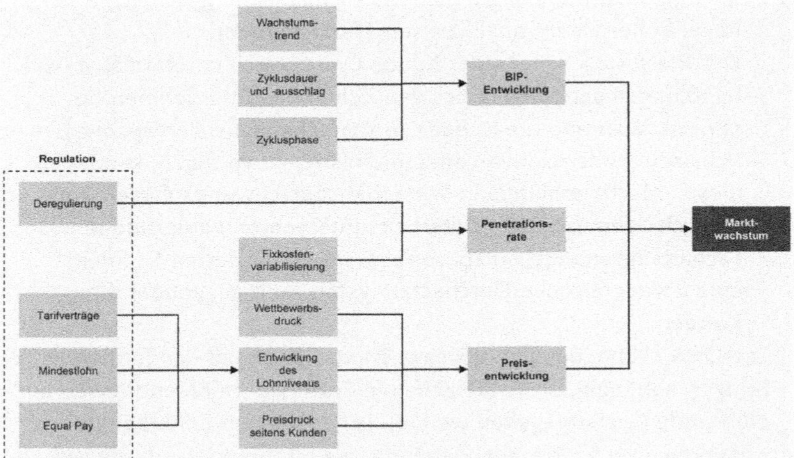

Abbildung 19: Markttreiber in der Zeitarbeitsbranche
Quelle: Eigene Darstellung

46 Im Arbeitnehmerüberlassungsgesetz (AÜG) wurde den Tarifparteien die Möglichkeit eingeräumt, eine Lohnuntergrenze für die Branche festzulegen. Die vorgeschlagene Lohnuntergrenze tritt dann in Form einer Rechtsverordnung des Bundesarbeitsministeriums in Kraft. Vgl. Knust (2011).

vom Grundsatz des Equal Pay abgewichen werden, sofern ein gültiger Tarifvertrag vorliegt. Damit findet in der Praxis eine Umkehr des Regel-Ausnahmeverhältnisses statt. Besonders heikel ist in diesem Zusammenhang die Entscheidung des Bundesarbeitsgerichts vom Dezember 2010. Darin war der CGZP die Tariffähigkeit abgesprochen worden. Dies hatte die Unwirksamkeit der Tarifverträge der CGZP zur Folge und verpflichtete die betroffenen Zeitarbeitsunternehmen angesichts des nunmehr geltenden Equal-Pay-Grundsatzes, ihren Leiharbeitern rückwirkend die Differenz zu den regulären Tariflöhnen der Stammbeschäftigten zu zahlen. Zusätzlich konnten die Sozialversicherungsträger die zu niedrig entrichteten Sozialversicherungsbeiträge nachfordern.

Die Identifizierung der Markttreiber kann qualitativ auf der Basis von Primär- oder Sekundärinformationen und bei entsprechender Datenverfügbarkeit quantitativ mit Hilfe von Korrelations- und Regressionsanalysen erfolgen. Entsprechendes gilt für die Abschätzung des Einflusses der identifizierten Markttreiber auf Marktvolumen, Marktpreise und Marktwert.

Ableitung des Marktwachstums

Die identifizierten Markttreiber setzen den Rahmen für eine Quantifizierung des Wachstums im relevanten Markt. Zu diesem Zweck wird meist das Marktwachstum aufsetzend auf der Marktgröße im Basisjahr anhand der Markttreiber berechnet.[47]

Bewertung des Marktwachstums

Bei der anschließenden Bewertung der Höhe des Marktwachstums ist zum einen zu berücksichtigen, dass das Marktwachstum vor dem Hintergrund der Marktselektion des Zielunternehmens betrachtet werden muss. Eine hohe Wachstumsdynamik kann auch in Märkten mit einer niedrigen durchschnittlichen Wachstumsrate erzielt werden, sofern das Unternehmen die richtigen Produktsegmente und geografischen Nischen adressiert. Zum anderen muss das für den Projektionszeitraum ermittelte Marktwachstum im Kontext des Produktlebenszyklus gesehen werden. In reifen Märkten können auch niedrige Wachstumsraten attraktiv sein.

47 Auf das Thema Marktmodellierung wird ausführlich in Kapitel D3 eingegangen.

Produktlebenszyklus

Das Konzept des Produktlebenszyklus ist für die Commercial Due Diligence ein wichtiger analytischer Baustein, der es ermöglicht, die Wachstumsdynamik von Branchen, Unternehmen und Produkten besser zu verstehen. Es postuliert, dass der Produktumsatz über die Lebensdauer eines Produktes verschiedene Phasen durchläuft, das Gewinnpotenzial in den jeweiligen Phasen unterschiedlich ausfällt und in jeder Phase andere strategische Stellhebel für den Markterfolg existieren. Für die Commercial Due Diligence bedeutet dies, genau zu identifizieren, in welcher Phase des Lebenszyklus sich die Produkte des Zielunternehmens befinden (vgl. Abbildung 20). In der Regel wird der Produktlebenszyklus in vier Phasen unterteilt:

- *Einführungsphase:* Diese Phase ist der Zeitabschnitt des langsamen Wachstums bei Einführung des Produkts in den Markt. Wegen hoher Einführungskosten werden in dieser Phase noch keine Gewinne erwirtschaftet.
- *Wachstumsphase:* Hier weist das Produkt zunehmende Marktakzeptanz und entsprechend deutliche Gewinnsteigerungen auf.
- *Reifephase:* In dieser Phase sind die Zuwachsraten geringer, da das Produkt von den meisten potenziellen Käufern akzeptiert wird. In dieser Phase setzt eine Gewinnstagnation ein, da zwecks Verteidigung der Marktposition des Produktes ein größerer Marketingaufwand notwendig ist.
- *Rückgangsphase:* Hier schrumpfen die Verkaufsvolumina und die Gewinne erodieren entsprechend.

Das Konzept des Produktlebenszyklus kann in zweierlei Hinsicht für die strategische Analyse und damit auch für die Commercial Due Diligence relevant sein: bei der Bewertung der Produktpolitik und bei der Analyse der funktionsbereichsbezogenen Kompetenzen.[48]

In Bezug auf die Produktpolitik kann das Konzept des Produktlebenszyklus wichtige Hinweise für die Ableitung phasenspezifischer Marketingstrategien liefern. Für Produkte, die sich bereits in der Rückgangs-

48 Vgl. Welge/Al-Laham (2003).

phase befinden und um die das Produktangebot zu bereinigen ist, sind zeitnah neue Produkte einzuführen. Unternehmen sollten daher immer über eine Vielzahl von Produkten in den unterschiedlichen Phasen des Produktlebenszyklus verfügen, um hier jederzeit ausreichend Dynamik und letztlich Gewinnpotenzial generieren zu können. Hier muss dann analytisch genau die Anzahl der Produkte in den einzelnen Phasen herausgearbeitet werden. So kann de facto die Innovationsfähigkeit des Unternehmens deutlich quantifiziert werden. Auch kann in den Phasen überprüft werden, ob das zu untersuchende Unternehmen für diese die richtigen Marketingstrategien umsetzt und hier entsprechend professionell agiert.

Für die Analyse der Kompetenzen eines Unternehmens ist es wichtig, dass die erfolgskritischen Fähigkeiten in den Funktionsbereichen von Phase zu Phase variieren. So sind in der Einführungsphase eines Produktes oder einer Dienstleistung neben den finanziellen Ressourcen zur Überbrückung der Anfangsverluste insbesondere Fähigkeiten und Mittel im Marketing wichtig, um die Nachfrage nachhaltig zu entwickeln. In der Wachstumsphase sind es dann ein funktionierendes Distributionssystem sowie die Fähigkeit der effizienten Produktion. Die Sättigungsphase erfordert wiederum erhöhte Anforderungen an die Forschung & Entwicklung, um Innovationen oder Produktdifferenzierungen am Markt platzieren zu können.

Letztlich dient das Konzept des Produktlebenszyklus aus der Perspektive der Commercial Due Diligence als analytisches Raster, das Unternehmen dabei unterstützt, seine Branche, Produkte und funktionsbezogenen Fähigkeiten richtig einzuordnen. Es handelt sich um ein praxis-

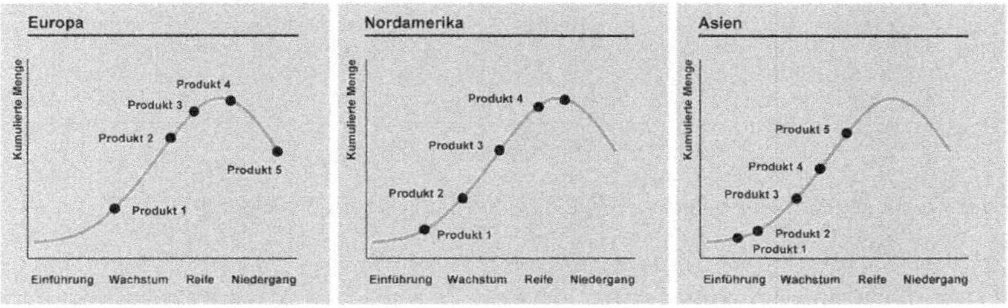

Abbildung 20: Illustrative Analyse der Stellung im Produktlebenszyklus
Quelle: Eigene Darstellung

erprobtes analytisches Instrument, um festzustellen, wie das Unternehmen aufgestellt ist und ob es de facto die richtigen strategischen Maßnahmen in puncto Nachhaltigkeit des Geschäftsmodells und Erreichbarkeit des Business Plans praktiziert.

2.4 Marktpreis

Die Analyse des Marktpreises bildet den vierten Schwerpunkt der Marktanalyse.

Grundsätzliche Vorgehensweise

Zunächst sind die zur Verfügung stehenden Marktdaten so aufzubereiten, dass die durchschnittlichen Marktpreise sowie deren Entwicklung in den relevanten Marktsegmenten abgeleitet und dargestellt werden können (vgl. Abbildung 21).

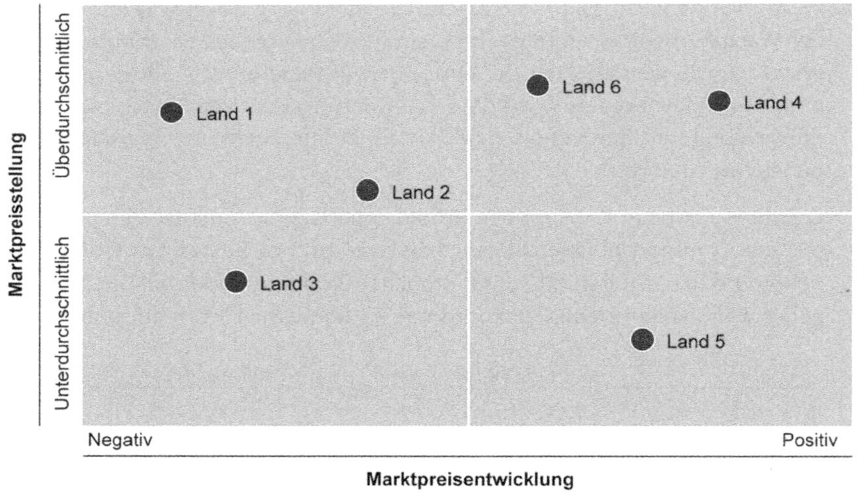

Abbildung 21: Illustrative Analyse der Marktpreisstellung und -entwicklung
Quelle: Eigene Darstellung

Darauf aufbauend muss dann ein detailliertes Verständnis der Preisunterschiede zwischen den Marktsegmenten und den Preisänderungen im Zeitverlauf entwickelt werden. Hierzu ist das Augenmerk auf die drei grundlegenden Faktoren zu richten, die Marktpreise beeinflussen können:

- *Angebot und Wettbewerb:* Die Angebots- und Wettbewerbssituation kann sowohl die Höhe als auch die Veränderung der Preise in einem Markt ganz maßgeblich bestimmen. Wichtig ist zunächst der Einfluss der Produktionskapazitäten der einzelnen Spieler, die die Angebotskurve eines Marktes bilden, auf den Marktpreis. Darüber hinaus sind signifikante Veränderungen der Marktstruktur durch Konsolidierung oder Markteintritte, sowie die Wechsel in der Wettbewerbsintensität (z. B. vom Qualitäts- zum Preiswettbewerb) zu beachten.
- *Nachfrage:* Auch die Nachfrage wirkt sich auf die Marktpreise aus. Zum einen existiert ein direkter Einfluss auf den Preis aus der relativen Verhandlungsmacht der Nachfrager. Erhöht sich diese etwa aufgrund einer Konsolidierung der Nachfragemärkte oder aufgrund von Veränderungen im Einkaufsverhalten der Kunden, ist ein stärkerer Preisdruck die Folge. Zum anderen ergibt sich ein Zusammenhang zwischen dem Marktpreis und der Höhe der Nachfrage aus deren Zusammenspiel mit der Angebotskurve eines Marktes. Bei unveränderter Angebotskurve führt eine Erhöhung (d. h. eine Rechtsverschiebung der Nachfragekurve) zu einem Anstieg des Marktpreises und umgekehrt. Entscheidend für die Höhe der Preisveränderung durch Veränderung der nachgefragten Menge ist die Steigung der Nachfragekurve, die sog. Preiselastizität der Nachfrage.
- *Kosten:* Schließlich beeinflussen Änderungen in der Kostensituation der Marktteilnehmer Höhe und Veränderung der Preise in einem Markt. In diesem Zusammenhang beispielhaft sind Rohmaterialpreisschwankungen, neue Produktions- oder Vertriebsmethoden, technologische Veränderungen und Preiserhöhungen aufgrund einer Konsolidierung von Lieferantenmärkten zu nennen.

Typische Einzelanalysen

Die Analyse der Angebotskurve und der Preiselastizität der Nachfrage sind typische Einzelanalysen im Rahmen der Analyse des Marktpreises.

Analyse der Angebotskurve. Im Rahmen der Commercial Due Diligence kommt das Konzept der Angebotskurve als klassisches Instrument der strategischen Analyse vor allem bei der Untersuchung von Commodity-Märkten zur Anwendung. Die Angebotskurve bildet den Zusammenhang zwischen Preis und angebotener Menge in einem Markt ab[49]. Auf der horizontalen Achse werden die Kapazitäten der verschiedenen Anbieter im Markt auf-

49 Eine gute Einführung in die Grundlagen der Angebotskurve bietet Corts/Rivkin (2000).

geführt. Die vertikale Achse gibt die Kosten an, zu welchen die Anbieter ihre Kapazität bereitstellen können. Für den Gesamtmarkt ergibt sich die Angebotskurve aus der Summe der von den einzelnen Herstellern an jedem Preispunkt angebotenen Mengen. Der langfristige durchschnittliche Marktpreis wird durch die Kosten des Grenzproduzenten bestimmt, d.h. desjenigen Anbieters, der bei einer gegebenen Nachfrage gerade noch in der Lage ist, kostendeckend im Markt zu produzieren.

Die Angebotskurve wird dazu verwendet, die durchschnittliche Profitabilität eines Marktes zu erklären. Die Steigung der Angebotskurve reflektiert die durchschnittliche Profitabilität eines Marktes, da der Unterschied zwischen dem Anbieter mit der niedrigsten Effizienz und dem Anbieter mit der höchsten Effizienz umso größer ist, je höher die Steigung der Kurve ausfällt. Je flacher die Kurve, desto niedriger die durchschnittliche Profitabilität. Nur in einem Markt mit einer steilen Angebotskurve kann der durchschnittliche Anbieter über die Zeit akzeptable Profite erwirtschaften.

Mit Hilfe der Angebotskurve können zudem Auswirkungen von Kapazitätserweiterungen oder -bereinigungen nachvollzogen werden (vgl. Abbildung 22). Neue Kapazitäten können entweder durch die Investitionen der bereits im Markt existenten Spieler oder durch Markteintritte geschaffen

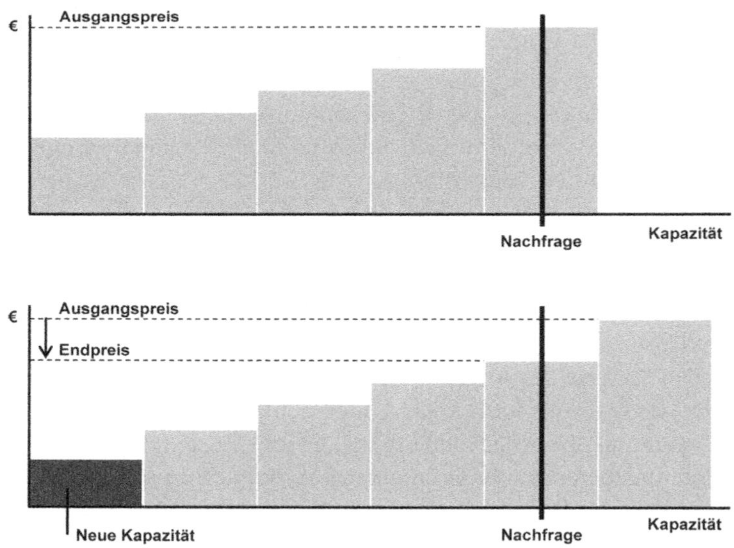

Abbildung 22: Illustrative Analyse der Angebotskurve
Quelle: Eigene Darstellung

werden. Eine Verringerung der Marktkapazität findet in Form von Werksschließungen statt. Wird neue Kapazität zu niedrigeren Herstellkosten hinzugefügt, werden die weniger effizienten Produzenten durch ihre effizienteren Wettbewerber verdrängt. Die Erhöhung der Kapazität zu geringeren Kosten führt daher langfristig zu einem Absinken des durchschnittlichen Marktpreises, da die Angebotskurve nach rechts verschoben wird. Dies hat eine Verringerung des langfristigen Marktpreises im Marktgleichgewicht zur Folge.

Analyse der Preiselastizität der Nachfrage. Ein weiteres wichtiges Konzept im Rahmen der Analyse des Marktpreises ist die Preiselastizität der Nachfrage. Diese bestimmt ganz wesentlich die Preissetzungsspielräume, die den Anbietern in einem Markt offenstehen.[50] Von einer hohen Preiselastizität der Nachfrage spricht man, wenn die von den Käufern nachgefragte Menge überproportional stark auf eine Veränderung des Preises reagiert. Die Nachfragekurve der entsprechenden Produkte verläuft nahezu flach. Dies ist typisch für Produkte, die »nahe« Substitute haben. Die Preiselastizität der Nachfrage ist demgegenüber gering, wenn Preisveränderungen keinen oder nur einen geringen Einfluss auf die nachgefragte Menge haben. Die Nachfragekurve ist durch einen steilen Verlauf gekennzeichnet und typisch für Produkte ohne Substitute.

Da die Verfügbarkeit von Substituten vom betrachteten Zeitraum abhängig ist, tendiert die Nachfrage dazu, kurzfristig inelastisch und langfristig elastisch zu sein. Kurzfristig hat eine Preiserhöhung oft nur geringe Auswirkungen auf die Nachfrage, da Substitute nicht zur Verfügung stehen. Mit der Länge des betrachteten Zukunftszeitraumes wird die Entwicklung und Markteinführung von Substitutionsprodukten jedoch wahrscheinlicher. Mit steigender erwarteter Verfügbarkeit von Substitutionsprodukten wird die Nachfrage zunehmend elastischer.

Im engen Zeitrahmen der Commercial Due Diligence ist es schwierig, Preiselastizitäten quantitativ zu bestimmen. Anhand einer Reihe von Indikatoren ist es jedoch möglich, die Preiselastizität der Nachfrage qualitativ abzuschätzen:[51]

- *Anteil an den Gesamtkosten:* Eine Käufergruppe ist preissensitiv, wenn das Produkt, das die Kundengruppe von den Anbietern erwirbt, einen signifikanten Anteil an ihren Gesamtkosten bzw. ihrer Wertschöpfung

50 Zu den nachfolgenden Ausführungen vgl. Corts/Rivkin (2000).

51 Zur nachfolgenden Aufzählung vgl. Besanko et al. (2004).

hat. Unter diesen Umständen ist es wahrscheinlich, dass die Käufer den Einkaufspreis hart verhandeln werden.

- *Kostendruck des Kunden:* Gleiches gilt, wenn die Profitabilität der Kundengruppe gering ist, dieser wenig Barmittel zur Verfügung stehen oder diese anderweitig unter Druck steht, Einsparungen im Einkauf zu realisieren.
- *Produkt- und Preisdifferenzierung:* Die Preiselastizität der Nachfrage steigt mit abnehmendem Grad der Produkt- und Preisdifferenzierung.
- *Einfluss auf die Qualität des Kundenproduktes:* Die Preissensitivität einer Kundengruppe sinkt, je weniger die Qualität ihres Produktes von der Qualität des Vorproduktes abhängig ist.
- *Kundenwechselkosten:* Die Preiselastizität der Nachfrage sinkt mit steigenden Kundenwechselkosten.
- *Vergleichbarkeit mit Substitutionsprodukten:* Je geringer die Vergleichbarkeit mit Substitutionsprodukten, desto niedriger die Preissensitivität.
- *Kombination mit Komplementärprodukten:* Eine niedrige Preissensitivität ist ebenfalls gegeben, wenn ein Produkt zusammen mit Komplementärprodukten verwendet wird, auf das sich die Käufer festgelegt haben.

3 Analyse der Kundensituation

Kernfragen der Analyse der Kundensituation

- *Kundenstamm des Zielunternehmens*
  - Wie segmentiert sich der Kundenstamm des Zielunternehmens?
  - Wie stark wachsen die Kunden des Zielunternehmens und wie profitabel sind sie?
  - Besteht eine Kundenabhängigkeit des Zielunternehmens?
  - Wie hoch ist der kundenbezogene Marktanteil des Zielunternehmens bei seinen Kernkunden?
  - Wie loyal sind die Kunden des Zielunternehmens?
  - Kann das Zielunternehmen Materialpreissteigerungen an seine Kunden weitergeben?
  - Wie ist das Zielunternehmen in der Vertragskette positioniert?

- *Kunden(end)märkte*
  - Wie attraktiv sind die relevanten Kunden(end)märkte?

- *Einkaufsverhalten der Kunden*
  - Welche Entscheidungsträger sind in die Kaufentscheidung eingebunden?
  - Wie ist ein typischer Einkaufsprozess strukturiert?
  - Welche Einkaufsstrategien verfolgen die Kunden?
  - Auf Grundlage welcher Einkaufskriterien treffen die Kunden ihre Kaufentscheidung?

3.1 Analyse des Kundenstamms

Der Kundenstamm des Zielunternehmens stellt ein Analysefeld dar, dem in jeder Commercial Due Diligence hohe Aufmerksamkeit gewidmet werden sollte. Es gibt jedoch Unternehmen, vor allem solche mit Abonnentenmodellen, wie beispielsweise Mobilfunk- und Kabelnetzbetreiber, Kreditkartenunternehmen, Online-Broker oder Zeitungen und Zeitschriftenverlage, deren Werthaltigkeit in besonderem Maße durch ihr Kundenportfolio getrieben wird. In diesen Fällen ist es für Investoren erfolgskritisch, im Detail zu verstehen, ob und in welchem Maße die derzeitigen und zukünftigen Kunden zur Wertschaffung beitragen.

Kundenwertanalyse als analytischer Rahmen

Das Konzept der Kundenwertanalyse bietet bei der Untersuchung des Kundenstamms Orientierung und stellt einen nützlichen analytischen Rahmen dar, aus dem die im Einzelfall relevanten Analysen abgeleitet werden können.[52] Danach kann der Wert eines Kundenstamms als Summe der Werte der einzelnen Kunden definiert werden:

$$\text{Wert des Kundenstamms} = \text{Lebenszeitwert pro Kunde} \times \text{Anzahl der Kunden}$$

Der Lebenszeitwert eines Kunden entspricht dem Barwert der über die Dauer der Kundenbeziehung (Anzahl der Zeitperioden) generierten Cashflows pro Zeitperiode. Die bei der Berechnung des Cashflows zu berücksichtigenden Aufwendungen können in Aufwendungen für die Kundenakquisition und Aufwendungen für die Kundenbedienung unterteilt werden.

52 Zu den nachfolgenden Ausführungen zum Kundenwert und seinen Werttreibern vgl. Mauboussin (2004).

Die Anzahl der Kunden ist die Summe aus der Anzahl der Bestandskunden und der Anzahl der Neukunden:

Anzahl der Kunden =
Anzahl der Bestandskunden + Anzahl der Neukunden

Auf dieser Grundlage lassen sich sechs Kundenwerttreiber unterscheiden (vgl. Abbildung 23):

- *Erhöhung des Kundenumsatzes:* Eine Erhöhung des Kundenumsatzes pro Zeitperiode führt, sofern die Kostenstruktur gleich bleibt und keine zusätzlichen Investitionen erforderlich sind, zu einer Steigerung des Cashflows und damit des Kundenwertes. Zur Erreichung dieses Ziels bieten sich beispielsweise Maßnahmen wie die Erhöhung des kundenbezogenen Marktanteils (sog. Share of Wallet), die Durchsetzung von Preiserhöhungen, Value Pricing (d.h. die an kundenindividuellen Zahlungsbereitschafteten ausgerichtete Preisdifferenzierung) sowie Cross- und Up-Selling an.
- *Erhöhung der Kundenbindung:* Der Kundenwert ist umso höher, je länger die Kundenbeziehung dauert. Unternehmen mit höherer Kundenbindung oder -loyalität entstehen entweder geringere Kosten für die Gewinnung von neuen Kunden als anderen Unternehmen mit vergleichbarem Kundenwachstum oder sie wachsen schneller als Unternehmen mit vergleichbaren Ausgaben für die Kundenneugewinnung, die aber höhere Abwanderungsquoten haben.[53]
- *Verringerung der Aufwendungen für die Kundenakquise:* Die Verringerung der für die Neuakquise von Kunden erforderlichen Aufwendungen führt zu höheren Cashflows. Ein Maß für die Aufwendungen zur Kundenakquise ist beispielsweise das Verhältnis von Marketingaufwendungen zu Neukunden.
- *Verringerung der Aufwendungen für die Kundenbedienung:* Mit der Reduzierung der Aufwendungen für die Bedienung von Kunden erhöhen sich die Cashflows pro Zeitperiode und damit auch der Kundenwert.
- *Veränderung des Mix der Bestandskunden:* Das Kundenportfolio eines Unternehmens weist in der Regel eine hohe Bandbreite von unterschiedlich attraktiven Kunden auf – von wertschaffenden Kunden bis hin zu wertvernichtenden Kunden. Je konsequenter das Kundenport-

53 Vgl. Reichheld (1996).

folio um die wertvernichtenden Kunden bereinigt wird, desto höher fällt der durchschnittliche Kundenwert aus.

- *Erhöhung der Anzahl der Neukunden:* Der letzte Kundenwerttreiber ist das Nettowachstum der Neukunden, d.h. das Bruttowachstum abzüglich der verlorenen Kunden. Das Wachstum der Kundenbasis führt dann zum Wachstum des Unternehmenswertes, wenn der Barwert der Cashflows über die Dauer der Kundenbeziehung größer ist als die Akquisitionskosten der Kunden.

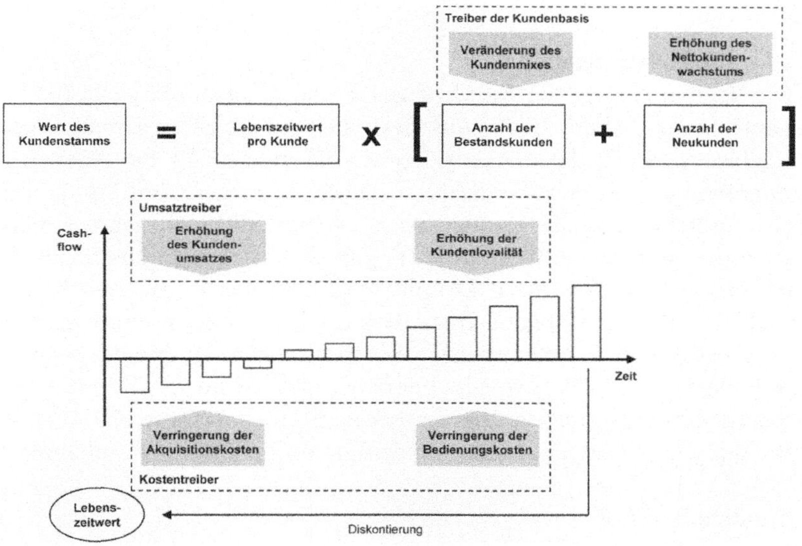

Abbildung 23: Kundenwerttreiber
Quelle: Eigene Darstellung

Die Bedeutung der Kundenwerttreiber verändert sich mit zunehmendem Reifegrad einer Branche. In der Frühphase der Branchenentwicklung stehen die Abschätzung des Marktpotenzials und die Gewinnung von Neukunden im Mittelpunkt. Demgegenüber sind Kundenbindung und -rückgewinnung sowie ein aktives Management der Kundenbasis nur von untergeordneter Bedeutung. Auch in der Wachstumsphase geht es für die Unternehmen der betreffenden Branche um Neukundenakquisition. Daneben steht jedoch gleichberechtigt der Aspekt der Kundenbindung. Mit Eintritt in die Reifephase tritt die Neukundengewinnung in den Hintergrund und das aktive Management der Bestandskunden einschließlich der Kundenloyalität wird erfolgsentscheidend. Auf der Basis eines genauen Verständnisses der Kundenwerttreiber müssen die Anbieter ihr Leistungsangebot wertmaximierend ausrichten.

Die konkret im Rahmen der Commercial Due Diligence durchzuführenden Kundenanalysen sind stark vom Einzelfall abhängig. Dennoch gibt es eine Reihe von analytischen Ansätzen, die exemplarischen Charakter haben und daher im Folgenden dargestellt werden.

3.1.1 Kundensegmentierung

Die Segmentierung der Kundenbasis ist Ausgangspunkt jedweder Kundenanalyse und hat erhebliche Auswirkungen auf die zu erzielenden Analyseergebnisse. Sie bildet insbesondere die Grundlage für die Analyse der kundenbezogenen Finanzkennzahlen und für Aussagen zum Kundenmix.

Grundsätzlich können Kunden nach den unterschiedlichsten Kriterien segmentiert werden. In diesem Sinne gibt es keine »richtige« Segmentierungslösung. Die denkbaren Lösungen sind in der Praxis jedoch unterschiedlich nützlich. Maßgeblich ist, dass die Kunden zum einen eindeutig einem bestimmten Segment zugeordnet werden können und die Segmente zum anderen trennscharf voneinander abgrenzbar sind.

Segmentierungskriterien, die im Rahmen einer Commercial Due Diligence typischerweise herangezogen werden, umfassen unter anderem:

- Kundenbranchen,
- Geografische Märkte,
- Verkaufskanäle,
- Kundengröße,
- Dauer der Kundenbeziehung,
- Kaufverhalten (z. B. Transaktionsgröße, Häufigkeit der Transaktionen),
- Kundentyp (z. B. Geschäftskunden, Privatkunden).

Bei der Segmentierung sollte beachtet werden, diese nicht nur auf die aktuellen Kunden des Zielunternehmens zu beschränken, sondern nach Möglichkeit auch potenzielle Kunden mit einzubeziehen. Auch wenn für letztere im Regelfall keine kundenbezogenen Finanzkennzahlen generiert werden können, lassen sich aus den strategisch orientierten Analysen oft interessante Wachstumsoptionen ableiten.

3.1.2 Kundenbezogene Finanzkennzahlen

Auf der Grundlage der vorgenommenen Kundensegmentierung – und bei Bedarf auch für wichtige Einzelkunden – sollten bei jeder Commercial Due Diligence grundsätzlich die relevanten kundenbezogenen Finanzkennzahlen erhoben und ausgewertet werden. Diese umfassen in der Regel:

- Umsatz pro Kundengruppe bzw. Kunde,
- Wachstum pro Kundengruppe bzw. Kunde,
- Preisstellung pro Kundengruppe bzw. Kunde,
- Profitabilität pro Kundengruppe bzw. Kunde,
- Kosten pro Kundengruppe bzw. Kunde,
- Nettokundenwachstum.

Die Ergebnisse der Finanzanalysen werfen meist eine Reihe von Fragen auf, die das weitere Programm der Kundenanalyse leiten.

3.1.3 Kundenkonzentration

Die Analyse der Kundenkonzentration wird auch als ABC-Analyse bezeichnet. Sie setzt auf der sog. Pareto-Regel auf, nach der ein mengenmäßig kleiner Teil der Kunden einen Großteil des Umsatzes (oder Gewinns) beisteuert. Die grafische Darstellung erfolgt in Form der sog. Lorenzkurve (vgl. Abbildung 24). Mit der ABC-Analyse werden im Rahmen der Commercial Due Diligence hauptsächlich zwei Ziele verfolgt. Sie dient zum einen dazu, »Klumpenrisiken« bzw. Kundenabhängigkeiten im Kundenportfolio zu identifizieren.[54] Dabei sollte die Analyse der Kundenkonzentration sowohl für das gesamte Kundenportfolio als auch für die einzelnen Kundensegmente vorgenommen werden. Zum anderen trägt sie zur Rationalisierung der weiteren Analysen bei, die nunmehr auf diejenigen Kunden mit dem höchsten Umsatzbeitrag (bzw. Gewinnbeitrag) konzentriert werden können.

Die Durchführung der ABC-Analyse erfolgt in drei Schritten. Im ersten Schritt wird der Umsatz (bzw. Deckungsbeitrag) pro Kunde erhoben. Aus Praktikabilitätserwägungen heraus betrachtet man bei der Commercial Due Diligence dabei häufig nicht das gesamte Kundenportfolio, sondern beschränkt sich beispielsweise auf die 100 größten Kunden. Im zweiten Schritt werden die Umsätze (bzw. Deckungsbeiträge) pro Kunde der Größe nach geordnet (Beitrag des Kunden zum kumulierten Umsatz bzw. De-

54 Auf die Konsequenzen, die sich aus einer hohen Kundenabhängigkeit ergeben, wird im Kapitel E2 näher eingegangen.

ckungsbeitrag). Im dritten Schritt werden die Kunden schließlich in die Kategorien A, B oder C eingeordnet:

- Obgleich die *A-Kunden* einen nur geringen Mengenanteil der Kundenbasis darstellen, tragen sie in überdurchschnittlichem Maß zum Gesamtumsatz bei. Es ist unbedingt erforderlich, dass diese Kunden profitabel sind. Angesichts ihrer Wichtigkeit würde der Verlust eines A-Kunden das Unternehmen stark treffen. Daneben besteht die Gefahr, dass die A-Kunden ihre Verhandlungsmacht zur Durchsetzung von Preiszugeständnissen ausnutzen.
- *B-Kunden* haben eine durchschnittliche Bedeutung für die Erzielung des Gesamtumsatzes. Diese Kunden sind in der Regel profitabel. Oft birgt die Gruppe der B-Kunden unausgeschöpfte Umsatz- und Ergebnispotenziale.
- Die Umsatzbedeutung der *C-Kunden* ist unterdurchschnittlich. Zugleich stellen sie aber die mengenmäßig größte Kundengruppe dar. Da die C-Kunden in nur geringem Maß zum Gesamtergebnis beitragen, muss ein unverhältnismäßig hoher Bearbeitungsaufwand dieser Kundengruppe vermieden werden. Da dies oft nicht gelingt, sind viele C-Kunden nicht profitabel.[55]

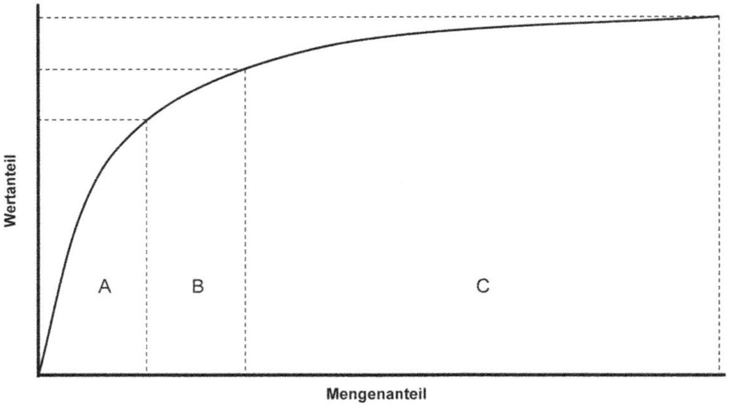

Abbildung 24: Illustrative ABC-Analyse
Quelle: Eigene Darstellung

55 Zur Frage, wie mit diesen unprofitablen Kunden verfahren werden sollte, siehe Mittal/Sarkees/Mursheed (2008).

3.1.4 Kundenabdeckung und -durchdringung

Aus der Kundenperspektive setzt sich der Marktanteil eines Unternehmens aus zwei Bestandteilen zusammen: der Kundenabdeckung und der Kundendurchdringung.[56] Unter Kundenabdeckung ist der Anteil der Kunden eines Marktes bzw. eines Marktsegmentes zu verstehen, der vom Zielunternehmen beliefert wird. Kundendurchdringung bezieht sich auf den Lieferanteil (»share of wallet«) des Zielunternehmens am gesamten Einkaufsbudget des Kunden (»size of wallet«) in einer bestimmten Bedarfskategorie.

Ein höherer Marktanteil lässt sich nicht nur durch die Gewinnung von Neukunden (höhere Kundenabdeckung), sondern auch durch stärkere Ausschöpfung des Nachfragepotenzials der vorhandenen Kunden (höhere Kundendurchdringung) erreichen (vgl. Abbildung 25). Der Lieferanteil ist damit eine wesentliche Determinante der Wettbewerbsposition des Zielunternehmens, die im Rahmen der Commercial Due Diligence zu analysieren ist. Die Investoren sind an einer Antwort auf die Frage interessiert, bis zu welchem Grad das Zielunternehmen sein strategisches Kundenpotenzial ausreizt.

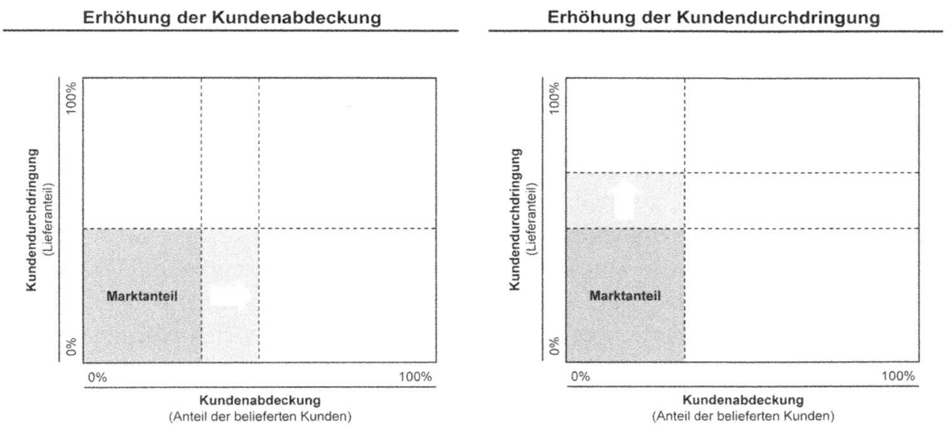

Abbildung 25: Möglichkeiten zur Erhöhung des Marktanteils
Quelle: Modifiziert nach Seidensticker/Ming/Winterer (2004)

3.1.5 Kundenloyalität

Der Grad der Kundenloyalität beeinflusst ganz erheblich die Werthaltigkeit des Zielunternehmens. Je höher die Kundenbindung, desto höher der mit dem Kunden erzielte kumulative Umsatz und damit letztendlich auch der Kundenwert.

56 Vgl. Seidensticker/Ming/Winterer (2004).

Eine hohe Kundenloyalität drückt sich in der Regel in niedrigen Abwanderungsquoten aus.[57] Die Abwanderungsquote gibt an, wie viele Kunden ein Unternehmen während einer Zeitperiode verliert. Je niedriger die Abwanderungsquote, desto höher ist der Kundenverbleib und desto länger ist die Dauer der durchschnittlichen Kundenbeziehung.

Kundenloyalität wird maßgeblich durch zwei Faktoren – Kundenzufriedenheit und Kundenwechselkosten – bestimmt, die dementsprechend auch den Analysefokus bei der Commercial Due Diligence bilden.

Analyse der Kundenzufriedenheit

Ein zufriedener Kunde besitzt eine nur geringe Wechselbereitschaft und ist infolgedessen loyal. Im Rahmen der Commercial Due Diligence wird die Kundenzufriedenheit durch Kundeninterviews, in denen sich die Kunden zum Produkt oder zur Dienstleistung des Zielunternehmens äußern und dieses bewerten, geprüft (sog. Kundenzufriedenheitsanalyse). Dabei ist insbesondere auf den Grad der Erfüllung der Kundenerwartungen durch das Zielunternehmen im Vergleich zum Wettbewerb, die Qualität der Serviceleistungen sowie die Existenz eines regelmäßigen, aktiven und gewollten Dialoges mit dem Kunden einzugehen.

Neben der Zufriedenheit mit dem Zielunternehmen als Lieferanten kann in diesem Zusammenhang auch die Analyse des generellen Lieferantenwechselverhaltens der Kunden, das ebenfalls im Rahmen der Kundengespräche adressiert wird, aufschlussreich sein. Hier gilt es im Interview, Muster im historischen Wechselverhalten zu identifizieren. Dabei sind die Gründe für die bisherigen Lieferantenwechsel der Kunden herauszuarbeiten. Darauf aufsetzend muss dann die Frage beantwortet werden, ob und inwieweit eine Gefahr des Lieferantenwechsels auch in Bezug auf das Zielunternehmen besteht.

Analyse der Kundenwechselkosten

Der zweite Faktor, der die Kundenloyalität beeinflusst, ist die Höhe der Kundenwechselkosten. Darunter sind die tatsächlichen oder wahrgenommenen einmaligen Kosten, die im Falle eines Lieferantenwechsels anfallen, zu verstehen.[58] Der Kostenbegriff ist dabei weit auszulegen. Kundenwechselkosten können monetär (z. B. erforderliche Investitionen bei einem Liefe-

57 Vgl. Mauboussin (2004).

58 Zur Definition von Kundenwechselkosten sowie zur nachfolgenden Aufzählung typischer Beispiele vgl. Burnham/Frels/Mahajan (2003).

rantenwechsel), nicht-monetär (Einsatz von Zeit und Mühe) oder sogar rein psychologisch (Unbehagen) sein. Typische Beispiele für Kundenwechselkosten sind:

- *Suchkosten:* Die Kosten für die Identifizierung und Quantifizierung von geeigneten neuen Lieferanten sind umso größer, je komplexer die Produkte und je heterogener das Angebot der in Betracht kommenden Lieferanten ist.
- *Initialisierungskosten:* Bei der Initialisierung der Geschäftsbeziehung zu einem neuen Lieferanten entstehen zahlreiche Kosten wie z. B. Test- und Zertifizierungskosten, anfängliche Qualitätskosten und Stehzeiten.
- *Kosten für die Modifikation von Produkten:* Um Kompatibilität mit dem Vorprodukt des neuen Lieferanten herzustellen, kann die Modifizierung des Kundenproduktes erforderlich sein. Je höher der Grad der erforderlichen Modifikationen, desto höher sind die Wechselkosten.
- *Lieferantenspezifische Investitionen:* Typischerweise entstehen Wechselkosten durch unternehmensspezifische Investitionen, die nicht auf neue Lieferanten übertragbar sind. Ein Beispiel aus der Automobilindustrie sind bei einem Lieferantenwechsel anfallende Investitionen in neue Werkzeuge, sofern sich diese im Eigentum des Zulieferers befinden.
- *Lernkosten:* Das Wissen über Produkte ist oft lieferantenspezifisch, so dass neue Lerninvestitionen im Falle eines Lieferantenwechsels getätigt werden müssen. Dies ist in der Regel mit Trainingskosten für die Mitarbeiter verbunden.
- *Vertragliche Wechselkosten:* Kundenwechselkosten können sich aus Lieferantenverträgen ergeben. Ein Beispiel sind Vertragsstrafen bei Lieferantenwechsel vor dem Ablauf von Mindestlaufzeiten.
- *Unsicherheitskosten:* Mit einem Lieferantenwechsel ist oft erhebliche Unsicherheit verbunden. Dies ist insbesondere bei Erfahrungsgütern, deren Qualität erst nach dem Kauf offensichtlich wird, der Fall. Kunden, die bereits ein geeignetes Produkt gefunden haben, sind aufgrund dieser Unsicherheit möglicherweise nicht bereit, zu einem unbekannten Lieferanten zu wechseln, selbst wenn dieser zu einem niedrigeren Preis anbietet.

Ein wichtiges Charakteristikum von Wechselkosten ist, dass sie in der Regel zu unterschiedlichen Preispunkten für Bestands- und Neukunden führen. Wechselkosten erlauben es einem Unternehmen, von seinen Bestandskunden auch dann einen Premiumpreis zu verlangen, wenn das betreffende Produkt nicht von seinen Wettbewerbsprodukten differenziert ist. Demgegenüber erfordern Wechselkosten Preiszugeständnisse bei der Neukundengewinnung. Als Indikator für die Existenz von Wechselkosten kann daher die Differenz der Preise für Bestandskunden und Neukunden herangezogen werden. Ist das entsprechende Preisdifferential groß, spricht dies für das Vorliegen von Wechselkosten.

3.1.6 Weitergabe von Materialpreissteigerungen

Ein Zielunternehmen kann den negativen Auswirkungen von Materialpreissteigerungen auf seine Marge dadurch begegnen, dass es diese an seine Kunden weitergibt. Die Weitergabefähigkeit ist Ausdruck von Marktmacht gegenüber den Kunden und damit eine für die Commercial Due Diligence relevante Fragestellung.

In der Regel wird die Weitergabefähigkeit einer Zielgesellschaft durch die Existenz von Preisgleitklauseln in den Kundenverträgen indiziert. Ohne Preisgleitklauseln gehen Materialpreissteigerungen vollständig zu Lasten des betreffenden Unternehmens. Besitzt eine Wertschöpfungsstufe jedoch Marktmacht gegenüber nachgelagerten Wertschöpfungsstufen, werden sich Preisgleitklauseln mit der Zeit als gängige Branchenpraxis durchsetzen.

Aber selbst bei Existenz von Preisgleitklauseln können Verzögerungen in der Kostenweitergabe die Marge des Zielunternehmens noch beeinträchtigen. Maßgeblich ist in diesem Zusammenhang die Flexibilität der Preisgestaltung auf Ein- und Verkaufsseite. Findet der Einkauf zu Spot-Preisen, der Verkauf aber zu Fixpreisen statt, kommt es zu einem »Time Lag«-Effekt. Mit anderen Worten erleidet das betreffende Unternehmen bei steigenden Preisen einen Verlust und erzielt bei fallenden Preisen einen Gewinn. Ein Beispiel ist die Petrochemie. Demgegenüber ist ein Ein- und Verkauf zu Spot-Preisen, wie beispielsweise bei Edelmetallen, unproblematisch, da es dann zur sofortigen Weitergabe kommt.

3.1.7 Kundenposition in der Lieferkette

Bei der Commercial Due Diligence steht die strategische Positionierung des Zielunternehmens in der Lieferkette, einschließlich der zugrundeliegenden vertraglichen Konstellation mit den Kunden, immer wieder im Mittelpunkt des Interesses. Angesichts des nachhaltigen langfristigen Trends der Konzentration auf Kernkompetenzen, der damit einhergehenden Optimierung der Fertigungstiefe und der immer professioneller werdenden Einkaufsprozesse findet eine grundlegende Neuausrichtung vieler Lieferketten statt. Die heutige und zukünftige Positionierung des Zielunternehmens hier genau zu kennen, kann für einen Unternehmenskauf erfolgsentscheidend sein.

Häufig wird in diesem Zusammenhang auch von Zulieferpyramide gesprochen. Das Prinzip der Zulieferpyramide sieht vor, dass an der Spitze wenige Systemlieferanten stehen. Im Automotive-Umfeld werden diese als First-Tier-Supplier, im Baudienstleistungsbereich als Generalunternehmer, im Anlagenbau als Turnkey-Supplier bezeichnet. Die First-Tier-Supplier wiederum lagern ihrerseits bestimmte Leistungen an spezialisierte Second-Tier-Supplier aus. Diese haben oftmals keinen direkten Kontakt zum eigentlichen Kunden. Beispielsweise nehmen in der Automobilindustrie viele Second-Tier-Supplier die ihnen übertragenen Aufgaben nach detaillierten Vorgaben (Spezifikationen) vor, ohne Kontakt zum Automobilproduzenten zu halten. Diese Struktur setzt sich dann gegebenenfalls auch auf den nächsten Ebenen fort.

Die Bewertung der strategischen Positionierung eines Zielunternehmens in einer Lieferkette ist stark von der betrachteten Branche und dem konkreten Einzelfall abhängig. Zweifelsohne verliert nicht jeder Unterlieferant den direkten Kontakt zum eigentlichen Kunden. Auch ist der Umstand, von der ursprünglichen Position des direkten Kontaktes zum eigentlichen Kunden auf die nächste Stufe der Lieferkette »verdrängt« zu werden, nicht per se als positiv oder negativ zu bewerten. Wichtig ist für die Commercial Due Diligence, die konkrete Rolle der Zielgesellschaft in der relevanten Lieferkette genau zu identifizieren. Dies kann insbesondere in komplexen, mehrstufig aufgebauten Lieferketten mit einer Vielzahl von unterschiedlichen Akteuren eine erhebliche Herausforderung darstellen. Erst dann kann im nächsten Schritt analysiert werden, wie attraktiv diese Positionierung in der Lieferkette letztendlich ist und ob die vom Unternehmen gewählten strategischen Stellhebel die richtigen sind, sei es als First-, Second- oder Third-Tier Supplier.

Fallbeispiel – Master-Vendor-Verträge in der Zeitarbeitsbranche

In der Zeitarbeit kommen neben klassischen Arbeitnehmerüberlassungsverträgen (AÜ-Verträgen) zwischen Zeitarbeitsunternehmen und Kundenunternehmen zunehmend Master-Vendor-Verträge (MV-Verträge) zum Einsatz. Während MV-Verträge in reifen Zeitarbeitsmärkten, wie beispielsweise Großbritannien, bereits weit verbreitet sind, gewinnen sie auch in Deutschland rasch an Bedeutung.

MV-Verträge werden typischerweise von größeren Kundenunternehmen eingesetzt. Sie stellen eine spezielle Form der Zeitarbeit dar, bei der ein Zeitarbeitsunternehmen als Generalunternehmer, sog. Master Vendor, der für die Deckung des gesamten Bedarfs an Zeitarbeitskräften verantwortlich ist, beauftragt wird. Die Anfragen des Kunden laufen zentral beim Master Vendor auf, der bei Bedarf weitere Zeitarbeitsunternehmen, sog. Co-Lieferanten, beauftragt und diese steuert. Der Vorteil für den Kunden besteht darin, dass er nur einen zentralen Ansprechpartner hat und aufgrund der geringeren Anzahl an Lieferantenschnittstellen seine Komplexität reduzieren kann. Für seine Koordinierungsleistung erhält der Master Vendor eine Zahlung von den Co-Lieferanten, die sog. MV-Gebühr. In Abhängigkeit von der relativen Verhandlungsmacht des Master Vendor und des Umfangs der von ihm erbrachten Leistungen, kann dieser zusätzlich auch eine Management-Gebühr von seinen Kunden verlangen. Der Master Vendor darf in Deutschland allerdings nicht seinerseits Zeitarbeitnehmer von einem anderen Zeitarbeitsunternehmen entleihen, um sie dann beim Kunden einzusetzen (Verbot des Kettenverleihs). Die Co-Lieferanten schließen daher eigene AÜ-Verträge mit dem Kunden ab.

Die Rolle des Master Vendor bietet neben Zusatzeinnahmen in Form der MV-Gebühr und gegebenenfalls der Management-Gebühr den Vorteil des direkten Kundenkontakts, über den die Co-Lieferanten nicht verfügen. Als Master Vendor kommen insbesondere solche Zeitarbeitsunternehmen in Betracht, die die Erfolgsfaktoren Größe, Referenzen und Internationalität erfüllen. In jedem Fall werden diese Kriterien von den drei großen Anbietern im deutschen Zeitarbeitsmarkt – Randstad, Adecco und Manpower – erfüllt. Daneben existieren aber auch Beispiele, wo die großen Anbieter als Co-Lieferanten für kleinere Zeitarbeitsagenturen agieren.

Die Auswirkungen einer Co-Lieferantenposition für Volumina und Gewinnmargen können nicht generalisiert werden und sind stark von der individuellen Lieferkonstellation abhängig. Grundsätzlich aber verfügen spezialisierte Co-Lieferanten, die besonders hochwertige Qualifikationsprofile oder solche Branchenqualifikationen anbieten, die der Master Vendor selbst nicht liefern kann, über eine potenziell starke Lieferantenposition mit hoher relativer Verhandlungsmacht und eingeschränkter Austauschbarkeit.

3.2 Analyse der Kunden(end)märkte

In Business-to-Business-Märkten, in denen die bedienten Kunden wiederum in unterschiedlichen Endmärkten aktiv sind, muss auch die Entwicklung dieser Kundenmärkte im Rahmen der Commercial Due Diligence analysiert werden. So liefern beispielsweise Zeitarbeitsunternehmen »nur« Arbeitskräfte an ihre Kunden. Diese können allerdings wiederum in sehr unterschiedlichen Nachfragesegmenten tätig sein. Es ist daher nicht ausreichend, sich allein auf die übergeordnete Nachfrage nach Zeitarbeitskräften zu konzentrieren. Vielmehr muss die Entwicklung der relevanten Kundenmärkte wie Automotive, Luftfahrt oder Maschinenbau analysiert und deren Konsequenzen für den Zeitarbeitsmarkt herausgearbeitet werden.

Die Analyseinhalte bei der Untersuchung der Kundenmärkte entsprechen denen, die auch bei Betrachtung des Absatzmarktes des Zielunternehmens zur Anwendung kommen. So werden etwa die Volumen-Preis-Entwicklung, die Markttreiber, das Preisniveau und mögliche Substitutionsentwicklungen der vom Kundenunternehmen bedienten Märkte betrachtet. Bedient das eigentlich in der Commercial Due Diligence zu untersuchende Zielunternehmen nur wenige Kunden, ist es ratsam, auch deren Wettbewerbsposition in den jeweiligen Endmärkten zu analysieren. Im Grunde geht es also bei der Analyse der Kundenmärkte im Business-to-Business Bereich darum, ein möglichst umfassendes Verständnis der Entwicklung dieser Märkte und der strategischen Positionierung der Kunden des Zielunternehmens in diesen Märkten zu gewinnen.

3.3 Analyse des Einkaufverhaltens

Neben der Analyse des Kundenstamms des Zielunternehmens und der Kundenendmärkte bildet das Einkaufverhalten der Kunden den dritten Schwerpunkt bei der Analyse der Kundensituation. Während sich die Analyse des Kundenstamms und der Kundenendmärkte im Regelfall auf existierende Kunden beschränkt, geht die Analyse des Einkaufverhaltens weiter. Neben den existierenden Kunden werden immer auch ehemalige und potenzielle Kunden in die Betrachtung mit einbezogen.

3.3.1 Einkaufsentscheider und -organisation

Ausgangspunkt der Analyse des Einkaufsverhaltens ist die Identifizierung der Träger der Einkaufentscheidung. Oftmals wird es sich nicht nur um einen einzelnen Entscheidungsträger, sondern um eine Gruppe von Personen handeln, die an der Kaufentscheidung beteiligt sind (sog. Buying Center). Diese Gruppe setzt sich zumeist aus Vertretern verschiedener Abteilungen zusammen und strebt durch gemeinsames Zusammenwirken eine optimierte Einkaufsentscheidung an. So setzt sich beispielsweise das Buying Center in der Bauindustrie aus dem Architekten, dem Bauunternehmen, den Handwerkern, den Eigentümern und den Nutzern der Immobilie zusammen. In der Automobilbranche sind neben der Einkaufabteilung die Forschung & Entwicklung, das Qualitätsmanagement, die Montage, die Werkzeugmacher, das Controlling, der Vertrieb und die Logistik an der Einkaufentscheidung beteiligt. Innerhalb eines Buying Centers können die beteiligten Personen bzw. Abteilungen unterschiedliche Rollen einnehmen, die es herauszuarbeiten gilt. In diesem Zusammenhang können die Rollen des Anwenders, Beeinflussers, Einkäufers, Entscheiders und Initiators unterschieden werden.

Häufig wird die Einkaufabteilung eine zentrale Rolle bei der Einkaufsentscheidung des Zielunternehmens spielen. In diesen Fällen kann es sinnvoll sein, die Organisation der Einkaufsabteilung im Detail zu betrachten. Der Einkauf kann nach Lieferanten, Produktklassen (Materialgruppen) oder internen Kunden (z. B. Werken) strukturiert sein. In manchen Unternehmen wird eine Aufteilung in Projekteinkauf und Serieneinkauf vorgenommen, d. h. es gibt verschiedene Organisationseinheiten für Neuvergaben und laufendes Seriengeschäft. Ein für die Commercial Due Diligence besonders wichtiger Gesichtspunkt ist der aus der Organisation des Kundeneinkaufs resultierende Preisdruck auf das Zielunternehmen. Im Falle von großen Unternehmen oder Unternehmensgruppen ist zwischen einem zentralen Einkauf sowie einem dezentralen Einkauf der einzelnen Tochtergesellschaften bzw. Werke zu unterscheiden. Der Preisdruck für die Lieferanten ist im Falle des zentralen Einkaufs in der Regel größer. Aber auch bei einer grundsätzlich dezentralen Organisation des Einkaufs kann der Lieferant durch das sog. Lead-Buyer-Konzept einem erheblichen Preisdruck ausgesetzt sein. Hierunter ist der federführende Einkauf für ein bestimmtes Produkt oder eine bestimmte Materialgruppe durch einen Unternehmensteil zentral für das gesamte Unternehmen zu verstehen. Ziel des Lead Buyings ist es, die Verhandlungsposition des Unternehmens gegenüber dem Lieferanten durch die Bündelung des Einkaufs und der damit verbundenen Mengendegression zu verbessern.

3.3.2 Einkaufsprozess

Nachdem die Kaufentscheidungsträger identifiziert worden sind, gilt es, den Einkaufsprozess zu verstehen. Unter dem Begriff des Einkaufsprozesses werden alle Teilschritte zusammengefasst, die den gesamten Prozess der Beschaffung abbilden.

Der typische Einkaufsprozess beginnt mit der Ermittlung des Einkaufsbedarfs des betreffenden Unternehmens in den unterschiedlichen Bedarfskategorien. Im zweiten Schritt erfolgen eine Untersuchung der relevanten Beschaffungsmärkte und die Auswahl des Beschaffungsmarktes mit der höchsten Eignung. Im dritten Schritt wird die Lieferantenanalyse und -auswahl durchgeführt. Diese unterteilt sich in eine Vorauswahl und den eigentlichen Vergabeprozess. Ziel der Vorauswahl ist es, aus allen zur Verfügung stehenden Anbietern des allgemeinen Lieferantenpools die besten Lieferanten für die jeweiligen Bedarfskategorien zu ermitteln. Anschließend beginnt der Vergabeprozess im engeren Sinne. Die in die engere Wahl kommenden Lieferanten werden zur Abgabe von Angeboten aufgefordert. Hierzu können unterschiedliche Formate wie beispielsweise Beauty Contests oder Ausschreibungen gewählt werden. Die Angebote werden anschließend ausgewertet. Mit den Lieferanten, die das erfolgversprechendste Konzept vorweisen können, werden schließlich Vertragsverhandlungen aufgenommen. Nach Vertragsabschluss erfolgt die Leistungserbringung des Lieferanten bzw. die Beschaffungsabwicklung seitens des Einkäufers. Die Leistungserbringung der Lieferanten wird durch das einkaufende Unternehmen regelmäßig bewertet. Sofern dies sinnvoll ist, findet eine langfristige Lieferantenentwicklung statt.

Je nach betrachteter Branche kann der Einkaufsprozess im Einzelfall unterschiedlich ausgestaltet sein.

Fallbeispiel – Einkaufsprozess in der Automobilindustrie

In der Automobilindustrie ist die Durchführung einer Commercial Due Diligence einerseits aufgrund der langen Vorlaufzeiten der Aufträge analytisch gesehen überschaubarer, andererseits aufgrund der Komplexität des eigentlichen Einkaufsprozesses der Automobilproduzenten (OEM) deutlich komplexer als bei anderen Projekten.

Der Einkaufsprozess der OEM unterteilt sich in drei Hauptphasen: die Entwicklungsphase, die Anlaufphase und die eigentliche Produktion. In der Entwicklungsphase erfolgen aus Sicht des OEM zunächst die Konzeptentwicklung und der Prototypenbau. Nach erfolgreicher Festlegung auf das konkrete Konzept wird die Lieferantenauswahl durchgeführt und mit der Beschaffungsfreigabe abgeschlossen. Die zweite Phase, die Anlaufphase, hat die Werkzeugerstellung durch den ausgewählten Zulieferer, die physischen Tryouts und die sogenannte Produktionsvorserie zum Inhalt. In dieser Phase ist der Zulieferer in der Regel gesetzt und wird in der Folgezeit auch nicht mehr ausgetauscht. Nach der Produktionsvorserie erfolgt die eigentliche Produktion mit dem Start of Production (SOP). Ab diesem Zeitpunkt genießt der Zulieferer für den fünf- bis siebenjährigen Produktlebenszyklus des zu produzierenden Automobils endgültig Partnerstatus beim OEM.

Damit gilt in der Automobilindustrie durchschnittlich eine Vorlaufzeit von 12-18 Monaten, bei komplexen Zulieferteilen auch von bis zu 24 Monaten. Rückgerechnet wird aus Sicht des Automobilproduzenten vom SOP bis zur Beschaffungsfreigabe. Mit der Beschaffungsfreigabe erhält der Zulieferer Auftragssicherheit. Finanziell bedeutet dieser lange Zeitraum für den Zulieferer einerseits einen nicht unerheblichen Vorfinanzierungsbedarf. Andererseits besteht mit der frühzeitigen Festlegung des Zulieferers durch den OEM vor dem eigentlichen Produktionsbeginn in puncto Auftragsbuch ein hohes Maß an Sicherheit. Es gilt die Faustregel, dass im laufenden Geschäftsjahr eines Automobilzulieferers annähernd 100 Prozent des geplanten Umsatzes sicher sind, im Folgejahr rund 95 bis 98 Prozent und im darauffolgenden Jahr etwa 92 Prozent. Danach sinkt die Quote sukzessive ab. Der hohe Grad an Umsatzvisibilität erleichtert die Validierung der Business Planung im Rahmen der Commercial Due Diligence in erheblichem Maße.

Schwieriger und deutlich komplexer ist hingegen die Bestimmung der kundenbezogenen Wettbewerbsposition des Zulieferunternehmens beim OEM. Die Einkaufsabteilungen der großen Automobilunternehmen haben in puncto Beschaffungsprofessionalität schon immer eine Vorreiterrolle eingenommen. Ob es Themen wie Warengruppenmanagement, Lieferantenstrategien, Global Sourcing, Lead Buyer-Ansatz oder E-Sourcing, Wertanalyse oder Supply Chain Management betrifft, die Beschaffungsabteilungen der großen OEMs agieren im Einkauf äußerst professionell. Auch wenn das Zulieferunternehmen für das aktuelle und die kommenden zwei Jahre noch gefüllte Auftragsbücher hat, sagt das über seine konkrete Performance und das Ansehen beim OEM nur partiell etwas aus.

3.3.3 Einkaufsstrategien

Die Analyse der dominanten Einkaufsstrategien der Kunden – bei Kundenabhängigkeit auch der Strategie wichtiger Einzelkunden – stellt einen weiteren Analyseschwerpunkt dar. Ziel ist es hierbei, aus den verfolgten Einkaufsstrategien Aussagen zur Austauschbarkeit des Zielunternehmens als Lieferant und zum Ausmaß des Preisdrucks seitens der Kunden abzuleiten.

Klassifizierung von Einkaufskonzepten

Die für die Commercial Due Diligence relevanten Einkaufskonzepte können nach unterschiedlichen Kriterien klassifiziert werden:

- Nach der *Anzahl der Lieferanten* kann zwischen einer Ein-Lieferanten-Strategie (Single Sourcing), einer Zwei-Lieferanten-Strategie (Dual Sourcing) sowie einer Mehr-Lieferanten-Strategie (Multiple Sourcing) unterschieden werden. Die Vergabe an mehr als einen Lieferanten kann für das einkaufende Unternehmen je nach strategischer Situation, Größe des Einkaufsvolumens und Höhe der Fixkosten sinnvoll sein. Der Vorteil einer Mehr-Lieferanten-Strategie besteht in einer Risikodiversifizierung für den Einkäufer und der Schaffung von Preisvorteilen durch Lieferantenwettbewerb. Voraussetzung ist allerdings, dass ausreichend Einkaufsvolumen auf die Lieferanten verteilt werden kann. Der Nachteil der Mehr-Lieferanten-Strategie gegenüber einer Ein-Lieferanten-Strategie ist das mehrfache Anfallen von Fixkostenblöcken (z. B. Entwicklungskosten). Für den Lieferanten bedeutet eine Mehr-Lieferanten-Strategie in der Regel eine erhöhte Austauschbarkeit und größeren Preisdruck.
- Je nach dem *Integrationsgrad* der eingekauften Artikel spricht man von Komponenteneinkauf (Beschaffung über Komponentenlieferanten), Systemeinkauf (Beschaffung über Systemlieferanten) oder Lösungseinkauf (Beschaffung über einen Lösungsanbieter).
- Unter dem Gesichtspunkt der *räumlichen Orientierung* sind die Beschaffungskonzepte der lokalen Beschaffung (Local Sourcing), der weltweiten Beschaffung (Global Sourcing), der Beschaffung in Niedrigkostenländern (Low-Cost-Country Sourcing) und der Beschaffung im jeweils besten Land (Best-Country Sourcing) relevant.
- Schließlich kann nach der *Beschaffungsmenge* in die Beschaffung im Einzelfall (Unit Sourcing), der Beschaffung auf Lager (Stock Sourcing) und der bedarfsgesteuerten Beschaffung (Demand Taylored Sourcing) differenziert werden.

Analyse der Einkaufsstrategie

Zur weiteren Detailanalyse der Einkaufsstrategie der Kunden bieten sich insbesondere zwei Ansätze – das Einkaufsportfolio und das Einkaufsschachbrett – an, die im Folgenden näher dargestellt werden.

Einkaufsportfolio.[59] Das Einkaufsportfolio betrachtet die Einkaufsstrategie eines Unternehmens in Bezug auf eine bestimmte Bedarfsgruppe unter zwei Gesichtspunkten: der Bedeutung des zu beschaffenden Artikels für den Unternehmensgewinn (Gewinneinfluss) und dem Beschaffungsrisiko (Komplexität des Beschaffungsmarktes). Zur Plausibilisierung der Bedeutung der Bedarfsgruppe können Faktoren wie die Beschaffungsmenge oder der Anteil der Rohmaterialkosten an den Gesamtkosten herangezogen werden. Indikatoren für die Höhe des Beschaffungsrisikos sind beispielsweise die Knappheit des Liefergutes, das Tempo des technologischen Wandels und/oder der Materialsubstitution oder die Marktstruktur (Monopol- oder Oligopolbedingungen).

Zur Analyse der Einkaufsstrategie der Kunden werden die vom Zielunternehmen eingekauften Artikel und Materialien in eine von vier Artikelkategorien, die sich durch Kombination der zuvor genannten Dimensionen ergeben, eingeordnet (vgl. Abbildung 26). Die Artikeltypen erfordern jeweils unterschiedliche Einkaufsstrategien der Kunden, die unterschiedliche Konsequenzen für den Lieferanten haben:

- *Strategische Artikel* haben einen hohen Ergebniseinfluss und ein hohes Beschaffungsrisiko. Aus Sicht des einkaufenden Unternehmens steht die Sicherung der langfristigen Verfügbarkeit der strategischen Artikel im Mittelpunkt. Zu diesem Zweck bieten sich strategische Partnerschaften mit den betreffenden Lieferanten an. Im Extremfall muss die Versorgungssicherheit durch Eigenfertigung (Rückwärtsintegration) gewährleistet werden. Während eine mögliche Rückwärtsintegration für den Lieferanten das Risiko des Kundenverlustes birgt, ist das Eingehen einer strategischen Partnerschaft für das Zielunternehmen als positiv zu bewerten.
- *Hebelartikel* sind durch einen hohen Ergebniseinfluss bei gleichzeitig geringem Beschaffungsrisiko gekennzeichnet. Hebelartikel ermöglichen den Kunden, ihre volle Einkaufsmacht gegenüber den Lieferanten einzusetzen und Preiszugeständnisse durchzusetzen (sog. Abschöpfungs-

59 Der nachfolgende Abschnitt fasst das Konzept des Einkaufsportfolios von Kraljic (1985) zusammen.

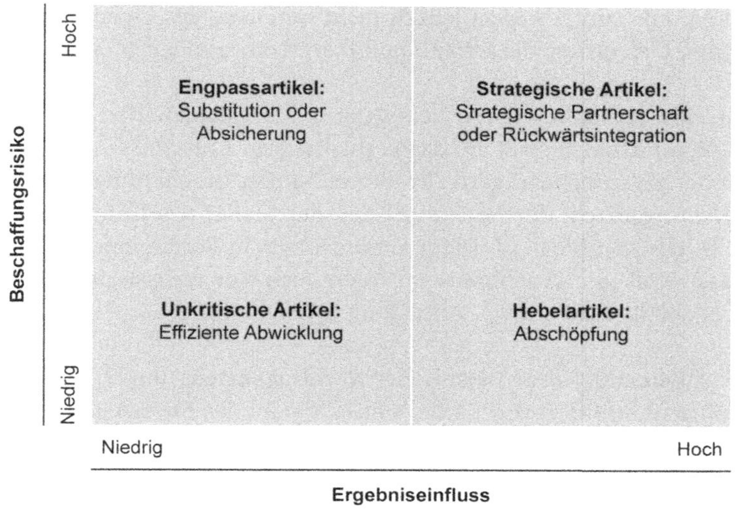

Abbildung 26: Einkaufsportfolio
Quelle: Modifiziert nach Kraljic (1985)

strategie). Für das Zielunternehmen ist die Lieferung eines Hebelartikels daher in der Regel mit erheblichem Preisdruck durch die Kunden verbunden.

- Bei *Engpassartikeln* ist der Ergebniseinfluss gering, aber das Beschaffungsrisiko hoch. Die Kunden werden daher versuchen, Beschaffungsalternativen zu entwickeln und den betreffenden Artikel auszutauschen. Wo dies nicht möglich ist, muss sich der Kunde um die Herstellung einer größtmöglichen Versorgungssicherheit bemühen. Während die Substitutionsversuche des Herstellers für den Lieferanten wiederum das Risiko des Kundenverlustes bergen, wirkt sich die Strategie der Versorgungssicherheit in der Regel positiv auf das liefernde Zielunternehmen aus.
- *Unkritische Artikel* zeichnen sich sowohl durch einen geringen Ergebniseinfluss als auch ein geringes Beschaffungsrisiko aus. Kunden mit einer professionellen Beschaffungsstrategie werden im Hinblick auf unkritische Artikel einen möglichst effizienten Einkauf anstreben. Sie bedienen sich dabei der gesamten Bandbreite des zur Verfügung stehenden Einkaufsinstrumentariums von der Volumenbündelung über die Bestandsoptimierung bis hin zur Produktstandardisierung. Für den Lieferanten kann dies einen hohen Preisdruck zur Folge haben. Im Regelfall

stehen unkritische Artikel jedoch nicht im Fokus des Einkaufs, so dass für den Lieferanten die Erzielung hoher Margen möglich ist.

Einkaufsschachbrett.[60] Der zweite Ansatz zur Detailanalyse der Einkaufsstrategie der Kunden stellt auf das Verhältnis von Angebots- und Nachfragemacht ab. Entsprechend wird für die relevanten Beschaffungsgruppen die Verhandlungsmacht der Nachfrager mit der Stärke des Lieferanten verglichen. Durch Kombination beider Dimensionen in Form einer Matrix ergibt sich das »Einkaufsschachbrett«, aus dem sich vier Basisstrategien für den Einkauf ableiten lassen (vgl. Abbildung 27):

- Das Aufeinandertreffen von hoher Nachfragemacht und hoher Angebotsmacht erfordert von Käufer und Lieferant das *Streben nach einem gemeinsamen Vorteil*. Wesentliche Hebel dieser Strategie sind eine integrierte Planung sowie Wert- oder Kostenpartnerschaften. So können beispielsweise Programme zur partnerschaftlichen Kostenoptimierung genutzt werden. Eine solche Win-Win-Strategie ist aus Sicht des Lieferanten positiv zu bewerten.
- Steht einer hohen Nachfragemacht eine nur geringe Angebotsmacht gegenüber, wird der Käufer seine *Nachfragemacht gegenüber den Lieferanten ausnutzen* (Abschöpfungsstrategie). Wesentliche Hebel dieser Strategie sind die Durchsetzung von Zielpreisen sowie die Nutzung von Ausschreibungen und globalen Lieferantenmärkten, um Wettbewerb unter den Lieferanten herzustellen. Für den Lieferanten birgt diese Konstellation aufgrund des damit verbundenen Preisdrucks von Kundenseite ein hohes Risiko.
- In der umgekehrten Situation ist die Nachfragemacht niedrig und die Angebotsmacht hoch. Dies ist insbesondere dann der Fall, wenn der Lieferant über eine technologische Alleinstellung verfügt oder hohe Kundenwechselkosten bestehen. Regelmäßig ist eine solche Lieferkonstellation das Ergebnis von Entwicklungspartnerschaften, bei denen Lieferanten insbesondere für die Forschung & Entwicklung des einkaufenden Unternehmens unentbehrlich werden. Der Käufer wird dann versuchen, die *Natur der Nachfrage zu verändern*, indem er sich nach Substitutionsartikeln oder neuen Lieferanten umschaut (Diversifizierungsstrategie). Grundsätzlich ist in dieser Situation der Lieferant im

60 Der nachfolgende Abschnitt fasst das Konzept des Einkaufsschachbretts von Schuh et al. (2008) zusammen.

Vorteil, solange das Risiko der Lieferantendiversifikation oder technischen Substitution vermieden werden kann.

- Schließlich besteht beim Aufeinandertreffen von niedriger Nachfragemacht mit niedriger Angebotsmacht die strategische Stoßrichtung des Käufers in der Regel in der *Steuerung der Nachfrage*. Die Hebel dieser Strategie sind Einkaufpartnerschaften, Volumenbündelung, Schaffung von Datentransparenz und Nachfragemanagement. Aus der Perspektive des Lieferanten ist das Ausmaß des Preisdrucks davon abhängig, wie konsequent der Einkauf des Käufers die Strategie der Nachfragesteuerung umsetzt.

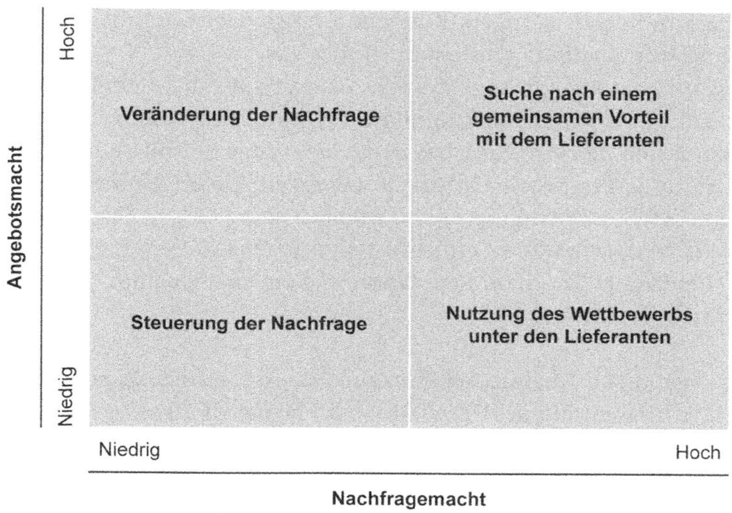

Abbildung 27: Einkaufsschachbrett
Quelle: Modifiziert nach Schuh et al. (2008)

3.3.4 Einkaufskriterien

Die Analyse der Kaufentscheidungskriterien der Kunden bildet aus Sicht der Commercial Due Diligence das Herzstück der Analyse des Einkaufverhaltens. Ziel der Analyse ist es, die aus Sicht der Einkaufsentscheider relevanten Kaufentscheidungskriterien zu ermitteln und nach ihrer Wichtigkeit für die Kaufentscheidung zu priorisieren (vgl. Abbildung 28). Die Ergebnisse dieser Analyse bilden insbesondere die Grundlage für die spätere Ermittlung der Wettbewerbsvorteile des Zielunternehmens aus Kundensicht im Rahmen der Wettbewerbsanalyse.

Wenngleich die relevanten Einkaufskriterien von Fall zu Fall unterschiedlich sind, so lassen sich diese in der Regel doch einer von vier Gruppen zuordnen:

- *Produkteigenschaften:* Es ist offensichtlich, dass die Eigenschaften eines Produktes die Kaufentscheidung der Kunden beeinflussen. Hierzu zählen vor allem die physischen Eigenschaften des Produktes, beispielsweise Qualität, Funktionalität und Design, und sein Preis.
- *Ergänzende Dienstleistungen und Produkte:* Daneben wirken sich Komplementärprodukte, zum Beispiel die Verfügbarkeit von Ersatzteilen und produktbegleitende Dienstleistungen, etwa Montage-, Wartungs- und Reparaturdienstleistungen, Kundentrainings oder Garantien und Gewährleistung, auf die Kaufentscheidung aus.
- *Verkaufs- und Lieferprozess:* Weiterhin können für die Kaufentscheidung eines Kunden Wertschöpfungsaktivitäten im Zusammenhang mit dem Verkauf und der Lieferung des Produktes, zum Beispiel Beratung, Finanzierung, Produktverfügbarkeit, Lieferzeit, Liefertermintreue und Breite des Produktangebotes, maßgeblich sein.
- *Lieferanteneigenschaften:* Schließlich sind Eigenschaften des Lieferanten, wie finanzielle Stabilität, Reputation und Internationalität, für die Kunden von Bedeutung.

Die eigentliche Analyse der Einkaufskriterien erfolgt in zwei Schritten. Zunächst müssen die im Einzelfall einschlägigen Einkaufskriterien ermittelt werden. Dies geschieht durch eigene Überlegungen, die Diskussion mit dem Management des Zielunternehmens sowie durch Kunden- und Experteninterviews. Dabei ist darauf zu achten, dass die Einkaufskriterien für den Kunden wichtig sind, der Kunde die Einkaufskriterien wahrnehmen und beurteilen kann, die Einkaufskriterien unabhängig voneinander sind und der Lieferant die Einkaufskriterien beeinflussen kann.[61] Im zweiten Schritt sind die relevanten Einkaufskriterien dann in eine Rangfolge nach ihrer Wichtigkeit für den Kunden zu bringen. Zu diesem Zweck werden Kundeninterviews, bei denen die Kunden die Wichtigkeit der Kriterien nach einem Punktesystem bewerten, durchgeführt.

61 Vgl. Simon/von der Gathen (2010).

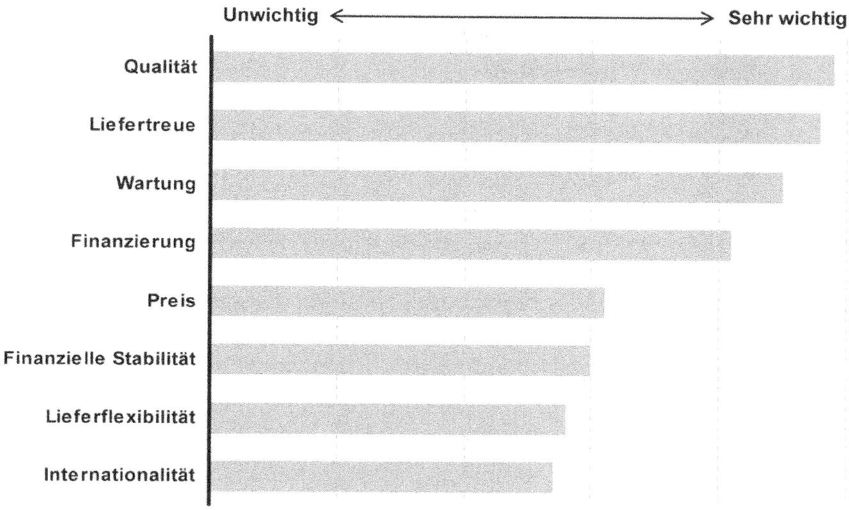

Abbildung 28: Illustrative Analyse von Einkaufskriterien
Quelle: Eigene Darstellung

4 Analyse des Wettbewerbs

Kernfragen der Analyse des Wettbewerbs

- *Wettbewerbsumfeld*
  - Wer sind die relevanten Wettbewerber des Zielunternehmens?
  - Wie sind die relevanten Wettbewerber im Markt positioniert?
  - Wie hoch ist die Wettbewerbsintensität im Gesamtmarkt und in den einzelnen Marktsegmenten?

- *Relative Finanzleistung*
  - Wie vergleicht sich das historische und geplante Wachstum des Zielunternehmens mit dem seiner Wettbewerber?
  - Wie profitabel ist das Zielunternehmen im Wettbewerbsvergleich?

- *Wettbewerbsvorteile*
  - Was sind die Wettbewerbsvorteile des Zielunternehmens?
  - Wie nachhaltig sind die Wettbewerbsvorteile des Zielunternehmens?
  - Steht die Preispositionierung des Zielunternehmens mit seinen Wettbewerbsvorteilen in Einklang?

4.1 Analyse des Wettbewerbsumfeldes

4.1.1 Relevante Wettbewerber

Ausgangspunkt der Wettbewerbsanalyse ist die Identifikation der relevanten Wettbewerber des Zielunternehmens. Erste Anhaltspunkte liefern in der Regel die Managementpräsentation sowie die relevanten Transaktionsdokumente, wie beispielsweise das Informationsmemorandum und der Vendor Due Diligence Report. Darauf aufbauend werden Sekundärquellen, wie beispielsweise Marktberichte und Datenbanken, ausgewertet. Schließlich dienen auch Marktinterviews der Identifikation der relevanten Wettbewerber. In Abhängigkeit von der Verfügbarkeit und der Qualität der Informationen kann die Wettbewerbsanalyse unterschiedlich aufwendig sein. Insbesondere Nischenmärkte, über die oft keine Sekundärinformationen vorliegen, stellen hohe Anforderungen an den Commercial Due Diligence-Dienstleister. Gleiches gilt für chinesische und andere asiatische Wettbewerber aufgrund der hohen Intransparenz dieser Märkte.

Die identifizierten Wettbewerber sind in drei Gruppen zu unterteilen:

- *Direkte Wettbewerber* stehen mit dem Zielunternehmen in einem unmittelbaren Konkurrenzverhältnis. Es bietet sich an, die direkten Wettbewerber weiter in Hauptwettbewerber und sonstige Wettbewerber zu unterteilen.
- *Indirekte Wettbewerber* stehen mit den Unternehmen des relevanten Marktes in einem Substitutionswettbewerb. Letztere müssen bei der Festlegung ihrer Aktionsparameter beachten, ob und in welchem Umfang die Kunden auf Substitutionsprodukte ausweichen können. Eine »falsche« Preissetzung der etablierten Unternehmen kann beispielsweise bei Substitutionswettbewerb dazu führen, dass der relevante Markt zugunsten benachbarter Märkte schrumpft.
- *Potenzielle Wettbewerber* sind solche, die außerhalb des relevanten Marktes stehen. Der Markteintritt dieser Spieler hängt von deren Gewinnerwartungen nach erfolgtem Markteintritt ab, die insbesondere von der Höhe der Markteintrittsschranken bestimmt werden.

4.1.2 Wettbewerbsposition des Zielunternehmens

Besteht Klarheit darüber, wer die relevanten Wettbewerber des Zielunternehmens sind, ist im nächsten Schritt deren Wettbewerbspositionierung zu untersuchen. Hierfür stehen im Wesentlichen die Instrumente der Marktanteilsanalyse, der Analyse von strategischen Gruppen und die Preis-Nutzen-Analyse zur Verfügung.

Marktanteilsanalyse

Die Analyse von Marktanteilen ist der klassische Weg zur Bestimmung der Marktposition eines Unternehmens. Dabei ist der relative Marktanteil eines Unternehmens, d.h. seine Umsatzgröße relativ zum Marktführer bzw. zum nächstgrößeren Wettbewerber, der Hauptindikator für die Stärke einer Wettbewerbsposition. Ein im Vergleich zum Wettbewerb höherer relativer Marktanteil impliziert Kostenvorteile im Einkauf, Kostenvorteile aufgrund von Fixkostendegressionen (Economies of Scale) und eine höhere Marktmacht in Bezug auf Wettbewerber und Kunden.

Zur Berechnung des relativen Marktanteils eines Zielunternehmens kommen zwei Methoden in Betracht:

- Die Marktanteile der Wettbewerber werden relativ zum Zielunternehmen berechnet. Beispielsweise wird der Umsatz eines Zielunternehmens in Höhe von 100 Mio. Euro auf 1 gesetzt. Wettbewerber A mit einem Umsatz von 150 Mio. Euro hat dann einen relativen Marktanteil von 150 Mio. Euro / 100 Mio. Euro = 1,5; Wettbewerber B mit einem Umsatz von 50 Mio. Euro einen relativen Marktanteil von 50 Mio. Euro / 100 Mio. Euro = 0,5.
- Die Marktanteile der Marktteilnehmer einschließlich des Zielunternehmens werden relativ zum Marktführer berechnet. Hat also zum Beispiel der Wettbewerber A (Marktführer) einen Umsatz in Höhe von 150 Mio. Euro, so entspricht dies einem relativen Marktanteil von 1. Das Zielunternehmen mit einem Umsatz in Höhe von 100 Mio. Euro hat dann einen relativen Marktanteil von 100 Mio. Euro / 150 Mio. Euro = 0,7. Wettbewerber B hat mit einem Umsatz in Höhe von 50 Mio. Euro einen relativen Marktanteil von 50 Mio. Euro / 150 Mio. Euro = 0,33.

Obgleich der relative Marktanteil ein wichtiger Indikator für die Wettbewerbsstärke eines Unternehmens ist, kann sie nicht ausschließlich auf dieser Basis beurteilt werden. Vielmehr sind weitere Faktoren in die Betrachtung mit einzubeziehen. Die Bedeutung des Marktanteils für die Wettbewerbsposition ist etwa davon abhängig, in welcher Lebenszyklusphase sich eine Branche befindet. In reifen und alternden Branchen ist der Marktanteil einer der wichtigsten Einflussfaktoren der Wettbewerbsstärke. In entstehenden oder wachsenden Branchen hingegen wird ihm eine weit geringere Bedeutung beigemessen. Hier sind die Markt- und Wettbewerbsstrukturen noch nicht stabil und können beispielweise durch neue Technologien oder neue Wettbewerber aufgebrochen werden.

Die Analyse sollte sich zudem nicht nur auf die Bestimmung des gegenwärtigen Marktanteils beschränken, sondern auch die Entwicklung des Marktanteils betrachten. Dabei ist sowohl die historische Entwicklung als insbesondere auch – im Hinblick auf die später noch vorzunehmende Beurteilung des Business Plans und der Exit-Perspektive der Zielgesellschaft – eine Einschätzung der erwarteten zukünftigen Marktanteile von Interesse. Zeigt ein Markt beispielsweise Konsolidierungstendenzen sollte zunächst

Situative Monopole

Eine besonders attraktive strategische Positionierung, die durch einen sehr hohen relativen Marktanteil indiziert wird, ist es, der einzige oder wenigstens der dominante Anbieter eines Produktes oder einer Dienstleistung – mit anderen Worten ein Monopolist – zu sein.[62] Da die Käufer aufgrund der Alleinstellung keine andere Wahl haben, als das Produkt oder die Dienstleistung von diesem einen Anbieter zu beziehen, ist dieser in der Lage, seinen Gewinn durch das Setzen von Monopolpreisen zu maximieren. Während branchenweite und permanente Monopole in der Regel entweder staatlich reguliert oder kartellrechtlich untersagt sind, ist die Regulierung von situativen Monopolen, die nur temporären Charakter haben und begrenzte strategische Räume betreffen, aufgrund ihrer Flüchtigkeit und Kleinteiligkeit nicht möglich. Diese zweite Art des Monopols stellt jedoch eine wichtige Grundlage der Profitabilität vieler Unternehmen dar und ist daher auch für die Commercial Due Diligence von besonderer Bedeutung.

Der strategische Raum, der ein temporäres Monopol begründet, kann eine geografische Nische, eine Produktnische, eine Kundennische oder eine Nische in der Wertschöpfungskette sein. Daneben kommen Zeitnischen, die auf einem Zeitvorsprung gegenüber Wettbewerbern basieren, in Betracht. In diesem letzteren Fall ermöglicht es die Alleinstellung, beim Kunden Premiumpreise solange durchzusetzen, bis die Imitationen der Wettbewerber zu einem Preisverfall führen. Ein Beispiel sind Innovationsnischen. Bei der Einführung eines neuen Produktes wird der Preis üblicherweise relativ hoch angesetzt, da der Innovator den Preisspielraum infolge seiner temporären Monopolstellung ausnutzt. Diese Preispolitik ist solange erfolgreich, bis neue Wettbewerber in den Markt eindringen und es aufgrund des steigenden Wettbewerbsdrucks zu einer Preiserosion kommt.

62 Vgl. dazu und zu den nachfolgenden Ausführungen Lele (2006) und Greenwald/Kahn (2005b).

der historische Konzentrationsprozess abgebildet werden. Dies umfasst auch eine Beschreibung der wesentlichen Unternehmenskäufe und –zusammenschlüsse. Aufsetzend auf der historischen Entwicklung trifft eine gute Commercial Due Diligence dann Aussagen dazu, wie die weitere Konsolidierung der Branche verlaufen und welche Konsequenzen dies für die Zielgesellschaft haben könnte.

Ein typisches Beispiel für eine dynamische Marktanteilsanalyse ist das sog. »Marktanteil-Umsatzentwicklung-Diagramm«, das Marktanteilsgewinne und -verluste visualisiert (vgl. Abbildung 29). Hier wird der Umsatzsteigerung des betrachteten Unternehmens, die während des zugrunde gelegten Betrachtungszeitraumes in den einzelnen Geschäftsfeldern erzielt werden konnte, das gesamte Wachstum des betreffenden Marktes bzw. Marktsegmentes in dieser Periode gegenübergestellt. Graphisch werden die einzelnen Geschäftsfelder als Kreise dargestellt, wobei die Kreisflächen proportional dem Umsatzbeitrag im letzten Jahr der Betrachtungsperiode entsprechen. In den Geschäftsfeldern, die auf der von links unten nach rechts oben verlaufenden Diagonale liegen, ist der Umsatz des betrachteten Unternehmens in der untersuchten Zeitspanne genauso schnell gewachsen wie der Gesamtmarkt. Liegt ein Geschäftsfeld unterhalb der Diagonale, bedeutet dies, dass das betrachtete Unternehmen seinen Umsatz stärker steigern konnte als der gesamte Markt gewachsen ist. In den Geschäftsfeldern, die oberhalb der Diagonale liegen, hat das Unternehmen Marktanteile verloren, da der eigene Umsatz hier langsamer gewachsen ist als der Gesamtmarkt.

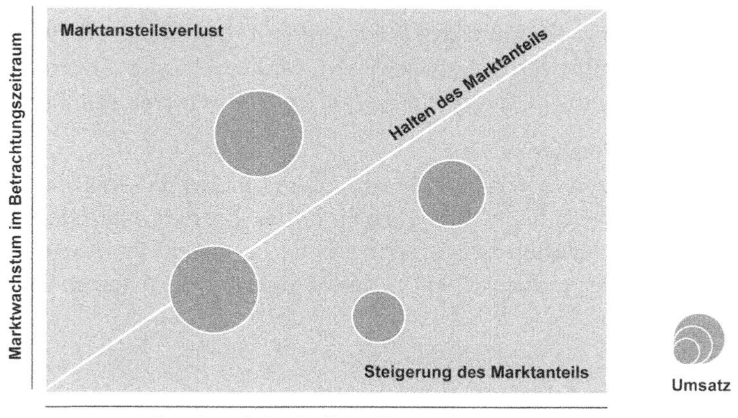

Abbildung 29: Illustratives Marktanteil-Umsatzentwicklung-Diagramm
Quelle: Eigene Darstellung

Analyse von strategischen Gruppen

Neben der Bestimmung der Marktanteile der Wettbewerber ist vielfach die Segmentierung der Wettbewerber in strategische Gruppen sinnvoll, um die Wettbewerbsposition des Zielunternehmens zu beschreiben. Ziel der Bildung von strategischen Gruppen im Rahmen der Commercial Due Diligence ist es, die Identifikation der relevanten Wettbewerber weiter zu detaillieren. Der Begriff der strategischen Gruppe bezeichnet dabei Unternehmen, die durch ein einheitliches strategisches Verhalten gekennzeichnet sind.[63]

Zur Beschreibung des strategischen Verhaltens müssen je nach Einzelfall unterschiedliche Faktoren herangezogen werden. In Betracht kommen unter anderem:[64]

- Grad der Spezialisierung nach Produktangebot, Kundensegment oder regionaler Abdeckung
- Markenidentifikation
- Vertriebsweg
- Produktqualität
- Technologie
- Vertikale Integration
- Kostenposition
- Dienstleistungen
- Preispolitik

Die beiden Dimensionen, die das strategische Verhalten der Unternehmen im relevanten Markt am besten beschreiben, werden in Form einer Matrix angeordnet. Oft kann das Wettbewerbsverhalten nach dem Ort und der Art des Wettbewerbs unterschieden werden. In der Matrix werden schließlich die betrachteten Wettbewerber positioniert (vgl. Abbildung 30).

Preis-Nutzen-Analyse

Die Preis-Nutzen-Matrix ist eine besondere Spielart der Analyse strategischer Gruppen. Sie bildet das Verhältnis des primären Kundennutzens eines Produkt- oder Dienstleistungsangebotes zu seinem Preis ab und dient der Ermittlung der strategischen Preispositionierung der Wettbewerber (vgl. Abbildung 31).[65]

63 Vgl. Porter (1980).
64 Zur nachfolgenden Aufzählung vgl. Porter (1980).
65 Zu dieser Definition und zu den nachfolgenden Ausführungen zur Erstellung der Preis-Nutzen-Matrix vgl. D'Aveni (2007). Allgemein zum Thema Preis-Nutzen-Matrix siehe auch Leszinski / Marn (1997).

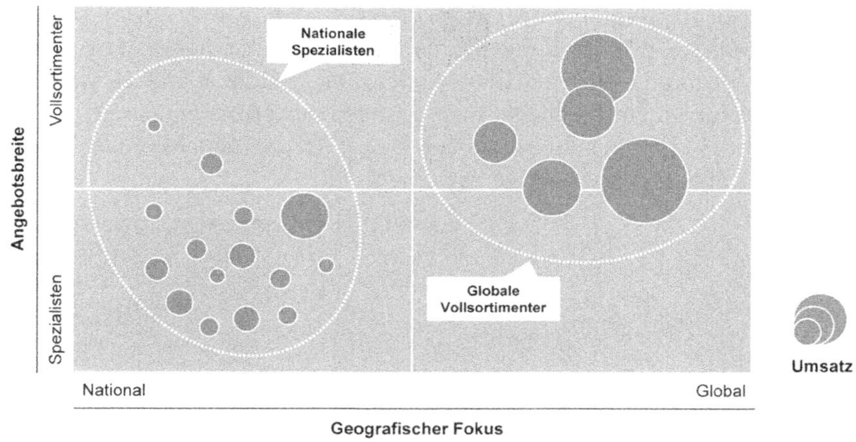

Abbildung 30: Illustrative Analyse strategischer Gruppen
Quelle: Eigene Darstellung

Zur Erstellung einer Preis-Nutzen-Matrix müssen drei Schritte durchlaufen werden:

- *Auswahl des Preisparameters:* Zunächst muss die für den jeweiligen Einzelfall relevante Preisdefinition ausgewählt werden. Dies kann ein Einzelhandels- oder Großhandelspreis sein. Es kann sich um den Preis von Einzelprodukten, Produktbündeln oder Produkt-Dienstleistungspaketen handeln. Wichtig ist vor allem, eine einmal gewählte Preisdefinition konsistent anzuwenden.
- *Identifizierung des primären Kundennutzens:* Der primäre Kundennutzen ist diejenige Produkt- oder Dienstleistungseigenschaft, die in der Wahrnehmung der Kunden für den größten Unterschied in den Preispunkten der Wettbewerbsangebote verantwortlich ist. Zur Ermittlung des primären Kundennutzens werden zunächst sämtliche Nutzenaspekte der Angebote in einem Markt erfasst. Anschließend wird die von den Käufern wahrgenommene relative Wichtigkeit der Nutzenaspekte für die Kaufentscheidung in Interviews abgefragt. Alternativ kann bei entsprechender Datenverfügbarkeit auch mit Hilfe von Regressionsanalysen ermittelt werden, welche Nutzenaspekte die Preisunterschiede zwischen den Wettbewerbsangeboten erklären.
- *Abtragung der Preis-Nutzen-Positionen:* Im dritten Schritt müssen die Produkt- und Dienstleistungsangebote entsprechend ihres Preises und ihrer

Nutzenausprägung in der Matrix platziert werden. Anschließend sollte die Trendlinie, d.h. die Linie, die die Lage der Punkte in der Matrix am besten beschreibt, eingezeichnet werden. Die Trendlinie gibt an, was die Kunden für unterschiedliche Ausprägungen des primären Kundennutzens durchschnittlich zu zahlen bereit sind. In den meisten Fällen wird es sich dabei um eine Gerade handeln.

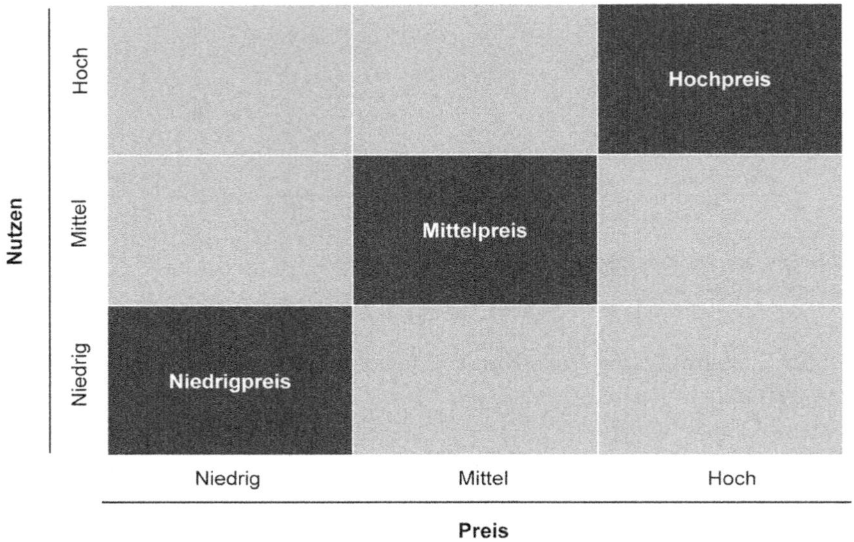

Abbildung 31: Preis-Nutzen-Matrix
Quelle: Modifiziert nach Simon (1992)

Sofern der Preispunkt eines Wettbewerbers genau den primären Kundennutzen reflektiert, nimmt das betreffende Unternehmen eine Position auf der Trendlinie ein. In Betracht kommen drei grundsätzliche Preisstellungen:[66]

- Ein *Hochpreisanbieter* bietet einen hohen Leistungsgrad zu einem hohen Premiumpreis an, wobei allerdings die Kosten der erbrachten Leistung in der Regel unter ihrem wahrgenommenen Kundennutzen liegen.
- Demgegenüber kombiniert ein *Niedrigpreisanbieter* einen geringen Leistungsgrad mit einem niedrigen Preispunkt.
- Ein *Mittelpreisanbieter* ist zwischen Hochpreis- und Niedrigpreisanbieter positioniert.

66 Vgl. Sebastian/Maessen (2003) und Simon (1992).

Preispositionen unterhalb oder oberhalb der Trendlinie sind die Folge einer unterschiedlich starken Ausprägung der sekundären Nutzenaspekte der unterschiedlichen Angebote oder des bewussten Abweichens der Wettbewerber von der Trendlinie aufgrund der von ihnen verfolgten Preisstrategien.[67] Eine Preisposition unterhalb der Trendlinie verfolgt das Ziel einer kurzfristigen Gewinnmaximierung, indem sie durch eine Erhöhung des Preises bei gleichbleibendem Leistungsgrad einen temporären Preisvorteil gegenüber dem Wettbewerb herbeiführt. Ihre Grenze findet diese sogenannte Übervorteilungsstrategie in der mangelnden Kundenakzeptanz, da Preis und Kundennutzen nunmehr in einem Missverhältnis zueinander stehen. Demgegenüber verbinden Anbieter, die oberhalb der Trendlinie positioniert sind, einen hohen Leistungsgrad mit niedrigen Preisen. Dieser Preispunkt kann zum einen durch kurzfristige Preissenkungen erreicht werden, um Marktanteile auf Kosten der Wettbewerber zu erreichen. Zum anderen kann ein solcher Anbieter aber auch eine Discountstrategie, die sich durch ein dauerhaftes Angebot einer relativ hohen Leistung zu Niedrigpreisen auszeichnet, verfolgen.[68] In der Regel ist eine Discountstrategie nur in Kombination mit einem Discount-Geschäftsmodell darstellbar. Dies setzt klare Kostenvorteile des betreffenden Anbieters voraus und erfordert zusätzlich eine Leistungsvereinfachung, d.h. eine Fokussierung auf die für die Kunden maßgeblichen Leistungsmerkmale bei gleichzeitiger Begrenzung der Angebotsbreite.

4.1.3 Wettbewerbsintensität

Nach der Identifikation der relevanten Wettbewerber und der Analyse ihrer strategischen Positionierung ist die Intensität des Wettbewerbs im Markt zu untersuchen. Die Wettbewerbsintensität hat direkten Einfluss auf die Profitabilität der Marktteilnehmer. Je höher die Intensität des Wettbewerbs in einem Markt ist, desto geringer ist die durchschnittliche Profitabilität der Marktteilnehmer oder desto kürzer ist die Zeitdauer, in der sie bestehende Wettbewerbsvorteile aufrechterhalten können (sog. Wettbewerbsvorteilsperiode). Das genaue Ausmaß, mit dem die Profitabilität eines Marktes untergraben wird, hängt im Wesentlichen von zwei Faktoren ab: dem primären Aktionsparameter des Wettbewerbs und der Intensität des Wettbewerbs auf der Grundlage dieses Aktionsparameters.

67 Vgl. D'Aveni (2007).
68 Zu den Ausführungen zur Discountstrategie vgl. Sebastian/Maessen (2003).

Aktionsparameter des Wettbewerbs

Die Aktionsparameter des Wettbewerbs können in Preiswettbewerb und Nicht-Preiswettbewerb unterteilt werden. Im letzteren Fall wird der Wettbewerb primär über Qualität, Service oder Marketing ausgetragen. Während Nicht-Preiswettbewerb den Marktteilnehmern in der Regel erlaubt, relativ hohe Margen aufrechtzuerhalten, hat Preiswettbewerb typischerweise eine destruktive Wirkung auf die durchschnittliche Profitabilität des Marktes. Die Wahrscheinlichkeit, dass der Wettbewerb über den Aktionsparameter Preis ausgetragen wird, ist umso größer, je weniger die Produkte der Marktteilnehmer differenziert sind. Im Vergleich zu den Aktionsparametern des Nicht-Preiswettbewerbes sind Preisreduktionen für Wettbewerber leicht zu identifizieren und zu erwidern, so dass eine Preisspirale nach unten in Gang gesetzt wird.

Einflussfaktoren der Wettbewerbsintensität

Die Wettbewerbsintensität in einem Markt wird durch eine Reihe von Einflussfaktoren bestimmt. Je nach Einzelfall können die Faktoren unterschiedlich relevant sein. Zur Abschätzung der Wettbewerbsintensität im Rahmen der Commercial Due Diligence sind die Faktoren daher je nach Lage des Einzelfalls zu gewichten. Zu den Faktoren, die die Wettbewerbsintensität beeinflussen, zählen:[69]

- Marktkonzentration,
- Balance zwischen den Wettbewerbern,
- Markteintrittsbarrieren,
- Marktwachstum,
- Preissensitivität der Kunden,
- Fix- und Lagerkosten,
- Größe der Kapazitätserweiterungen relativ zur Marktgröße,
- Marktaustrittsbarrieren.

Marktkonzentration. Je geringer der Konzentrationsgrad eines Marktes ist, desto kleiner ist der Marktanteil, um den die Wettbewerber kämpfen. Damit steigt die Wahrscheinlichkeit, dass die Marktteilnehmer Preissenkungen einsetzen, um Marktanteile auf Kosten ihrer Konkurrenten zu gewinnen. Greifen viele Wettbewerber auf dieses Mittel zurück, dauert es nicht lange, bis der Preis zum hauptsächlichen Aktionsparameter des Wettbewerbs wird.

69 Zur nachfolgenden Aufzählung und der anschließenden Diskussion dieser Faktoren vgl. Porter (1980, 2007).

Messung der Marktkonzentration

Zur Messung der Marktkonzentration kommen in der Praxis zwei Methoden zur Anwendung:

- *C_n-Konzentration*: Die C_n-Konzentration misst die Marktkonzentration durch Addition der Marktanteile der n – meist drei oder vier – größten Unternehmen des Marktes. Als Daumenregel kann ein Markt mit einer C_4-Konzentration über 60 Prozent als konzentriert betrachtet werden. In einem konzentrierten Markt sind die einzelnen Spieler strategisch voneinander abhängig, d.h. kein Spieler kann unabhängig von der Reaktion seiner Konkurrenten handeln.
- *Herfindahl-Hirschmann-Index:* Zur Berechnung des Herfindahl-Hirschmann-Index (HHI) werden die Marktanteile aller Unternehmen in einem Markt ins Quadrat gesetzt und addiert. Wenn also beispielsweise ein Markt aus vier Anbieter mit Marktanteilen in Höhe von 30 Prozent, 30 Prozent, 20 Prozent und 20 Prozent besteht, ist der HHI $30^2 + 30^2 + 20^2 + 20^2 = 2600$. Der HHI berücksichtigt die relative Größe und Verteilung der Wettbewerber in einem Markt. Anders als die C_n-Konzentration gibt der HHI den Marktanteilen der größeren Spieler überproportionales Gewicht. Der HHI tendiert gegen Null in Märkten, die aus einer großen Zahl von Anbietern mit gleicher Größe bestehen. Der HHI nimmt mit abnehmender Anzahl der Anbieter und zunehmenden Größenunterschieden zwischen diesen Spielern zu. Zur Interpretation des HHI können die Horizontal Merger Guidelines des US Department of Justice aus dem Jahr 2010 herangezogen werden. Danach ist ein Markt mit einem HHI < 1500 niedrig konzentriert. Märkte mit einem HHI zwischen 1500 bis 2500 weisen eine moderate Marktkonzentration auf. Bei einem HHI > 2500 spricht man von einem hochkonzentrierten Markt.

Balance zwischen den Wettbewerbern. Selbst hochkonzentrierte Märkte mit wenigen Spielern können unter dem Problem der Preiserosion leiden, wenn gleich starke Wettbewerber um die Marktführerschaft kämpfen. In Abwesenheit eines eindeutigen Marktführers, der die Preisdisziplin im Markt aufrecht erhält, ist eine Preiserosion durch eine Serie von vergeltenden Preissenkungen wahrscheinliche Folge, sobald einer der Wettbewerber beginnt, seine Preise zu senken, um Marktanteile auf Kosten seiner Konkurrenten zu gewinnen.

Markteintrittsbarrieren. Die Wettbewerbsintensität eines Marktes ist ganz entscheidend von der Höhe der Markteintrittsbarrieren abhängig. Eintretende Unternehmen erhöhen die Marktkapazität und müssen per Definition Marktanteile gewinnen. Wichtige Markteintrittsbarrieren sind:

- *Größenvorteile auf Angebotsseite:* Die Notwendigkeit, Fixkostendegressionen erzielen zu müssen, um gegenüber den Spielern im Zielmarkt wettbewerbsfähig zu sein, erschwert den Markteintritt potenzieller Wettbewerber. Diese werden entweder gezwungen, mit Investitionen in erheblicher Höhe in den betreffenden Markt einzutreten oder einen Kostennachteil gegenüber den bereits etablierten Spielern zu akzeptieren. Die erforderlichen Investitionen stellen insbesondere dann eine Markteintrittsbarriere dar, wenn es sich um versunkene Kosten handelt, d. h. um Kosten, die beim Marktaustritt nicht rückgängig gemacht werden können.
- *Größenvorteile auf Nachfrageseite:* Bei Größenvorteilen auf der Nachfrageseite wächst die Zahlungsbereitschaft der Käufer mit der Anzahl der Nutzer des betreffenden Produktes. Dieser Netzwerkeffekt verringert den Anreiz für einen Markteintritt, da er die Zahlungsbereitschaft der Käufer für die Produkte eines Neuankömmlings herabsetzt und damit dessen Preissetzungsspielraum nach oben solange begrenzt, bis dieser eine breite Kundenbasis aufgebaut hat.
- *Wechselkosten der Kunden:* Kundenwechselkosten sind Kosten, die Käufern beim Wechsel des Anbieters entstehen. Beispiele sind die Notwendigkeit der Veränderung von Produktspezifikationen beim Anbieterwechsel, Kosten für die Umschulung von Mitarbeitern auf das neue Produkt oder die Einführung neuer Prozesse oder Systeme. Je größer die Kundenwechselkosten sind, desto schwieriger ist es, im Falle eines Markteintritts neue Kunden zu gewinnen.
- *Erfordernis von Kapitalinvestitionen:* Die Notwendigkeit, hohe Investitionen beispielsweise in Form von Aufwendungen für Forschung & Entwicklung oder Werbung tätigen zu müssen, um an einem Markt teilzunehmen, schafft eine Markteintrittsbarriere. Die Markteintrittsschranke ist besonders hoch, wenn die Kapitalinvestitionen »versunken« sind und bei einem potenziellen Marktaustritt nicht wiedererlangt werden können, wie beispielsweise im Fall von Werbung oder Forschung & Entwicklung.
- *Ungleicher Zugang zu Vertriebskanälen:* Je beschränkter der Zugang zu Vertriebskanälen ist und je stärker dieser durch die etablierten Spieler kontrolliert wird, desto höher sind die Kosten des Markteintritts.

- *Größenunabhängige Vorteile der etablierten Wettbewerber:* Die bereits im Markt etablierten Wettbewerber können Kosten- oder Differenzierungsvorteile besitzen, die potenziellen Rivalen, unabhängig von ihrer Größe, nicht zur Verfügung stehen. Diese Vorteile können sich auf proprietäre Technologien, privilegierten Zugang zu Rohmaterial, staatliche Fördermittel, Standortvorteile oder Erfahrungsvorteile gründen. Teilweise sind diese Vorteile rechtlich durchsetzbar, wie beispielsweise im Fall von Patenten.
- *Restriktives staatliches Verhalten:* Staatliche Stellen können den Zugang zu einem Markt durch Regulierung beschränken oder sogar gänzlich unterbinden. Beispiele sind Lizenzierungserfordernisse, Patentschutz, Handelsschranken und Beschränkungen des Zugangs zu Infrastrukturen.
- *Erwartete Wettbewerberreaktion:* Schließlich kann die erwartete Reaktion der Wettbewerber im Zielmarkt die Wahrscheinlichkeit des Markteintritts herabsetzen. Problematisch sind beispielsweise Konstellationen, in denen den etablierten Spielern in erheblichem Ausmaß Ressourcen zur Verfügung stehen, um auf den Markteintritt potenzieller Wettbewerber zu reagieren.

Marktwachstum. In einem stark wachsenden Markt können die Marktteilnehmer ihren Umsatz selbst bei konstanten Marktanteilen verbessern. Niedriges Marktwachstum hingegen impliziert einen Kampf um Marktanteile. Dies ist insbesondere in Märkten der Fall, die bereits in die Reifephase eingetreten sind. Mit zunehmender Reife eines Marktes und der damit einhergehenden Verlangsamung des Marktwachstums, würde der Markt als solches vom Ausscheiden einzelner Wettbewerber profitieren. Da jedoch die gesamten Kosten des Marktaustritts von dem austretenden Unternehmen getragen werden würde und dieses nicht an der durch seinen Marktaustritt induzierten Erhöhung der durchschnittlichen Profitabilität des Marktes partizipiert, tendieren die einzelnen Marktteilnehmer dazu, von einem Marktaustritt abzusehen.

Preissensitivität der Kunden. Wenn ein Produkt oder eine Dienstleistung einen nur geringen Grad an Differenzierung aufweist oder die Preissensitivität aus einem anderen Grund gering ist, führen Preissenkungen fast automatisch zu Mengenwachstum. Reagieren die Wettbewerber mit weiteren Preisreduktionen, wird eine Preisspirale nach unten in Gang gesetzt und es kommt zu einer Preiserosion im Markt.

Fix- und Lagerkosten. Die Höhe der Fix- und Lagerkosten haben Einfluss auf die Intensität des Wettbewerbs. In Märkten mit hohen Fixkosten und niedrigen Grenzkosten besteht hoher Druck für die Wettbewerber, ihre Preise unter ihre Durchschnittskosten zu senken. Dies kann so weit gehen, dass die Preise nah den Grenzkosten gesetzt werden, um zusätzliche Kunden zu gewinnen, die zur Deckung der Fixkosten beitragen. Zudem sind die Marktteilnehmer gezwungen, hohe Volumina zu erzielen, um Skaleneffekte zu realisieren. Steht hierfür nicht genug Nachfrage zur Verfügung, kollabieren die Preise. Ähnlich bei den Lagerkosten. Ist die Lagerung eines Produktes sehr teuer oder besitzt das Produkt eine nur geringe Haltbarkeit, besteht ein hoher Anreiz, den Lagerbestand durch Preissenkungen abzubauen. Beispiele für solche Produkte sind verderbliche Güter (z. B. Blumen), Güter, die eine spezielle Lagerung erfordern (z. B. Eis, medizinische Produkte), Güter, die aufgrund eines kurzen Produktlebenszyklus schnell obsolet werden (z. B. Halbleiter) oder Güter die im Vergleich zu ihren Kosten sehr großvolumig sind und deshalb große Warenlager benötigen. Um festzustellen, ob Fix- oder Lagerkosten hoch sind, müssen sie mit der Wertschöpfung der relevanten Fertigungsstufe, nicht mit den Gesamtkosten, verglichen werden.

Größe der Kapazitätserweiterungen relativ zur Marktgröße. Die Größe von Kapazitätserweiterungen wird nach unten durch die mindestoptimale Betriebsgröße bestimmt. Darunter ist die kleinste Größe zu verstehen, die ein Werk oder eine sonstige operative Einheit einnehmen kann, ohne einen deutlichen Kostennachteil gegenüber effizienteren Wettbewerbern zu haben. Kann die Kapazität nur in großen Schrittgrößen erweitert werden, ist es wahrscheinlich, dass das Gleichgewicht von Angebot und Nachfrage nicht aufrechterhalten werden kann. In solchen Märkten ist es für die Profitabilität der Markteilnehmer wesentlich, die zeitliche Reihenfolge der Kapazitätserweiterungen (implizit) zu koordinieren. Gelingt dies nicht, führen die Kapazitätserweiterungen zu Überkapazitäten und damit letztlich zu einer Preiserosion.

Marktaustrittsbarrieren. Hohe Marktaustrittsbarrieren führen dazu, dass Unternehmen und infolgedessen deren Produktionskapazität selbst dann in einem Markt verbleiben, wenn sie nur niedrige oder sogar negative Kapitalrenditen erzielen. Eine wichtige Marktaustrittsbarriere sind spezialisierte Investitionen, die zur Marktteilnahme erforderlich sind und bei Marktaustritt nicht liquidiert oder anderweitig eingesetzt werden können. Daneben kommen rechtliche Restriktionen und die emotionale Bindung an ein als »strategisch« eingestuftes Geschäftsfeld in Betracht. Die Relevanz von Marktaustrittsbarrieren für die Wettbewerbsintensität ist in reifen oder rückläufigen Branchen am größten.

4.2 Relative Finanzanalyse

Der Vergleich der Finanzkennzahlen des Zielunternehmens mit denen seiner Wettbewerber bildet den zweiten Schwerpunkt der Wettbewerbsanalyse. Aufsetzend auf der früheren Analyse der historischen Finanzergebnisse sowie der Managementplanung der Zielgesellschaft stehen die folgenden Fragen im Mittelpunkt:

- Wie vergleicht sich das historische und geplante Wachstum des Zielunternehmens mit dem seiner Wettbewerber?
- Wie hoch sind Profitabilität und Margen des Zielunternehmens relativ zum Wettbewerb?

Die Beantwortung dieser Fragen kann das Due Diligence-Team mangels Verfügbarkeit von Informationen vor enorme Herausforderungen stellen. Selbst die Abschätzung der relativen Umsatzentwicklung der Wettbewerber kann schwierig und mit erheblichem Arbeitsaufwand verbunden sein. Ein häufiges Problem besteht darin, dass sich wichtige Wettbewerber in Privatbesitz befinden und ihre Finanzergebnisse nicht oder nur unvollständig veröffentlichen. Und selbst wenn Unternehmen Zahlen veröffentlichen, handelt es sich oft gerade nicht um »Pure Play«-Spieler, deren Leistungsangebot allein aus dem betrachteten Produkt oder der betrachteten Dienstleistung besteht. Insbesondere bei Konzernen sind die Finanzzahlen konsolidiert, so dass die relevanten Umsätze und Margen geschätzt werden müssen.

Neben dem Vergleich von Umsatzwachstum und Margen zählt die Analyse der Profitabilität des Umsatzwachstums des Zielunternehmens relativ zu seinen Konkurrenten zu den klassischen Problemstellungen der Commercial Due Diligence. Zu diesem Zweck wird das Umsatzwachstum im Betrachtungszeitraum dem Gewinnwachstum oder alternativ der Gewinnmarge gegenübergestellt. Auf diese Weise ergibt sich eine Matrix mit vier Feldern: profitables Wachstum, unprofitables Wachstum, unprofitable Schrumpfung und profitable Schrumpfung. In diese Matrix werden dann das Zielunternehmen und seine Wettbewerber eingeordnet (vgl. Abbildung 32).

Aufschlussreich ist oft auch die weitere Aufschlüsselung des Umsatzwachstums der Zielgesellschaft und ihrer Konkurrenten in die strategischen Wachstumskomponenten. Entsprechend der bereits früher diskutierten Analyse des Umsatzwachstums der Zielgesellschaft nach strategischen Treibern kann auch das Umsatzwachstum der Wettbewerber in die drei Bestandteile Wachstum durch Akquisitionen, Wachstum mit dem Markt und

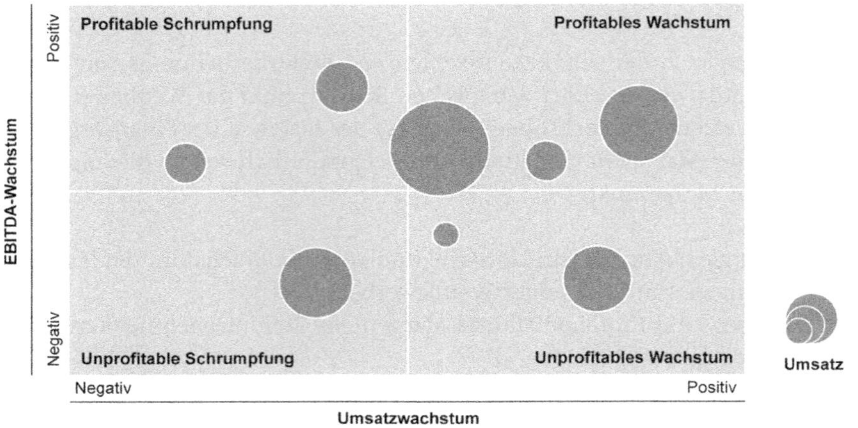

Abbildung 32: Illustrative Analyse der relativen Profitabilität des Umsatzwachstums
Quelle: Eigene Darstellung

Wachstum des Marktanteils aufgeteilt werden.[70] Die Wachstumszusammensetzung des Umsatzwachstums wird dann mit der seiner Wettbewerber verglichen (vgl. Abbildung 33).

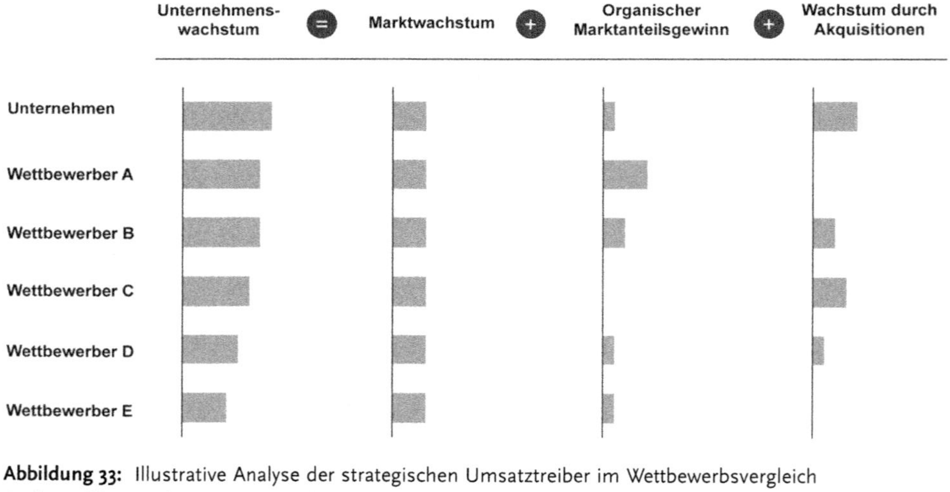

Abbildung 33: Illustrative Analyse der strategischen Umsatztreiber im Wettbewerbsvergleich
Quelle: Modifiziert nach Viguerie/Smit/Baghai (2008)

70 Vgl. Viguerie/Smit/Baghai (2008).

4.3 Analyse der Wettbewerbsvorteile

Die Analyse der Wettbewerbsvorteile des Zielunternehmens im Vergleich zu seinen Konkurrenten bildet den dritten Schwerpunkt der Wettbewerbsanalyse. Sie liefert die Begründung für die Unterschiede in den Finanzergebnissen der Wettbewerber, die im vorhergehenden Schritt identifiziert worden sind. Es sind drei Fragen zu beantworten:

- Welche Wettbewerbsvorteile und -nachteile hat das Zielunternehmen gegenüber seinen Wettbewerbern?
- Wie nachhaltig sind die Wettbewerbsvorteile der Zielgesellschaft?
- Wie gut nutzt das Zielunternehmen seine Wettbewerbsvorteile durch Preissetzung?

4.3.1 Konzept des Wettbewerbsvorteils

Ein Unternehmen besitzt einen nachhaltigen Wettbewerbsvorteil, wenn es dauerhaft eine höhere Kapitalrendite erzielt als seine Konkurrenten.[71]

Der Begriff der Kapitalrendite bezeichnet den durch das eingesetzte Eigen- und Fremdkapital erwirtschafteten Gewinn.[72] Als Gewinngröße wird häufig der Net Operating Profit After Tax (NOPAT) verwendet. NOPAT ist der bereits versteuerte operative Gewinn (EBIT), der an die Kapitalgeber ausgeschüttet werden kann. Der EBIT kann als Differenz zwischen den durchschnittlichen Stückpreisen und den durchschnittlichen Stückkosten multipliziert mit der Menge verstanden werden. Kapitalrendite definiert sich damit wie folgt:

$$\text{Kapitalrendite} = \frac{\text{NOPAT}}{\text{Investiertes Kapital}} = \frac{\text{EBIT (1 – Steueraufwand)}}{\text{Investiertes Kapital}}$$

$$= \frac{(\text{Stückpreis} - \text{Stückkosten}) \times \text{Menge}}{\text{Investiertes Kapital}} \times (1 - \text{Steueraufwand})$$

Neben der Kapitaleffizienz sind damit Stückpreise und Stückkosten die Haupttreiber von Wettbewerbsvorteilen. Die verkaufte Menge (Marktanteil)

71 Vgl. Grant (2005). Eine weitere Bedingung ist, dass die Kapitalrendite über den Kapitalkosten, die die Renditeerwartung des Marktes widerspiegeln, liegen muss. Nur dann wird Wert im ökonomischen Sinne geschaffen.

72 Zur hier dargestellten Definition der Kapitalrendite vgl. Koller/Goedhart/Wessels (2005).

ist aus Sicht des einzelnen Unternehmens – zumindest kurzfristig – keine Entscheidungsvariable, sondern eine Funktion des Stückpreises.[73]

Der Zusammenhang zur strategischen Analyse wird durch die folgenden Überlegungen deutlich.[74] Der durch den Verkauf einer Leistung geschaffene Gesamtwert kann als Differenz zwischen der Zahlungsbereitschaft des Käufers und den Opportunitätskosten der Lieferanten des Anbieters verstanden werden (vgl. Abbildung 34). Dabei bezeichnet die Zahlungsbereitschaft eines Käufers den maximalen Betrag, den dieser zu zahlen bereit ist, um das Produkt zu erwerben oder die Dienstleistung in Anspruch zu nehmen. Die Opportunitätskosten der Lieferanten sind der geringste Preis, zu dem diese ihre Rohmaterialien zur Herstellung des betreffenden Produktes zur Verfügung stellen. Es handelt sich um Opportunitätskosten, weil dieser Preis durch die beste verfügbare Alternative bestimmt wird, die dem Zulieferer offen steht, um seine Rohmaterialien anderweitig zu verkaufen. Der Gesamtwert der Transaktion teilt sich entsprechend der relativen Verhandlungsmacht auf Lieferanten, Anbieter und Käufer auf. Grundsätzlich ist jede Transaktionspartei bestrebt, einen möglichst großen Teil des Gesamtwertes auf sich zu vereinigen. Der für das Konzept des Wettbewerbsvorteils

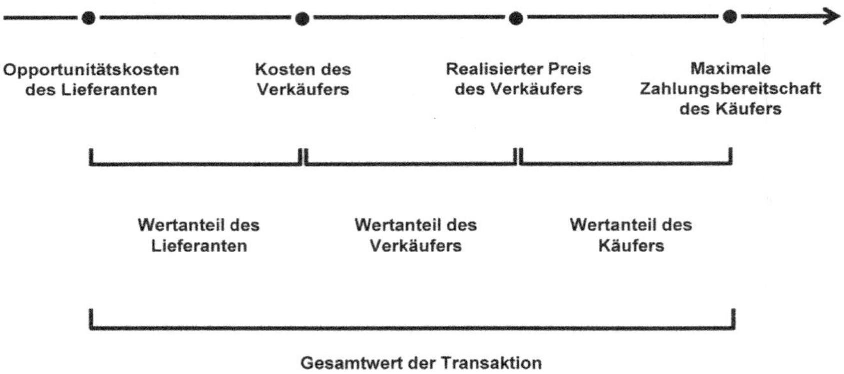

Abbildung 34: Wertkomponenten einer Transaktion zwischen Käufer und Verkäufer
Quelle: Modifiziert nach Ghemawat/Rivkin (2006)

73 Langfristig ist die Absatzmenge jedoch von Faktoren wie Marktgröße, Marktwachstum, Kundenverhalten und Wettbewerb abhängig und kann durch die Marktselektion eines Unternehmens beeinflusst werden.

74 Zu den nachfolgenden Ausführungen zum Wettbewerbsvorteilskonzept und den unterschiedlichen Arten von Wettbewerbsvorteilen vgl. Ghemawat/Rivkin (2006).

maßgebliche Teil des Gesamtwertes der Transaktion ist die Differenz zwischen der Zahlungsbereitschaft der Kunden und den Stückkosten. Ein Anbieter besitzt einen Wettbewerbsvorteil gegenüber seinen Konkurrenten, wenn er eine höhere Differenz zwischen der Zahlungsbereitschaft seiner Kunden und seinen Stückkosten erzielen kann als seine Wettbewerber. Der Anbieter eignet sich den durch die Transaktion geschaffenen Wert durch Preissetzung gegenüber den Kunden (und im Einkauf durch Preissetzung gegenüber seinen Lieferanten) an, indem er Preise setzt, die möglichst nah an der Zahlungsbereitschaft der Kunden liegen.

Damit existieren drei mögliche Gründe für die Existenz von Wettbewerbsvorteilen: niedrigere Stückkosten, ein höherer wahrgenommener Kundennutzen oder eine Kombination aus beiden Faktoren. Im ersten Fall hat der betreffende Anbieter einen Kostenvorteil und im zweiten Fall einen Differenzierungsvorteil gegenüber seinen Wettbewerbern. Nur wenige Anbieter besitzen sowohl einen Kosten- als auch einen Differenzierungsvorteil (vgl. Abbildung 35).

In der Praxis wird die Schaffung von Wettbewerbsvorteilen dadurch kompliziert, dass eine Erhöhung des Kundenutzens und infolgedessen der Zahlungsbereitschaft mit der Entstehung von Kosten verbunden ist. Umgekehrt kann eine Verbesserung der Kostenposition zu einer Verringerung der Zahlungsbereitschaft auf Kundenseite führen.

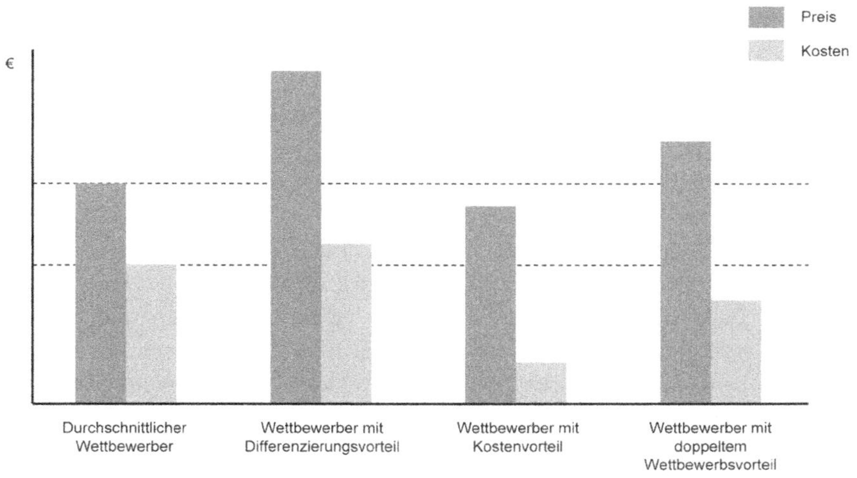

Abbildung 35: Arten von Wettbewerbsvorteilen
Quelle: Modifiziert nach Ghemawat/Rivkin (2006)

Kostenvorteile

In einigen Märkten stellen Kostenvorteile die maßgebliche Basis des Wettbewerbs dar. Beispielsweise sind Kunden bei reinen Commodities nicht bereit, Premiumpreise für die Leistungen der verschiedenen Anbieter zu zahlen. Entsprechend kann sich ein Kostenvorteil in zwei Formen niederschlagen. Zum einen kann das Unternehmen mit dem Kostenvorteil die gleichen Preise verlangen wie seine Wettbewerber, aber dennoch eine höhere operative Marge genießen. Zum anderen kann das Unternehmen mit dem Kostenvorteil bei vergleichbarer Marge niedrigere Preise als seine Wettbewerber verlangen und eine größere Menge absetzen.

Berücksichtigung der Opportunitätskosten bei der Identifikation von Kostenvorteilen

Neben der rein buchhalterischen Kostenbetrachtung kann es aus strategischer Sicht geboten sein, bei der Identifikation von Kostenvorteilen auch Opportunitätskosten zu berücksichtigen. Die zusätzliche Einbeziehung der Opportunitätskostenanalyse ist der Hauptunterschied zwischen dem Konzept der ökonomischen Kosten und dem der buchhalterischen Kosten. Das folgende Beispiel soll dies verdeutlichen:[75]

Angenommen, eine Erdölraffinerie hat exklusiven Zugang zu Rohöl für 10 US-Dollar pro Barrel. Demgegenüber müssen die Wettbewerber Rohöl für 20 US-Dollar pro Barrel auf dem offenen Markt erwerben. Obgleich es auf den ersten Blick so aussieht, als hätte die Erdölraffinerie einen Kostenvorteil gegenüber ihren Konkurrenten, ist dies nicht der Fall. Tatsächlich entstehen nämlich auch der Erdölraffinerie (ökonomische) Kosten in Höhe von 20 US-Dollar pro Barrel. Indem die Erdölraffinerie die Möglichkeit vergibt, ihr Öl auf dem offenen Markt für 20 US-Dollar pro Barrel zu verkaufen, fallen Opportunitätskosten in Höhe von 10 US-Dollar pro Barrel an, die zusätzlich zu berücksichtigen sind. Der Zugang zu billigem Rohöl verschafft der Erdölraffinerie keinen Kostenvorteil beim Raffinieren des Rohöls. Im Vergleich zu ihren Wettbewerbern erzielt sie ihre überdurchschnittliche Profitabilität allein aufgrund der Kontrolle einer wertvollen Ressource, des Eigentums an Land mit leicht zugänglichem Öl.

75 Zum nachfolgenden Beispiel und der anschließenden Diskussion vgl. Cool/Almeida Costa/Dierickx (2002).

Das Beispiel verdeutlicht, dass Fehler bei der korrekten Identifikation der Gründe für die Existenz von Kostenvorteilen zu mehreren Problemen führen können. So besteht eine Tendenz zu firmeneigener Verwendung, solange die Ressource, auf der der Kostenvorteil beruht, nicht eindeutig identifiziert wurde. Alternative Einsatzmöglichkeiten der Ressource werden nicht betrachtet und bleiben ungenutzt. Anstatt das billige Rohöl zu raffinieren, könnte die Erdölraffinerie im Beispiel das Öl auf dem offenen Markt verkaufen oder das betreffende Land an andere Raffinerien verpachten. Ein zweites Problem ist die versteckte Subventionierung unprofitabler Aktivitäten. Solange die Erdölraffinerie nicht versteht, dass ihr Wettbewerbsvorteil auf Zugang zu billigem Öl beruht, werden die Opportunitätskosten nicht korrekt erfasst. Dies führt dazu, dass die Profitabilität des eigentlichen Raffinierens fälschlicherweise zu hoch angesetzt wird. Dies kann ein irreführendes Signal für weitere Investitionen in Raffinierungsanlagen geben. Schließlich kann eine unzutreffende Identifizierung der Quelle von Kostenvorteilen eine unzureichende strategische Absicherung der erfolgskritischen Ressourcen zur Folge haben.

Differenzierungsvorteile

Ein Differenzierungsvorteil liegt vor, wenn ein Anbieter aufgrund des im Vergleich zu seinen Wettbewerbern höheren wahrgenommenen Nutzens seiner Leistung einen Premiumpreis bei seinen Kunden durchsetzen kann, der die Kosten der Differenzierung übersteigt.

Jedem Unternehmen stehen Möglichkeiten zur Differenzierung des Leistungsangebotes offen. Selbst das Angebot von Commodity-Produkten kann im Regelfall auf eine Art und Weise differenziert werden, die zusätzlichen Kundennutzen schafft. Differenzierung beschränkt sich nämlich nicht allein darauf, andere physische Produktmerkmale anzubieten. Es geht vielmehr darum, jede mögliche Interaktion zwischen dem Anbieter und seinen Kunden zu verstehen und diese Interaktionen so zu verändern, das diese einen zusätzlichen Kundennutzen schaffen.[76] Strategische Differenzierung geht damit über eine reine Produktdifferenzierung hinaus und adressiert die Gesamtheit der Beziehungen eines Unternehmens zu seinen Kunden.

76 Vgl. Grant (2005).

Neben direkten Kosten der Differenzierung sind auch deren indirekte Kosten zu berücksichtigen. Führt die Differenzierung beispielsweise zu einer Verkleinerung des adressierten Marktes, verringert sich auch das Potenzial zur Erzielung von Skaleneffekten. Wird das Produktprogramm aufgrund der Differenzierung verkleinert, kann es zu Einschränkungen bei der Erzielung von Verbundeffekten kommen. Sofern die Differenzierung die kontinuierliche Weiterentwicklung von Produkten erfordert, beraubt man sich der Möglichkeiten, Erfahrungskurveneffekte zu realisieren.

Mengeneffekte von Preisänderungen

Die von einem Unternehmen abgesetzte Menge ist grundsätzlich vom gewählten Preispunkt abhängig. Bei einer Preiserhöhung infolge von Differenzierung muss daher auch deren Mengeneffekt berücksichtigt werden. Wenn also ein Unternehmen den Preis eines Produktes erhöht, verbessert es zwar die operative Marge des Produktes, reduziert aber zugleich auch den Umsatz, da die abgesetzte Menge sinkt. Dabei hängt das Ausmaß der durch die Preiserhöhung induzierten Mengenreduktion von der Preiselastizität der Nachfrage für das betreffende Produkt und der Wettbewerbsintensität des Produktmarktes ab. Entsprechende Überlegungen gelten für Preissenkungen bei Existenz von Kostenvorteilen.

Insofern stehen einem Unternehmen zwei grundsätzliche Strategien offen: Das Unternehmen kann eine Volumenstrategie verfolgen, seine Preise reduzieren und hoffen, dass der Anstieg der abgesetzten Menge die Preisreduktion überkompensiert. Damit diese Strategie erfolgreich ist, benötigt das Unternehmen einen klaren Kostenvorteil gegenüber seinen Wettbewerbern, um eine Preisspirale nach unten zu vermeiden, die letztlich alle Unternehmen in dem betreffenden Produktmarkt schlechter stellt. Alternativ kann das Unternehmen eine Preisstrategie verfolgen, die Preise erhöhen und hoffen, dass der Volumeneffekt kleiner sein wird.

Die Analyse der Mengeneffekte von Preisänderungen ist sehr anspruchsvoll, da in einem dynamischen Marktumfeld insbesondere auch die Reaktion der Wettbewerber berücksichtigt werden muss.

Wettbewerbsvorteilsperiode

Das Konzept der Wettbewerbsvorteilsperiode[77] bezieht sich auf die Nachhaltigkeit von Wettbewerbsvorteilen. Ein einmal bestehender Wettbewerbsvorteil ist der Erosion durch die Imitations- und Substitutionsanstrengungen der Konkurrenten ausgesetzt. Infolge des dadurch verursachten Wettbewerbsdrucks konvergiert die Kapitalrendite in Richtung der Kapitalkosten.[78] Als Wettbewerbsvorteilsperiode wird derjenige Zeitraum bezeichnet, den Wettbewerber benötigen, um die Kapitalrendite den Kapitalkosten anzugleichen.[79] Anders ausgedrückt handelt es sich um den Zeitraum, in dem das betreffende Unternehmen eine Kapitalrendite über den Kapitalkosten (Überrendite) erwirtschaftet (vgl. Abbildung 36). [80]

77 Vgl. Mauboussin/Johnson (1997). Rappaport (1998) spricht von »value growth duration«.

78 Die Konvergenz des ROIC in Richtung Kapitalkosten ist in zahlreichen Untersuchungen empirisch belegt. Siehe dazu beispielsweise Mueller (1986), Ghemawat (1991) und Koller/Goedhart/Wessels (2005). In diesem Zusammenhang ist zudem wichtig, dass die maßgebliche Größe die Kapitalrendite auf Neuinvestitionen ist, nicht die auf das insgesamt investier-
te Kapital (Alt- und Neuinvestitionen).

79 Vgl. Mauboussin/Johnson (1997).

80 Der theoretische Punkt, an dem die Kapitalrendite den Kapitalkosten entspricht, wird in der Mikroökonomie als perfekter Wettbewerb bezeichnet. Unter den Bedingungen perfekten Wettbewerbs ist kein Marktteilnehmer in der Lage, Kapitalrenditen über den Kapitalkosten (Überrenditen) zu erwirtschaften. Angenommen in einem solchen Markt würden ein oder mehrere Unternehmen Überrenditen erwirtschaften. Aufgrund des unter den Bedingungen perfekten Wettbewerbs bestehenden kostenlosen Markteintritts hätte dies sofort den Markteintritt weiterer Anbieter zur Folge. Durch das Angebot eines identischen Produktes zu niedrigeren Preisen würden diese sofort Kunden gewinnen, die ja vollständig über die Preise der Anbieter informiert sind. Die Preise im Markt und damit die Renditen der Marktteilnehmer würden solange sinken, bis die potenziellen Anbieter außerhalb des Marktes keinen Anreiz mehr haben, in diesen einzutreten. Dieser Punkt ist genau dann erreicht, wenn die Kapitalrendite der Markteilnehmer ihren Kapitalkosten entspricht. Da der perfekte Wettbewerb identische Anbieter postuliert, haben alle Wettbewerber die gleichen Kapitalkosten. Verdienen die Markteilnehmer im umgekehrten Fall eine Kapitalrendite unterhalb der Kapitalkosten, werden die Wettbewerber aufgrund der Annahme des kostenlosen Marktaustritts keine Verluste in Kauf nehmen, sondern den Markt augenblicklich verlassen. Dies führt dazu, dass die Preise solange steigen bis die Kapitalrendite wiederum den Kapitalkosten entspricht. Überrenditen sind folglich nur bei Imperfektionen des Wettbewerbs möglich. Die Existenz von Wettbewerbsvorteilen ist damit an das Vorliegen von Fällen des Marktversagens geknüpft. Je stärker die Abweichung von den Bedingungen des perfekten Wettbewerbs ist, desto höher liegt die Kapitalrendite über den Kapitalkosten.

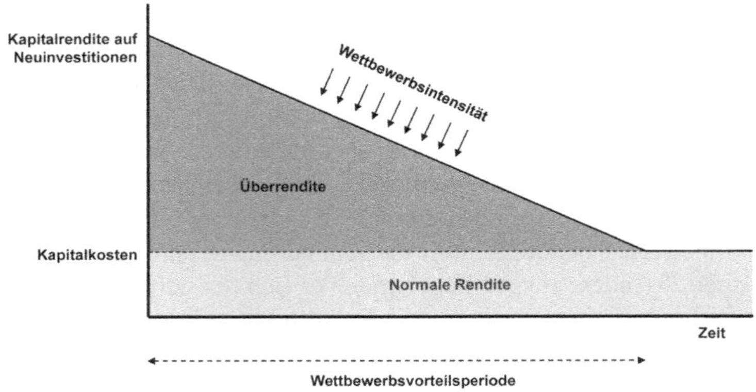

Abbildung 36: Wettbewerbsvorteilsperiode
Quelle: Modifiziert nach Mauboussin/Johnson (1997)

Die Länge der Wettbewerbsvorteilsperiode und damit die Nachhaltigkeit des Wettbewerbsvorteils werden neben der Intensität des Wettbewerbs in einem Markt durch die Höhe der Wettbewerbsbarrieren bestimmt. Wettbewerbsvorteile sind umso nachhaltiger, je höher die Wettbewerbsbarrieren sind, die sie schützen. Wettbewerbsbarrieren können auf zwei Ebenen bestehen. Auf Marktebene haben Wettbewerbsbarrieren die Gestalt von Markteintrittsbarrieren. Diese schützen die bereits im Markt etablierten Unternehmen vor dem Eintritt potenzieller Wettbewerber und sichern so die durchschnittliche Profitabilität des Marktes. Auf der Unternehmensebene schützen Isolierungsmechanismen ein Unternehmen vor der Imitation seines Wettbewerbsvorteils durch die bereits im Markt etablierten Wettbewerber. Isolierungsmeachanismen sichern damit die relative Profitabilität eines Unternehmens im Vergleich zu den anderen Marktteilnehmern.[81]

In diesem Zusammenhang sollte jedoch auch berücksichtigt werden, dass die Imitation oder die Substitution von Wettbewerbsvorteilen selbst in Abwesenheit von Wettbewerbsbarrieren eine gewisse Reaktionszeit der Wettbewerber erfordert. Die Dauer dieser Reaktionszeit ergibt sich aus der Summe der Zeit, die der Wettbewerber benötigt, um den Wettbewerbsvorteil zu identifizieren (Beobachtungszeitraum) und anschließend zu imitieren (Implementierungszeitraum).[82] Ein Unternehmen mit einem Wettbewerbsvorteil genießt damit zumindest für diesen Reaktionszeitraum eine Alleinstellung.

81 Das Konzept des Isolierungsmechanismus geht auf Rumelt (1984) zurück.

82 Vgl. Ghemawat/Pisano (1997).

4.3.2 Identifikation von Wettbewerbsvorteilen

Um die Wettbewerbsvorteile und -nachteile der Zielgesellschaft zu identifizieren, sind drei Schritte erforderlich: die Analyse des internen Wertschöpfungsprozesses, die Analyse der relativen Kosten und die Analyse der relativen Zahlungsbereitschaft.[83]

Schritt 1: Analyse des internen Wertschöpfungsprozesses

Zur Identifikation von Kosten- und Differenzierungsvorteilen muss ein Unternehmen zunächst in die einzelnen Aktivitäten seines internen Wertschöpfungsprozesses heruntergebrochen werden. Es sind diese Wertschöpfungsaktivitäten, die Kosten verursachen und die Zahlungsbereitschaft der Kunden bestimmen. Ein Unternehmen kann einen Wettbewerbsvorteil gegenüber seinen Konkurrenten erlangen, indem es entweder seinen internen Wertschöpfungsprozess anders konfiguriert als seine Wettbewerber oder indem es seinen internen Wertschöpfungsprozess genauso organisiert wie seine Konkurrenten, die einzelnen Wertschöpfungsaktivitäten aber effizienter ausführt.[84]

Schritt 2: Analyse der Kostenvorteile

Ein Unternehmen besitzt einen Kostenvorteil, wenn seine Stückkosten geringer sind als die seiner Wettbewerber. Zur Identifizierung eines Kostenvorteils müssen die Kosten des Zielunternehmens relativ zu denen seiner Wettbewerber analysiert werden. Ausgangspunkt der Analyse ist die Kostenstruktur des Zielunternehmens auf der Grundlage der zur Verfügung stehenden Finanzdaten. Diese wird dann mit den Kostenstrukturen der Hauptwettbewerber oder der Kostenstruktur eines hypothetischen durchschnittlichen Wettbewerbers verglichen (vgl. Abbildung 37).

Bei der relativen Kostenanalyse sind folgende Punkte zu beachten:[85]

- Maßgeblich für die Analyse von Wettbewerbsvorteilen sind Stückkosten, die einen Vergleich der Kostenpositionen unabhängig von Produktmixeffekten erlauben. Bei der Bestimmung der Stückkosten sollte beachtet werden, dass sich Buchhaltungssysteme in der Regel auf Herstellkosten

83 Zu dem im Folgenden dargestellten dreistufigen Prozess vgl. Ghemawat/Rivkin (2006).

84 Vgl. Porter (1985).

85 Zu den nachfolgenden Aufzählungen vgl. Ghemawat/Rivkin (2006).

fokussieren und infolgedessen Unschärfen bei der Zuweisung von Overhead- und anderen indirekten Kosten mit sich bringen.

- Bei der Durchführung der relativen Kostenanalyse ist es wichtig, die Unterschiede der einzelnen Kostenpositionen zu vergleichen, nicht allein die Unterschiede der Gesamtkosten. Zwei Unternehmen können ähnliche Gesamtkosten haben, aber unterschiedliche Kostenstrukturen, die unterschiedliche Wettbewerbsvorteile reflektieren.
- Die Analyse der Kostenstruktur des Zielunternehmens und seiner Wettbewerber sollte entlang der Aktivitäten des Wertschöpfungsprozesses erfolgen. In der Regel hat jede Wertschöpfungsaktivität eine unterschiedliche Kostenstruktur.
- Eine effektive Kostenanalyse schenkt solchen Kostenpositionen die größte Aufmerksamkeit, die für signifikante Unterschiede zwischen Wettbewerbern verantwortlich sind oder groß genug sind, um die Gesamtkosten maßgeblich zu beeinflussen.
- Die zu vergleichenden Kostenpositionen sollten um Einmaleffekte bereinigt (normalisiert) werden.
- Da sich die Analyse von relativen Kosten zwangsläufig auf eine große Anzahl von Annahmen stützt, ist die Durchführung von Sensitivitätsanalysen unbedingt erforderlich. Auf diesem Weg lassen sich die wirklich wesentlichen Annahmen identifizieren.

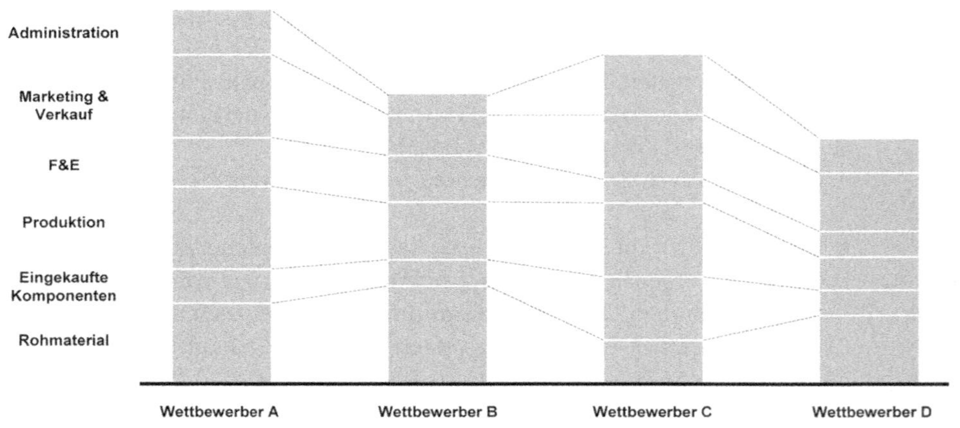

Abbildung 37: Illustrative Analyse der relativen Stückkosten
Quelle: Eigene Darstellung

In der Praxis ist die Identifizierung von Kostenvorteilen häufig schwierig, da die Finanzdaten der Wettbewerber nicht transparent sind. Für die Zwecke der Commercial Due Diligence muss daher in vielen Fällen der pragmatische Ansatz eines Scoring Modells auf der Grundlage von Kostentreibern gewählt werden.[86] Erst die Identifikation der Kostentreiber ermöglicht in vielen Fällen, die Kostenpositionen der Wettbewerber abzuschätzen. In der Regel kann man die Kosten der Wettbewerber nicht direkt beobachten, wohl aber die Kostentreiber.[87] Je nach Fragestellung können bis zu fünf Analyseschritte durchgeführt werden:[88]

- Im ersten Schritt sind die relevanten Kostentreiber für jede der identifizierten Wertschöpfungsaktivitäten herauszuarbeiten. Jede Wertschöpfungsaktivität wird dabei in der Regel von unterschiedlichen Kostentreibern beeinflusst.
- Danach ist im zweiten Schritt die relative Wichtigkeit der unterschiedlichen Kostentreiber in Bezug auf die Gesamtkosten zu bestimmen. Dies kann anhand einer Punkte-Skala erfolgen. Die nachfolgende Analyse sollte das größte Gewicht bei den wichtigen Kostentreibern legen.
- Der dritte Schritt sieht vor, die relative Kostenposition des Zielunternehmens im Vergleich zu seinen Wettbewerbern zu bewerten und die Gründe für etwaige Unterschiede zu identifizieren. Zu diesem Zweck werden das Zielunternehmen und seine Wettbewerber in Bezug auf jeden Kostentreiber erneut mit Hilfe einer Punkte-Skala bewertet. Danach wird für jeden Kostentreiber die Kostenposition des Zielunternehmens mit der des stärksten Wettbewerbers – oder alternativ eines hypothetischen durchschnittlichen Wettbewerbers – verglichen.
- Im vierten Schritt sollten die Vor- und Nachteile in Bezug auf die einzelnen Kostentreiber, so wie sie in der Kostenvorteilmatrix abgebildet sind, für das Zielunternehmen und seine Wettbewerber zu einem einzigen Kosten-Score verdichtet werden. Durch Multiplikation der Wichtigkeit des Kostentreibers mit dem Erfüllungsgrad ergibt sich eine Gesamtpunktzahl pro Kostenreiber. Die Addition der Punkte aller Kostentreiber ergibt die Kostenposition des Unternehmens. Je niedriger die Gesamtpunktzahl ist, desto besser ist die Kostenposition einzuschätzen.
- Es bietet sich an, aus dem Wettbewerbsvergleich im letzten Schritt die Potenziale des Zielunternehmens für Kostenreduktionen abzuleiten.

86 Vgl. Dranove/Marciano (2005).
87 Vgl. Ghemawat/Rivkin (2006).
88 Zu den nachfolgend dargestellten Analyseschritten vgl. Dranove/Marciano (2005).

Kostentreiber

Die wichtigsten Kostentreiber lassen sich in fünf Kategorien unterteilen:

- *Skaleneffekte:* Von Skaleneffekten (Economies of Scale) spricht man, wenn eine steigende Ausbringungsmenge in einem Geschäftsfeld zu einer Degression der Stückkosten führt. Skaleneffekte entstehen immer dann, wenn die zugrundeliegende Kostenstruktur durch eine Kombination aus hohen Fixkosten und konstanten variablen Grenzkosten gekennzeichnet ist. Mit zunehmendem Wachstum des Unternehmens bleiben die variablen Stückosten konstant, während sich die Fixkosten über die größere Stückzahl verteilen (Fixkostendegression). Infolgedessen sinken die durchschnittlichen Stückkosten. Skaleneffekte sind nicht auf die Produktionsstufe des Wertschöpfungsprozesses begrenzt. Es ist allein maßgeblich, dass ein großer Fixkostenblock über eine größere Menge infolge von Wachstum verteilt werden kann.
- *Verbundeffekte:* Während Skaleneffekte die Folge von Größe in einem Geschäftsfeld sind, entstehen Verbundvorteile (Economies of Scope) aufgrund von Größe in verwandten Geschäftsfeldern. Indem Produkte gemeinsam statt getrennt hergestellt werden, kommt es zu Stückkostendegressionen. Beispiele sind die Herstellung von unterschiedlichen Produkten auf einheitlichen Produktionsplattformen oder die gemeinsame Nutzung von Zentralfunktionen. In beiden Fällen ist es wiederum möglich, die entsprechenden Fixkosten über eine größere Ausbringungsmenge zu verteilen.
- *Erfahrungseffekte*: Skalen- und Verbundeffekte entstehen aufgrund von Größe zu einem Zeitpunkt. Demgegenüber ergeben sich Erfahrungseffekte aufgrund von »kumulativer Größe« über einen Zeitraum. Mit steigender Ausbringungsmenge in diesem Zeitraum kommt es infolge der gesammelten Erfahrung zu einer Reduzierung der langfristigen Durchschnittskosten. Dies sollte wiederum nicht mit Skalen- und Verbundeffekten verwechselt werden, die die kurzfristigen durchschnittlichen Kosten betreffen.
- *Inputkosten:* Unterschiedliche Kosten für vergleichbare Vorprodukte können ein wichtiger Grund für Kostenvorteile sein. Typische Quellen für niedrigere Inputkosten sind:
  - *Geografische Unterschiede:* Die (Einkaufs-)Preise für Inputs können je nach geografischer Lage unterschiedlich sein. Das wichtigste Beispiel sind Länder mit unterschiedlich hohen Arbeitskosten.

- *Eigentum oder privilegierter Zugang zu einer Niedrigkosten-Lieferquelle:* In materialintensiven Branchen kann das Eigentum oder der privilegierte Zugang zu solchen Inputs einen wesentlichen Kostenvorteil bedeuten.
- *Verhandlungsmacht:* Bei Inputs, die aus Sicht des weiterverarbeitenden Unternehmens eine wesentliche Kostenposition darstellen, können Kostenvorteile aufgrund von Preisnachlässen bei großen Beschaffungsmengen entstehen.

• *Operative Effizienz:* Ein Unternehmen kann einen Kostenvorteil haben, weil es in den im Einzelfall maßgeblichen operativen Prozessen – Forschung & Entwicklung, Einkauf, Produktion, Logistik, Vertrieb, Service – Prozesseffizienzen realisiert, die seine Wettbewerber nicht erzielen. Mit anderen Worten verwendet das betreffende Unternehmen weniger Rohmaterial und Vorprodukte, um die gleiche Menge eines Produktes mit vergleichbarer Qualität zu erzielen. Dieser Effekt ist oft nur schwer von der Erfahrungskurve zu trennen, da die Realisierung von kontinuierlicher Verbesserung durch Lernen auch ein Kernkonzept von operativer Effizienz darstellt.

Schritt 3: Analyse der Differenzierungsvorteile

Ein Unternehmen besitzt einen Differenzierungsvorteil, wenn das von ihm angebotene Produkt bei den möglichen Käufern eine höhere Zahlungsbereitschaft hervorruft als die Konkurrenzprodukte. Die Zahlungsbereitschaft der Kunden hängt dabei von den wahrgenommenen Leistungsmerkmalen der betreffenden Produkte ab. Diese Produktmerkmale stellen die Basis dar, auf der sich ein Unternehmen von seinen Wettbewerbern differenzieren kann.

Im Unterschied zu Kostenvorteilen, die – zumindest im Prinzip – aus den Finanzdaten eines Unternehmens abgeleitet werden können, ist die Abschätzung der Zahlungsbereitschaft der Kunden auf der Grundlage des wahrgenommenen Nutzens von Produktmerkmalen weitaus schwieriger. Erschwerend kommt hinzu, dass der realisierbare Preis nicht nur von der Zahlungsbereitschaft der Kunden abhängt, sondern auch davon, wie das Angebot der Wettbewerber in Bezug auf verschiedene Produktmerkmale positioniert ist.

Die Zahlungsbereitschaft von Käufern kann grundsätzlich mit Hilfe von Methoden wie der hedonischen Preisanalyse oder der Conjoint-Analyse ermittelt werden. Für die Praxis der Commercial Due Diligence haben sich diese Verfahren jedoch als nicht praktikabel erwiesen. Ein pragmatischer Ansatz zur Analyse von Differenzierungsvorteilen des Zielunternehmens, der die Zahlungsbereitschaft der Kunden für einzelne Produktmerkmale mit der Positionierung der Wettbewerbs verbindet, ist die Erstellung einer Wettbewerbsvorteilsmatrix.[89] In der Matrix werden die Kundenanforderungen und die wahrgenommene relative Leistung des Zielunternehmens in Bezug auf die Kundenanforderungen zusammengefasst (vgl. Abbildung 38). Der Ansatz kann durch eine Segmentierung der Kunden in Kundengruppen erheblich verfeinert werden. Die Wettbewerbsvorteilsmatrix wird in der Regel auf der Grundlage von Interviews mit Kunden und potenziellen Kunden erstellt. Dazu müssen zunächst die relevanten Kaufentscheidungskriterien sowie deren Wichtigkeit aus Kundensicht ermittelt werden. In den Interviews werden die Befragten gebeten, die relevanten Kaufentscheidungskriterien zu benennen und auf einer Punkte-Skala einzuordnen. Im Anschluss wird die Leistung des Zielunternehmens relativ zu seinen Hauptwettbewerbern abgefragt. Als Maßstab dafür, wie gut die einzelnen Spieler die Kundenanforderungen erfüllen, kann wiederum eine Punkte-Skala verwendet werden. Die Wichtigkeit eines Kundenentscheidungskriteriums und relative Leistung des Zielunternehmens in Bezug auf dieses Entscheidungskriterium werden anschließend in Form der Wettbewerbsvorteilsmatrix kombiniert. Dabei wird die Leistung des Zielunternehmens je nach beabsichtigter Aussage entweder relativ zum stärksten Wettbewerber oder zum durchschnittlichen Wettbewerber definiert.

Die Diagonale der Wettbewerbsvorteilsmatrix wird auch als Konsistenzbereich bezeichnet. Der Konsistenzbereich bildet den idealtypischen Zusammenhang zwischen der Wichtigkeit der Einkaufskriterien und der relativen Leistungserfüllung ab. Einkaufskriterien mit hoher Wichtigkeit für den Kunden sollte ein Unternehmen nach Möglichkeit besser erfüllen als der Wettbewerber. Mit anderen Worten sollte das Unternehmen hier einen Wettbewerbsvorteil innehaben. Bei für die Kunden unwichtigen Kriterien kann ein Wettbewerbsnachteil hingenommen werden.

Entsprechend dieser Logik beschreibt der rechte obere Quadrant der Wettbewerbsvorteilsmatrix diejenigen Leistungsmerkmale, die aus Sicht des Kunden sehr wichtig sind und bei denen das Zielunternehmen die Kundenanforderungen besser erfüllt als der stärkste Wettbewerber. Das Unterneh-

89 Zu den nachfolgenden Ausführungen zur Wettbewerbsvorteilsmatrix vgl. Simon/von der Gathen (2010).

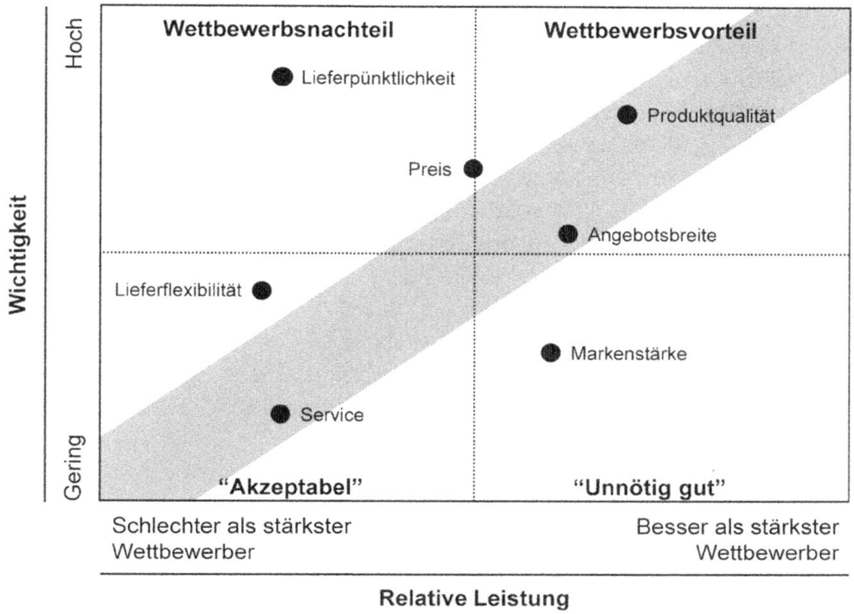

Abbildung 38: Illustrative Wettbewerbsvorteilsmatrix
Quelle: Modifiziert nach Simon/von der Gathen (2010)

men besitzt in Bezug auf diese Kundenkriterien einen Wettbewerbsvorteil, den es entwickeln und verteidigen sollte. Demgegenüber sind die Wettbewerbsnachteile des Zielunternehmens im linken oberen Quadranten der Matrix zu finden. Auch hierbei handelt es sich um sehr wichtige Kundenanforderungen, die das Zielunternehmen allerdings schlechter erfüllt als der Wettbewerb. In den Ausbau der entsprechenden Leistungsmerkmale sollte investiert werden. Die dafür notwendigen Ressourcen können oft durch die Verringerung der Leistungserfüllung im Hinblick auf die Kriterien im Quadranten rechts unten generiert werden. Hier erfüllt das Zielunternehmen die Kundenanforderungen besser als der Wettbewerb. Die relevanten Kriterien sind jedoch für die Kaufentscheidung der Kunden von nur von untergeordneter Bedeutung. Die Leistung des Zielunternehmens ist damit unnötig gut und sollte herabgesetzt werden. Schließlich befinden sich im linken unteren Quadranten der Wettbewerbsvorteilsmatrix Leistungsmerkmale, die vom Wettbewerb besser bedient werden. Da diese Kriterien jedoch für die Kunden nicht wichtig sind, ist eine Schlechtererfüllung dieser Merkmale im Vergleich zum Wettbewerb akzeptabel.

4.3.3 Nachhaltigkeit von Wettbewerbsvorteilen

Von der Existenz der Wettbewerbsvorteile ist die Frage ihrer Nachhaltigkeit zu trennen. Wie bereits ausgeführt wurde, wird die Geschwindigkeit, mit der Wettbewerbsvorteile im Wettbewerbsprozess erodieren, durch die Intensität des Wettbewerbs in einem Markt und die Höhe der Wettbewerbsbarrieren in Form von Markteintrittsschranken und Isolierungsmechanismen bestimmt.[90] Mit Blick auf die Isolierungsmechanismen kann zwischen Imitationsbarrieren und Zeitvorteilen unterschieden werden.[91]

Imitationsbarrieren

Imitationsbarrieren liegen zunächst dann vor, wenn die Wettbewerber entweder den Grund für den Wettbewerbsvorteil des Zielunternehmens nicht identifizieren oder den Entstehungsprozess des Wettbewerbsvorteils nicht kopieren können. Wichtige Fallgruppen sind:[92]

- *Ursächliche Unbestimmtheit:* Ursächliche Unbestimmtheit liegt vor, wenn es für die Wettbewerber schwierig ist, die dem Wettbewerbsvorteil zugrunde liegenden Gründe genau zu identifizieren. Ursächliche Unbestimmtheit ist eine Folge von Komplexität und Spezifizität unternehmensinterner Ressourcen.
- *Soziale Komplexität:* Wettbewerbsvorteile können aufgrund von sozialer Komplexität nachhaltig sein. Zum Beispiel ist die Kultur eines Unternehmens die Konsequenz der Summe aller Interaktionen seiner Mitarbeiter und als solche kaum systematisch zu managen.
- *Wegabhängigkeit:* Schließlich können Wettbewerbsvorteile »wegabhängig«, d. h. aufgrund von besonderen historischen Einflussfaktoren entstanden und aus diesem Grund nur schwer kopierbar sein. Die gleichen Umstände, die historisch zur Entstehung der Wettbewerbsvorteile geführt haben, dürfen gegenwärtig nicht mehr gegeben sein.

Aber auch dann, wenn den Wettbewerbern der Grund für den Wettbewerbsvorteil des Zielunternehmens bekannt und dieser auch grundsätzlich kopierbar ist, können Imitationsbarrieren bestehen. Dies ist dann der Fall, wenn die Wettbewerber keinen Anreiz zur Imitation des Wettbewerbsvorteils haben, weil es für sie unprofitabel wäre. Die wichtigste Fallgruppe sind

90 Siehe dazu Kapitel 4.3.1.
91 Vgl. Besanko et al. (2004) und Dranove/Marciano (2005).
92 Zu den nachfolgenden Fallgruppen vgl. Besanko et al. (2004).

Skaleneffekte, die kleineren Wettbewerbern den ökonomischen Anreiz nehmen, zu wachsen und so den Kostenvorteil des Marktführers zu kopieren, wenn die mindestoptimale Betriebsgröße einen Großteil der Nachfrage ausmacht und der Marktführer sich bereits einen großen Marktanteil erarbeitet hat.[93] Das folgende Beispiel soll dies verdeutlichen (vgl. Abbildung 39):[94]

Zwei Unternehmen, ein großer und ein kleiner Hersteller, produzieren ein homogenes Produkt. Beide Anbieter weisen die gleiche langfristige Durchschnittskostenkurve auf, deren Verlauf durch die Existenz von Skaleneffekten gekennzeichnet ist. Die langfristigen Durchschnittskosten sinken bis zu einer mindestoptimalen Betriebsgröße von 8.000 Stück pro Jahr. Der große Hersteller hat eine installierte Kapazität von 10.000 Stück pro Jahr, während der kleine Hersteller 2.000 Stück pro Jahr produzieren kann. Das Produktionsvolumen des großen Herstellers liegt also über der mindestoptimalen Betriebsgröße, während das des kleinen Herstellers darunter liegt. Aufgrund der größeren Skaleneffekte genießt der große Hersteller einen Kostenvorteil gegenüber seinem kleineren Wettbewerber. Gleichwohl sind beide Unternehmen profitabel. Produzieren nämlich beide Unternehmen unter Vollauslastung ihrer Kapazitäten, liegt der Marktpreis bei 20 Euro pro Stück und damit über den Durchschnittskosten des kleinen Herstellers. Angenommen der kleine Hersteller entscheidet sich nun, in zusätzliche Kapazitäten zu investieren und sein Produktionsvolumen bis zur mindestoptimalen Betriebsgröße zu erhöhen, um seine Durchschnittskosten zu senken. Wenn das kleine Unternehmen seine Kapazität auf 8.000 Stück erhöht und beide Hersteller unter Vollauslastung produzieren, fällt der Marktpreis auf 8,50 Euro pro Stück. Da der neue Marktpreis unter dem Minimum der langfristigen Durchschnittskostenkurve von 10 Euro pro Stück liegt, ist der kleine Hersteller nicht mehr in der Lage, eine angemessene Rendite auf seine Investition in die zusätzliche Kapazität zu erwirtschaften. Mit anderen Worten fehlt dem kleinen Anbieter damit der ökonomische Anreiz, die Kostenposition des großen Herstellers zu kopieren.

Die Nachhaltigkeit eines auf Skaleneffekten beruhenden Kostenvorteils verringert sich mit zunehmendem Marktwachstum.[95] Der Kostenvorteil entsteht angesichts der Existenz eines hohen Fixkostenanteils im Verhältnis

93 Vgl. Besanko et al. (2004) und Cool/Almeida Costa/Dierickx (2002).

94 Das nachfolgende Beispiel wurde Cool/Almeida Costa/Dierickx (2002) entnommen.

95 Zu den Ausführungen zum Verhältnis von Skaleneffekten und Marktwachstum vgl. Greenwald/Kahn (2005a).

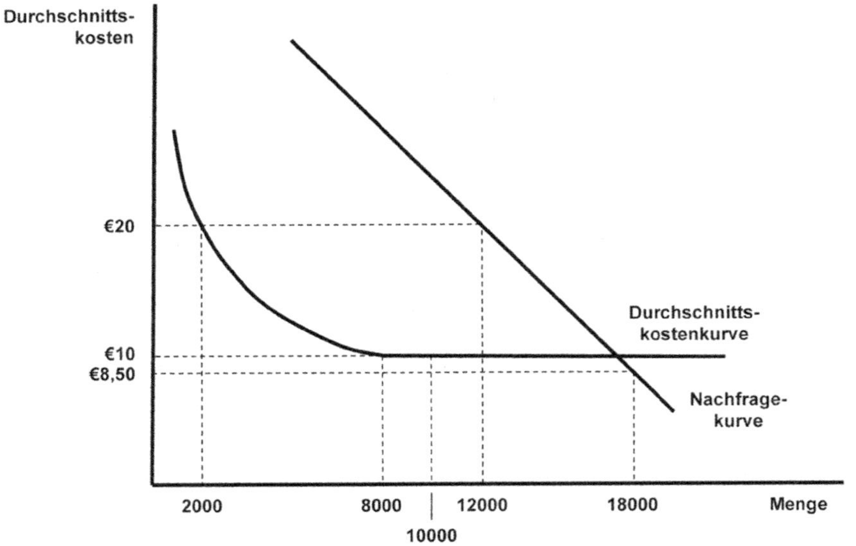

Abbildung 39: Nachhaltigkeit von Wettbewerbsvorteilen durch Skaleneffekte
Quelle: Modifiziert nach Cool et al. (2002)

zu den variablen Kosten. Mit wachsendem Markt bleiben die Fixkosten per Definition konstant. Die variablen Kosten steigen demgegenüber mindestens im gleichen Ausmaß wie der Markt wächst. Das Ergebnis ist, dass der Fixkostenanteil im Verhältnis zu den Gesamtkosten abnimmt.

Zeitvorteile

Zeitvorteile können absolut oder relativ sein. Bei Vorliegen eines absoluten Zeitvorteils können die Konkurrenten den Wettbewerbsvorteil eines Unternehmens nicht kopieren, weil es eine Wettbewerbsposition bereits besetzt hat und infolgedessen Exklusivität genießt. Dies ist zum Beispiel bei privilegierten Retailstandorten der Fall. Daneben kann Exklusivität rechtlicher Natur sein. Patente, Urheberrechte oder Lizenzen verhindern, dass die Position ihres Inhabers kopiert werden kann. Gleiches gilt für langfristige Verträge mit Zulieferern oder Kunden. In dem Maße, wie ein Unternehmen einen solchen Vertrag zu günstigen Konditionen abschließt, die seinen Wettbewerbern zu einem späteren Zeitpunkt nicht mehr offenstehen, kann er einen absoluten Zeitvorteil begründen.

Demgegenüber besteht ein relativer Zeitvorteil, wenn sich zu dem Zeitpunkt, zu dem die Wettbewerber den gegenwärtigen Wettbewerbsvorteil des

Zielunternehmens kopiert haben, dessen Wettbewerbsposition schon weiter verbessert hat.[96] Wichtige Fallgruppen sind Reputations- und Netzwerkeffekte:

- *Reputationseffekte beim Kauf von Such- und Vertrauensgütern:* Reputation kann in der Regel nur dann entstehen, wenn viele kleine Investitionen über lange Zeiträume getätigt werden. Die Schaffung einer hohen Reputation ist ein schwieriger, langfristiger und teurer Prozess, der nicht abgekürzt werden kann. Spätankömmlinge, die den Wettbewerbsvorteil des betreffenden Unternehmens in kürzerer Zeit imitieren wollen, müssten Mehrinvestitionen in erheblichem Umfang leisten, um dieses Ziel zu erreichen. Im Unterschied zu Erfahrungsgütern ist die Reputation eines Unternehmens ein maßgeblicher Entscheidungsfaktor beim Kauf von Suchgütern oder Vertrauensgütern. Suchgüter, beispielsweise langlebige Konsumgüter, werden von einzelnen Kunden selten gekauft und sind relativ teuer. Für den Konsumenten lohnt es sich daher, vor der Kaufentscheidung Informationen über das betreffende Produkt einzuholen. Die Informationskosten sind bei Suchgütern niedriger als die Kosten eines Experiments. Demgegenüber sind Erfahrungsgüter vom einzelnen Kunden häufig gekaufte und relativ billige Produkte. Aus Sicht des Nachfragers ist es kostengünstiger, sich über die Eigenschaften des Gutes durch den Kauf Klarheit zu verschafften als vor dem Kauf Informationen über das Produkt einzuholen. Die Qualitätseigenschaften von Vertrauensgütern schließlich lassen sich auch nach dem Kauf nicht eindeutig feststellen (z. B. Nebenwirkungen von Medikamenten).
- *Netzwerkeffekte:* Einige Branchen zeichnen sich durch die Existenz von Netzwerkeffekten aus. Netzwerkeffekte liegen vor, wenn der Nutzen eines Produktes für die Käufer mit steigender Anzahl der Nutzer zunimmt. Da sich Märkte mit ausgeprägten Netzwerkeffekten durch exponentielles Wachstum auszeichnen, genießen Unternehmen mit einer großen Kundenbasis einen nachhaltigen Vorteil gegenüber Wettbewerbern mit einer kleineren Kundenbasis. Wachsen beide Unternehmen mit dem Markt, vergrößert sich der Vorsprung des größeren Unternehmens gegenüber dem kleinen Unternehmen exponentiell. Für den kleineren Wettbewerber ist es nur unter Inkaufnahme immenser Investitionen in die Kundengewinnung möglich, zu dem großen Anbieter aufzuschließen.

96 Zur Definition der relativen Zeitvorteile und zu den nachfolgend dargestellten Fallgruppen vgl. Besanko et al. (2004) und Dranove/Marciano (2005).

Die Existenz von relativen Zeitvorteilen wird durch das Ausmaß des Kundenumschlags in einem Markt begrenzt.[97] Je höher der Kundenumschlag ist, desto niedriger ist auch die Nachhaltigkeit von relativen Zeitvorteilen. In vielen Märkten wechseln die individuellen Käufer mit der Zeit, selbst wenn die Gesamtzahl der Käufer konstant bleibt. Zum Beispiel verändert sich im Kundensegment mit einem Alter von 18 bis 25 Jahren die Gesamtanzahl der Kunden über die Zeit kaum. Dennoch erneuert sich in jedem Jahr ein Achtel der Kunden in diesem Segment. Vergleicht man die heutige Kundenbasis des Segmentes mit der vor acht Jahren, haben sich alle Segmentkunden ausgetauscht.

4.3.4 Umsetzung von Wettbewerbsvorteilen

Ein Anbieter passt sich dem beim Verkauf eines Produktes oder einer Dienstleistung geschaffenen Wert, der Differenz zwischen der Zahlungsbereitschaft des Kunden und den Kosten des Anbieters, durch Preissetzung an. Ziel des Anbieters ist es, einen möglichst hohen Preis in der Nähe der maximalen Zahlungsbereitschaft des Kunden zu setzen. Dabei hat insbesondere die Preiselastizität der Nachfrage maßgeblichen Einfluss darauf, mit welchem Preispunkt Wettbewerbsvorteile am besten in Gewinne umgesetzt werden können (vgl. Abbildung 40):[98]

- *Umsetzung von Kostenvorteilen:* Ist die Preiselastizität der Nachfrage gering, kann ein Anbieter, der einen Kostenvorteil gegenüber seinen Wettbewerber besitzt, seinen Marktanteil selbst durch strake Preissenkungen nur geringfügig steigern. Für ihn ist es günstiger, Preisparität mit seinen Konkurrenten zu halten und von seinem Kostenvorteil in Form einer höheren Gewinnmarge zu profitieren. Im Unterschied dazu ist der gleiche Anbieter bei hoher Preiselastizität der Nachfrage in der Lage, schon durch moderate Preissenkungen große Marktanteilsgewinne zu erzielen. Unter diesen Voraussetzungen sollte er seine Wettbewerber preislich unterbieten, um bei gleicher relativer Profitabilität Marktanteile auf ihre Kosten zu gewinnen.
- *Umsetzung von Differenzierungsvorteilen:* Entsprechend verhält es sich mit der Umsetzung von Differenzierungsvorteilen. Bei hoher Preiselastizität

97 Zum Konzept des Kundenumschlags siehe ausführlich Cool/Paranikas (2011).

98 Zur nachfolgend dargestellten Rolle der Preiselastizität der Nachfrage und der Wettbewerberreaktionen bei der Umsetzung von Wettbewerbsvorteilen vgl. Besanko et al. (2004).

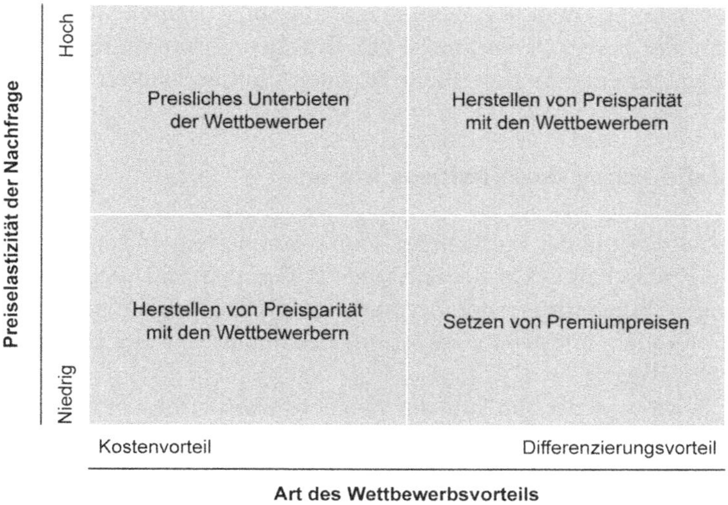

Abbildung 40: Preisstrategien zur Umsetzung von Wettbewerbsvorteilen
Quelle: Modifiziert nach Besanko et al. (2004)

der Nachfrage sind schon geringere Preissenkungen der Wettbewerber ausreichend, um die Premiumpreissetzung eines Anbieters mit einem Differenzierungsvorteil zu unterbinden. Letzterer sollte also die gleichen Preise wie seine Wettbewerber verlangen und bei gleicher Profitabilität Marktanteilsgewinne aufgrund des überlegenen Kundenutzens seines Angebotes anstreben. Demgegenüber können die Wettbewerber bei niedriger Preiselastizität der Nachfrage auch durch große Preissenkungen die Premiumpreise, die einem Anbieter aufgrund seines Differenzierungsvorteils offen stehen, nicht aushebeln. Der Anbieter sollte folglich einen Premiumpreis relativ zu seinen Konkurrenten verlangen und seinen Differenzierungsvorteil hauptsächlich in Form einer höheren Gewinnmarge umsetzen.

Neben der Preiselastizität der Nachfrage existieren weitere Faktoren, die die Wahl des Preispunktes beeinflussen. Allen voran muss die erwartete Reaktion der Wettbewerber berücksichtigt werden. So kommt es beispielsweise in einem Markt mit hoher Preiselastizität der Nachfrage für den Erfolg einer Strategie, die die Wettbewerber preislich unterbietet, darauf an, dass sich deren Preisstellung nicht ändert. Sobald die Wettbewerber ihrerseits mit Preissenkungen reagieren, läuft die Preisstrategie ins Leere und hat lediglich eine Erosion der Gewinnmarge zur Folge. Dementsprechend setzt die Wahl der besten Preisstrategie zur Umsetzung von Wettbewerbsvorteilen die umfassende Analyse aller relevanten Einflussfaktoren voraus.

5 Validierung des Business Plans

Die Validierung der im Business Plan formulierten Umsatzerwartungen der Zielgesellschaft ist die Kernaufgabe der Commercial Due Diligence. Die bisherigen Erkenntnisse der Analysen des Zielunternehmens sowie des Markt-, Kunden- und Wettbewerbsumfeldes finden hier ihre zusammenfassende Würdigung.

Die Bewertung der Top-Line des Business Plans erfolgt in fünf Schritten (vgl. Abbildung 41):

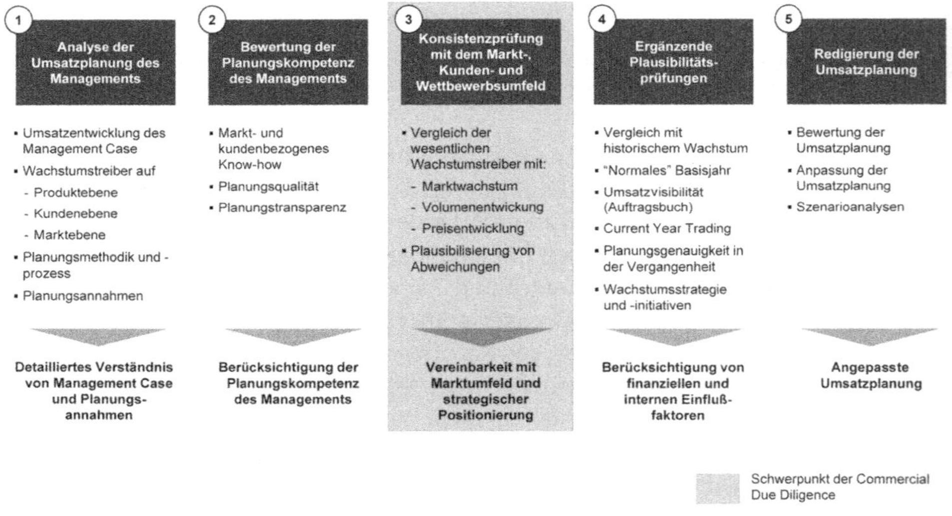

Abbildung 41: Validierung der Umsatzplanung des Zielunternehmens
Quelle: Eigene Darstellung

5.1 Analyse der Umsatzplanung des Managements

Als Ausgangspunkt der Bewertung des Business Plans muss zunächst die Umsatzplanung des Managements analysiert werden. In diesem Zusammenhang müssen folgende Kernfragen beantwortet werden:

- *Welche Umsatzentwicklung sieht der Business Plan Case vor?* Die in diesem Buch vorgeschlagene Vorgehensweise sieht vor, dass die Analyse der geplanten Umsatzentwicklung bereits im Rahmen der Analyse des Zielunternehmens durchgeführt wird. Die historische und geplante Umsatzentwicklung sind daher an dieser Stelle lediglich zusammenfassend darzustellen.
- *Was sind die Treiber der Umsatzplanung?* Um die Business Plan Bewertung möglichst effizient zu gestalten, sollte der größte Arbeitsaufwand in die Validierung der maßgeblichen Treiber des Umsatzwachstums fließen. Die entsprechenden Treiber können auf Ebene der Produkte bzw. Dienstleistungen, Kunden oder geografischen Märkte bestehen.
- *Welche Planungsmethodik wurde gewählt?* Mit Blick auf die Planungsmethodik kann das Management eines Zielunternehmens grundsätzlich zwischen einem Top-Down- und einem Bottom-Up-Ansatz wählen. Bei einem Top-Down-Ansatz erfolgt die Umsatzplanung nach dem vom Management vorgegebenen Gesamtumsatz des Unternehmens, der dann über einen Verteilungsschlüssel auf die einzelnen Geschäftsbereiche heruntergebrochen wird. Häufig werden dabei auch Marktwachstumsraten und Marktanteilsbetrachtungen zugrunde gelegt. Demgegenüber erfolgt die Umsatzplanung im Rahmen eines Bottom-Up-Ansatzes auf der Basis individueller Kunden. Der Top-Down-Ansatz ist besonders bei einer fragmentierten Kundenstruktur geeignet, während der Bottom-Up-Ansatz für Unternehmen mit gewichteten Einzelkunden in Frage kommt. In der Praxis werden beide Ansätze auch häufig miteinander kombiniert. In Branchen wie beispielsweise dem Maschinen- und Anlagenbau oder der Automobilindustrie, in denen der Auftragseingang eine wesentliche Kennzahl darstellt, werden bei der Umsatzplanung neben bereits gebuchten Aufträgen oft auch potenzielle Aufträge berücksichtigt. Diese werden in der Regel in Form von wahrscheinlichkeitsgewichteten Umsätzen ausgewiesen, indem das mögliche Auftragsvolumen mit der Wahrscheinlichkeit des Auftragsgewinns multipliziert wird.
- *Wie gestaltet sich der Planungsprozess?* Ein Verständnis des Planungsprozesses ist wichtig, um die Qualität der Planzahlen sowie die Interessenslagen der an der Planung beteiligten Parteien einordnen zu können. Von besonderer Wichtigkeit ist dabei die Frage, ob die Umsatzplanung im Rahmen des normalen Planungsprozesses des Zielunternehmens zustande gekommen ist oder eigens für die betreffende Transaktion erstellt wurde.

- *Welche konkreten Annahmen liegen der Planung zugrunde?* Schließlich müssen die der Umsatzplanung zugrunde liegenden Planungsannahmen im Dialog mit dem Management im Detail herausgearbeitet werden. Es sind diese Planungsannahmen, die dann im weiteren Verlauf der Business Plan Validierung einer besonders intensiven Prüfung unterzogen werden.

5.2 Bewertung der Planungskompetenz des Managements

Um die Qualität der Umsatzplanung abschätzen zu können, sollte im Vorfeld der eigentlichen Prüfung der Managementplanung eine Bewertung der Planungskompetenz des Managements vorgenommen werden. Dies ist deshalb wichtig, weil die Erfahrung gezeigt hat, dass die Planungsprozesse in vielen, insbesondere mittelständischen Unternehmen, nicht den Anforderungen im Kapitalmarktumfeld entsprechen. Eine entsprechende Einschätzung des Managements durch den Due Diligence Dienstleister hilft den Eigen- und Fremdkapitalgebern, die Voraussetzungen des Umsatzplanes besser zu verstehen und entsprechend zu würdigen.

Die Bewertung der Planungskompetenz des Managements sollte insbesondere die folgenden Aspekte berücksichtigen:

- Wie ist das markt- und kundenbezogene Know-how des Managements einzuschätzen?
- Inwieweit entspricht die Planungsqualität des Managements den Anforderungen im Kapitalmarktumfeld?
- Wie stark sind Transparenz und Nachvollziehbarkeit der Planung gewährleistet?

5.3 Konsistenzprüfung mit dem externen Unternehmensumfeld

Die Commercial Due Diligence bewertet die vom Management vorgelegte Umsatzplanung primär aus der Perspektive des Marktes. Sie beantwortet die Kernfrage, ob die Umsatzplanung des Zielunternehmens vor dem Hintergrund seines Marktumfeldes und seiner strategischen Positionierung realistisch ist. Zu diesem Zweck sind die der Umsatzplanung zugrundeliegenden Planungsannahmen auf Konsistenz mit den Ergebnissen der Markt-, Kunden- und Wettbewerbsanalyse hin zu überprüfen. Damit ergänzt die

Commercial Due Diligence die häufig auch im Rahmen der Financial Due Diligence vorgenommenen Plausibilisierungen der Umsatzplanung und geht gleichzeitig deutlich darüber hinaus. Eine gute und vor allen Dingen vollständige Validierung der Umsatzplanung eines Unternehmens ist immer nur in der Gesamtschau mit den Markt- und Wettbewerbsbedingungen möglich.

Ausgangspunkt der Konsistenzprüfung ist ein Vergleich des im Business Plan unterstellten Umsatzwachstums mit dem erwarteten und im Rahmen der Marktanalyse bestimmten Marktwachstum (vgl. Abbildung 42). Je nach Mechanik des Business Plans kann auch ein Abgleich der im Business Plan vorgesehenen Volumen- und Preisentwicklung mit den entsprechenden Marktdaten sinnvoll sein. Maßgeblicher Detaillierungsgrad ist in beiden Fällen die in der Planung reflektierte strategische Segmentierung des Zielunternehmens.

In diesem Zusammenhang ist zu beachten, dass die Umsatzwachstumsraten des Zielunternehmens vor dem Vergleich um den Einfluss von M&A-Transaktionen bereinigt werden sollten. Es ist maßgeblich, allein das organische Wachstum der Umsätze mit dem Marktwachstum zu vergleichen. Zusätzlich sollte eine Bereinigung der geplanten Umsätze des Zielunternehmens um mögliche Währungseffekte (Aufwertung oder Abwertung der Berichtswährung im Verhältnis zur Verkaufswährung) vorgenommen werden.

Das verbleibende organische Umsatzwachstum kann anschließend in einen dem zugrundeliegenden Marktwachstum entsprechenden Teil sowie einen Marktanteilsgewinn bzw. -verlust aufgeteilt werden. Zum Zwecke der Business-Plan-Bewertung kann davon ausgegangen werden, dass ein geplantes organisches Umsatzwachstum in Höhe des Marktwachstums im relevanten Marktsegment realistisch ist und kein unangemessenes Risiko darstellt. Liegt das geplante Umsatzwachstum demgegenüber unterhalb des Marktwachstums, impliziert dies einen Marktanteilsverlust an bestehende Wettbewerber oder an neu in den Markt eingetretene Unternehmen. In diesem Fall müssen die Gründe für den Marktanteilsverlust der Zielgesellschaft, wie beispielsweise das Bestehen von Wettbewerbsnachteilen oder Defizite in der Marketing- und Vertriebsorganisation, herausgearbeitet werden. Schließlich setzen Planungsabweichungen über die Wachstumsrate des jeweils relevanten Marktsegmentes hinaus Marktanteilsgewinne, die der Rechtfertigung bedürfen, voraus. Letztere werden aus der vorangehenden Analyse des Markt-, Kunden- und Wettbewerbsumfeldes abgeleitet. Mögliche Rechtfertigungen können sein (nicht abschließend):

- Wettbewerbsvorteile des Zielunternehmens,
- Umverteilung von Umsatzvolumen aufgrund von Marktaustritten,
- Wachstum des Zielunternehmens von einer im Vergleich zur Marktgröße geringen Ausgangsbasis,
- Überproportionales Wachstumspotenzial bei Einzelkunden.

Es bietet sich an, das über dem Marktwachstum liegende Umsatzwachstum in gerechtfertigtes Wachstum und nicht-gerechtfertigtes Wachstum mit höherem Risikopotenzial zu unterteilen.

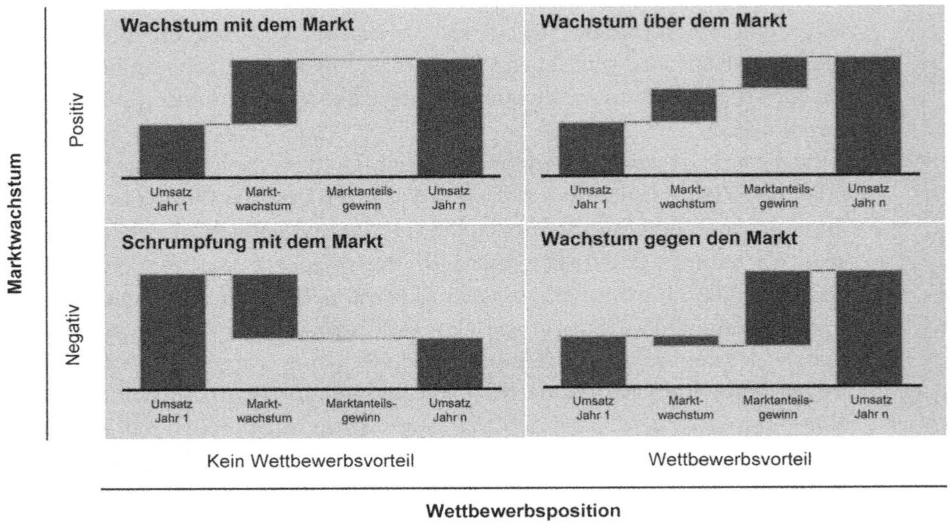

Abbildung 42: Vergleich der Umsatzplanung mit dem Marktwachstum
Quelle: Eigene Darstellung

5.4 Ergänzende Plausibilitätsprüfungen

Obgleich die Prüfung der Umsatzplanung auf Konsistenz mit dem Marktumfeld das Herzstück der Business Plan Validierung darstellt, muss diese je nach Branche und Lage des Einzelfalls durch weitere Plausibilitätsprüfungen ergänzt werden. In Betracht kommen unter anderem folgende Analysen:

- *Vergleich mit historischem Umsatzwachstum:* Viele Business Pläne weisen im Planungszeitraum eine gegenüber dem historischen Wachstum beschleunigte Umsatzentwicklung (sog. Hockey Stick) auf. In diesem Fall sind erhöhte Anforderungen an die Rechtfertigung des zukünftig geplanten Wachstums zu stellen.

- *Umsatzvisibilität:* In Branchen wie der Automobilindustrie und dem Maschinen- und Anlagenbau liefert der Auftragseingang wichtige Hinweise im Hinblick auf die Erreichbarkeit der Business Planung. Je höher die Quote der bereits gebuchten Aufträge ist, desto wahrscheinlicher ist es, dass der geplante Umsatz auch tatsächlich erreicht wird. Als Vergleichsmaßstab können Durchschnittswerte der Branche oder die Umsatzvisibilität von ausgewählten Wettbewerbern herangezogen werden.
- *Current Trading:* Das Current Trading ist der wichtigste Indikator dafür, ob und inwieweit der geplante Umsatz im ersten Jahr der Planungsperiode erreicht wird. Zu diesem Zweck wird der bislang im laufenden Jahr erzielte Umsatz mit dem Vorjahr und dem im Budget geplanten Umsatz verglichen. Indiziert die Current Trading-Analyse, dass die Umsatzplanung im laufenden Jahr nicht erreicht wird, steigen die Anforderungen an das Management des Zielunternehmens, die Planzahlen in den Folgejahren zu rechtfertigen.
- *Planungsgenauigkeit in der Vergangenheit:* Die Planungsgenauigkeit des Managements in der Vergangenheit kann als Anhaltspunkt für die Planerreichung in der Zukunft dienen. Wurden die Planziele in der Vergangenheit regelmäßig nicht erreicht, spricht viel dafür, dass dies auch in der Zukunft nicht der Fall sein wird.
- *Normalität des Basisjahres:* Oft wird die im Business Plan vorgesehene Umsatzentwicklung mit Hilfe von Wachstumsraten, die auf einem bestimmten Basisjahr aufsetzen, projiziert. Es liegt auf der Hand, dass in diesem Fall die zukünftige Umsatzentwicklung neben der verwendeten Wachstumsrate maßgeblich durch den im Basisjahr erwirtschafteten Umsatz beeinflusst wird. In dem Umfang, in dem dieser durch Einmaleffekte und nicht durch zur gewöhnlichen Geschäftstätigkeit gehörende Ereignisse verfälscht ist, muss der Umsatz des Basisjahres normalisiert werden.
- *Wachstumsstrategie und -initiativen des Managements:* Schließlich ist eine erfolgreiche Realisierung der Umsatzplanung umso wahrscheinlicher, je plausibler die Wachstumsstrategie und die daraus abgeleiteten Maßnahmen des Managements sind.

5.5 Redigierung der Umsatzplanung

Die bei der Bewertung der Umsatzplanung gewonnenen Erkenntnisse werden anschließend dazu genutzt, die Umsatzplanung des Managements zu redigieren. Wurden im vorhergehenden Schritt die geplanten Wachstumsraten mit dem erwarteten Marktwachstum verglichen, so können beispielsweise nunmehr die Umsätze des Basisjahres anhand der korrigierten Wachstumsraten über den Planungszeitraum projiziert werden. Ein anderer Ansatz besteht darin, die im Rahmen der bisherigen Analyse ermittelten Risiken zu quantifizieren und entsprechende Risikoabschläge vorzunehmen. Wurde mit wahrscheinlichkeitsgewichteten Umsätzen geplant, können die Gewichtungen entsprechend der im Zuge der Commercial Due Diligence gewonnenen Erkenntnisse verändert werden.

Darüber hinaus kann auf der Grundlage von Szenarioanalysen ein Upside Case und ein Downside Case entwickelt werden. Die unterschiedlichen Szenarien ergeben sich aus der Abwandlung der Haupttreiber der Top-Line entsprechend der Ergebnisse aus der Analyse des Markt-, Kunden- und Wettbewerbsumfeldes. Während der Upside Case dem Private Equity Haus zusätzliche Wachstumspotenziale während der Planungsperiode aufzeigt, wird der Downside Case in erster Linie mit Blick auf die finanzierenden Banken erstellt. Es handelt sich hierbei um ein Geschäftsentwicklungsszenario, das im Vergleich zur Planung des Managements (Management Case) auf ungünstigeren Annahmen beruht. Aus Sicht der finanzierenden Banken muss das Zielunternehmen in der Lage sein, seinen Zins- und Tilgungszahlungen nachzukommen, selbst wenn dieses Szenario sich bewahrheiten sollte. Auf Basis des Downside Case wählen die Banken dann geeignete Financial Covenants aus.

Abschließend sollte die redigierte Umsatzplanung im Vergleich mit der ursprünglichen Planung des Managements zusammenfassend dargestellt werden.

Bewertung von Business Plänen in der Automobilzulieferbranche

In der Automobilzulieferbranche werden Business Pläne auf der Grundlage von belieferten Modellreihen geplant. Die für jede Modellreihe geplanten Umsätze ergeben sich aus einem Preis-Mengengerüst. Die geplanten Volumina leiten sich aus den von den Automobilherstellern geplanten Produktionszahlen für die jeweiligen Modellreihen ab. Bei der Planung der Preise muss eine jährliche Preisreduktion (sog. Lifetime

Reduction), die die Automobilhersteller von ihren Zulieferern verlangen, berücksichtigt werden. Die Zulieferer müssen ihre Produktivität jedes Jahr entsprechend steigern, um bei dem ständig wachsenden Preisdruck der Automobilhersteller ihre Profitabilität abzusichern. Die Umsätze pro Modellreihe berechnen sich damit wie folgt:

Anzahl der produzierten Fahrzeuge pro Modellreihe
x Lieferanteil des Zulieferers
x Einbaurate des zugelieferten Produktes
x Vorjahrespreis des zugelieferten Produktes pro Fahrzeug
x (1 – durchschnittliche jährliche Preisreduktion)
= Umsatz pro Modellreihe

Da die belieferten Modellreihen angesichts des Seriengeschäftscharakters der Automobilindustrie einen Lebenszyklus von ca. 5 bis 7 Jahren haben und Aufträge in der Regel für einen gesamten Lebenszyklus vergeben werden, ist die Umsatzplanung in der Automobilzulieferindustrie durch eine hohe Visibilität der geplanten Umsätze im Sinne von bereits gebuchten Aufträgen gekennzeichnet. Aufgrund der hohen Planbarkeit von Folgeaufträgen werden in der Geschäftsplanung in aller Regel zudem auch mögliche Aufträge, die entsprechend ihrer Abschlusswahrscheinlichkeit gewichtet werden, berücksichtigt. Der wahrscheinlichkeitsgewichtete Umsatz eines möglichen Auftrags ergibt sich wie folgt:

Umsatz pro Modellreihe
x Auftragswahrscheinlichkeit
= Wahrscheinlichkeitsgewichteter Umsatz pro Modellreihe

Die Validierung des Business Plans durch den Commercial Due Diligence Dienstleister erfolgt auf der Grundlage dieser Planungsparameter. Obgleich die Automobilhersteller ihre Produktionszahlen nicht veröffentlichen, werden diese jedoch von einer Reihe von Anbietern (z. B. CSM Worldwide, JD Powers, Global Insight, PwC Autofacts) geschätzt und veröffentlicht. Es ist damit möglich, die vom Automobilzulieferer geplanten Produktionsvolumina mit den Schätzungen der Anbieter zu vergleichen (sog. Volumenvergleich).

Dies setzt voraus, dass die für die einzelnen Modellreihen geplanten Umsätze des Automobilzulieferers auf die zugrundeliegenden OEM-Produktionszahlen »zurückgerechnet« werden. Hierzu gilt es, so viele

Managementannahmen wie möglich über den Datenraumprozess und in den Management-Meetings zu erfragen. Soweit die der Planung zugrundeliegenden Annahmen nicht in Erfahrung gebracht werden können, sind Schätzungen vorzunehmen. Die Rückrechnung auf die Anzahl der produzierten Fahrzeuge pro Modellreihe erfolgt über die Umstellung der oben genannten Formel:

Anzahl der produzierten Fahrzeuge pro Modellreihe =
Umsatz pro Modellreihe / (Lieferanteil des Zulieferers
× Einbaurate des zugelieferten Produktes
× Preis des zugelieferten Produktes pro Fahrzeug
× Jährliche Preisreduktion)

Die aus der Umsatzplanung des Managements errechnete Produktionszahl kann dann mit der Produktionszahl des Datenbankanbieters verglichen werden. Pro geplanter Modellreihe ergibt sich eine positive oder negative Planungsabweichung. Die Gründe für die Planungsabweichung sind im Dialog mit dem Management in Erfahrung zu bringen. Gegebenenfalls ist die Volumenplanung in Bezug auf die betreffende Modellreihe anzupassen.

Neben den Volumina muss die in der Planung zugrunde gelegte jährliche Preisreduktion pro Modellreihe infolge des Preisdrucks der Automobilhersteller mit der branchenüblichen jährlichen Preisreduktion verglichen werden. Wie zuvor sollten Abweichungen mit dem Management diskutiert und gegebenenfalls korrigiert werden.

Auf Basis der angepassten Produktionsvolumina und Preise kann anschließend die Umsatzplanung für die bereits gebuchten Aufträge redigiert werden:

Ursprüngliche Managementplanung pro Modellreihe
+/- Δ Volumenvarianz
+/- Δ Preisvarianz
= Redigierte Umsatzplanung pro Modellreihe

Zusätzlich sind für die noch nicht gebuchten, aber dennoch in die Umsatzplanung eingeflossenen Aufträge eine Überprüfung und gegebenenfalls eine Korrektur der angenommenen Auftragswahrscheinlichkeiten pro Modellreihe vorzunehmen.

6 Identifikation von Wachstumspotenzialen über den Business Plan hinaus

Über die Validierung des Business Plans hinaus ist es für Private Equity Investoren auf der Käuferseite entscheidend, auch die nicht im Business Plan abgebildeten Wachstumschancen des Zielunternehmens zu identifizieren und zu quantifizieren. Während die Bewertung des Business Plans die Grundlage für die Abgabe des Gebotspreises darstellt, ermöglicht die Plausibilisierung der zusätzlichen Wachstumschancen eine Abschätzung des »Upside«-Potenzials. Dieses bietet Raum für eine Erhöhung des Gebotspreises in wettbewerbsintensiven Bieterprozessen. Demgegenüber wird im Rahmen der Vendor Due Diligence auf die Darstellung der zusätzlichen Wachstumschancen in der Regel verzichtet.

Die Bestimmung der Wachstumspotenziale des Zielunternehmens setzt auf den bisherigen Ergebnissen der Commercial Due Diligence auf. Eine gute Buy Side Commercial Due Diligence richtet bereits während der Exekutionsphase der Transaktion den Blick auf die Erschließung von Wachstumspotenzialen nach Closing. Es bietet sich eine dreistufige Vorgehensweise an:

- *Identifizierung der relevanten Wachstumspotenziale:* Zunächst müssen die für das konkrete Zielunternehmen einschlägigen Wachstumspotenziale identifiziert werden. Die Wachstumspotenziale lassen sich jeweils in eine von vier strategischen Wachstumsoptionen – Refokussierung des Kerngeschäfts, Expansion in benachbarte Geschäftsfelder, Neudefinition des Kerngeschäfts und Expansion in entfernte Geschäftsfelder – einordnen.
- *Berücksichtigung der Wachstumspotenziale im Business Plan:* Im zweiten Schritt ist die Frage zu beantworten, ob und inwieweit die Wachstumschancen wirklich eine Upside im Business Plan darstellen. Dazu müssen die in Betracht kommenden Wachstumsmaßnahmen danach klassifiziert werden, ob sie im Business Plan überhaupt Berücksichtigung gefunden haben. Ist dies der Fall, ist der im Business Plan zu Grunde gelegte Soll-Implementierungsgrad maßgeblich. Sofern eine Maßnahme im Planungszeitraum nicht oder nicht vollständig umgesetzt werden soll, stellt sie eine Upside dar. Der Soll-Implementierungsgrad sollte zudem mit dem Ist-Implementierungsgrad zu Beginn der Planungsperiode verglichen werden.
- *Priorisierung der Wachstumspotenziale:* Nachdem die zusätzlichen, nicht im Business Plan berücksichtigten Wachstumspotenziale des Zielunter-

nehmens identifiziert worden sind, müssen diese priorisiert werden. Grundsätzlich ist die Fokussierung auf wenige Kernmaßnahmen mit großer Wirkung erfolgversprechender als eine Vielzahl von Wachstumsinitiativen. Es bietet sich daher an, die Wachstumspotenziale nach den Kriterien Umsatzpotenzial, Höhe der erforderlichen Investitionen und zeitliche Wirksamkeit zu klassifizieren.

Typische Wachstumschancen

Die in Betracht kommenden Wachstumschancen eines Zielunternehmens unterscheiden sich je nach dessen Branche und Positionierung im Einzelfall. Dennoch lassen sich typische Wachstumspotenziale beobachten, die in der Praxis immer wieder vorkommen. Diese Chancen können nach der Art der Wachstumsplattform und dem Ausmaß des erforderlichen Unternehmenswandels in vier grundsätzlichen Wachstumsstrategien – Refokussierung des Kerngeschäfts, Expansion in benachbarte Geschäftsfelder, Neudefinition des Kerngeschäfts und Expansion in entfernte Geschäftsfelder – kategorisiert werden (vgl. Abbildung 43).

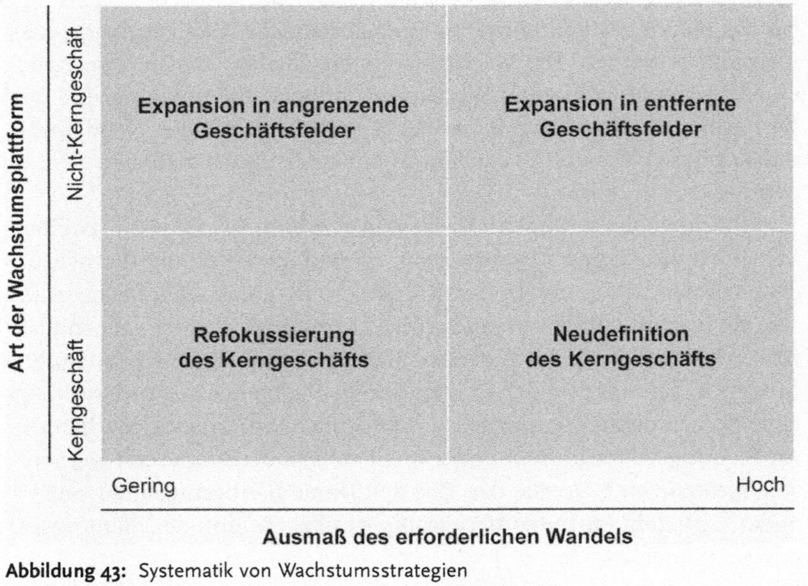

Abbildung 43: Systematik von Wachstumsstrategien
Quelle: Eigene Darstellung

Refokussierung des Kerngeschäfts. Die erste Wachstumsstrategie bezieht sich auf Wachstumschancen, die innerhalb des bestehenden Kerngeschäfts umgesetzt werden können und deshalb einen nur geringen Grad an Unternehmenswandel erfordern. Damit geht es in erster Linie um eine Optimierung des bestehenden Geschäfts. Hierunter fallen beispielsweise:

- *Optimierung der Marketing- und Vertriebsorganisation:* Zielunternehmen mit einer schwachen Aufstellung in Marketing und Vertrieb stellen »dankbare« Investitionsobjekte dar, da sie meist zeitnah neu ausgerichtet werden können und vorgenommene Verbesserungen in der Regel unmittelbar in eine Erhöhung des Absatzes durchschlagen. Zu den typischen Wachstumsmaßnahmen in diesem Bereich zählen etwa die personelle Verstärkung der Marketing- und Vertriebsmannschaft, die Schärfung der Wachstumsorientierung von Anreizsystemen, die Professionalisierung der Auftragsannahme, die Systematisierung der Account-Planung und -bearbeitung, die Umstellung von produktorientierten auf kundenorientierte Vertriebsansätze sowie die Optimierung der Vertriebspartnerauswahl und des Vertriebspartnermanagements.
- *Optimierung der Preispolitik:* Der Preis ist der einflussreichste Hebel der Gewinnerzielung, da Preisveränderungen direkt auf das operative Ergebnis durchschlagen. Kurzfristig kann oftmals die konsequente Beseitigung einer faktisch stattfindenden Preiserosion einen wichtigen Wachstumsbeitrag leisten. Dies setzt die systematische Prüfung von Geschäfts- und Zahlungsbedingungen, die Identifizierung von Leistungen, die nicht in Rechnung gestellt werden, sowie die Einführung einer strategisch orientierten Rabatt- und Bonuspolitik, die auf strikten Grundsätzen kundenindividueller und leistungsbezogener Preisdifferenzierung basiert, voraus. Mittel- bis langfristig kann durch die Umstellung von einer kostenorientierten Preispolitik (»Cost Plus«-Pricing) zu einer marktorientierten Preispolitik, die sich an der kundenindividuellen Zahlungsbereitschaft und der Preisstellung der Wettbewerber ausrichtet, substantielles Absatzwachstum bei gleichzeitiger Steigerung der durchschnittlichen Preise und Margen erzielt werden.
- *Optimierung des Kundenportfolios:* Das Kundenportfolio der meisten Zielunternehmen bietet mannigfaltige Möglichkeiten, um Wachstum zu steigern. Die konsequente Fokussierung der zur Marktbearbeitung zur Verfügung stehenden Ressourcen auf attraktive Kunden bzw. Kun-

densegmente, d.h. solche mit überdurchschnittlichem Wachstum und/oder überdurchschnittlicher Profitabilität (A-Kunden), stellt einen der wichtigsten Hebel dar, um kurzfristiges Wachstum zu erzielen. Zur eher mittel- bis langfristig orientierten Entwicklung des Kundenportfolios können Maßnahmen wie die stärkere Ausschöpfung des Nachfragepotenzials der vorhandenen Kunden (höhere Kundendurchdringung), die Gewinnung von Neukunden (höhere Kundenabdeckung) oder Kundenloyalitätsmanagement (längere Kundenbeziehung) eingesetzt werden.
- *Optimierung des Produktportfolios:* Neben dem Kundenportfolio ist auch das Leistungsportfolio ein wichtiger Baustein des Wachstums. Eher kurzfristig orientiert kann das Wachstumspotenzial des bestehenden Produktportfolios durch die Schärfung des Kundennutzenversprechens, den verstärkten Einsatz von Cross- und Upselling sowie eine Fokussierung der Ressourcen für die Marktbearbeitung auf attraktive Produkte mit hohem Wachstums- und Gewinnpotenzial stärker ausgeschöpft werden. Mittel- bis langfristig können von der konsequenten Straffung des Produktangebotes in Form der Verringerung der Komplexität und Variantenvielfalt des Angebotsspektrums sowie der Entwicklung des Portfolios in Form von Angebotsdifferenzierung wichtige Impulse für profitables Wachstum ausgehen.
- *Optimierung des Länderportfolios:* Schließlich kann Wachstum auch durch eine Optimierung des Länderportfolios erzielt werden. Dabei stellt die Fokussierung des bestehenden Länderportfolios auf attraktive Regionen und Marktsegmente die wesentliche Maßnahme dar. Die Wachstumsleistung des Länderportfolios kann dadurch gesteigert werden, dass Ressourcen konsequent aus weniger attraktiven Regionen abgezogen und auf Länder mit überdurchschnittlichem Wachstum und/oder überdurchschnittlicher Profitabilität ausgerichtet werden.

Expansion in benachbarte Geschäftsfelder. Wie die erste Wachstumsstrategie erfordert auch die Expansion in die Nachbarschaft des Kerngeschäfts ein relativ geringes Ausmaß an Unternehmenswandel. Während die Refokussierung des Kerngeschäfts jedoch innerhalb der existierenden Unternehmensgrenzen stattfindet, erfolgt eine Expansion in Geschäftsfelder, die an das Kerngeschäft angrenzen. Dabei hat die Expansion in die Nachbarschaft grundsätzlich die größten Erfolgsaussichten, wenn jeweils nur eine der in Betracht kommenden Variablen – Produkte, Kunden, Kanäle oder geografische Märkte – verändert wird.[99] Der Verkauf von neuen Produkten an Kernkunden (in bestehenden Märkten und über bestehende Kanäle) kann, ein entsprechender Kundenbedarf vorausgesetzt, eine wirkungsvolle Wachstumsstrategie sein. In diese Kategorie fallen auch die Ergänzung von Produkten durch Dienstleistungen sowie der strategische Wandel vom Produktanbieter zum Lösungsanbieter. Alternativ kann Wachstum auch durch den Verkauf von Kernprodukten an neue Kundengruppen, die bislang noch nicht bedient wurden, über neue Vetriebskanäle oder in neuen geografischen Märkten erzielt werden. So erwirtschaften beispielsweise viele Unternehmen des deutschen Mittelstandes nach wie vor einen Großteil ihrer Umsätze in Westeuropa. Im Sinne einer mittel- bis langfristig orientierten Entwicklung des Marktportfolios steht für viele dieser Unternehmen die geografische Expansion nach Osteuropa, in die USA und nach Asien an erster Stelle.

Neudefinition des Kerngeschäfts. Bei der dritten Wachstumsstrategie werden die existierenden Unternehmensgrenzen im Wesentlichen beibehalten. Dennoch kommt es jedoch zu erheblichem Unternehmenswandel in Form einer Neudefinition des Kerngeschäfts. Dabei existiert kein klar definierter Punkt, an dem die strategische Neudefinition des Kerngeschäfts angezeigt ist. In der Regel wird sie jedoch in den folgenden Fällen erforderlich:[100]

- Das Unternehmen ist auf sich verschiebende oder schrumpfende Profit Pools ausgerichtet.
- Es sind Niedrigkostenwettbewerber in den Markt eingetreten, deren Kostenvorteil das betreffende Unternehmen nicht ausgleichen kann.
- Die Wachstumsformel eines Unternehmens ist nicht mehr nachhaltig, beispielsweise weil ein Markt in die Reifephase eingetreten ist oder die Konkurrenz nunmehr erfolgreich einen ehemals differenzierenden Wettbewerbsvorteil imitiert.

Eine Neudefinition des Kerngeschäfts kann durch eine Transformation des Geschäftsmodells des betreffenden Unternehmens herbeigeführt werden. Zu diesem Zweck werden zentrale Elemente des alten Geschäftsmodells mehr als nur graduell geändert: Die Kundenselektion und die Kundenschnittstelle werden auf die Profit Pools der Zukunft

99 Vgl. Zook/Allen (2003).
100 Zu den nachfolgend genannten Fallgruppen vgl. Zook (2007).

neu ausgerichtet, das Leistungsangebot wird neu definiert oder die Wertschöpfung des Unternehmens wird grundlegend neu organisiert. Letzteres wird etwa vielen deutschen Solarunternehmen angesichts der Überflutung des Marktes mit Standardsystemen durch chinesische Konkurrenten wie Yingli bevorstehen. Wer in puncto Kosten mithalten will, muss seine Module zukünftig von Spezialisten im Auftrag fertigen lassen. So hat Anfang des Jahres 2010 etwa Q-Cells einen Vertrag mit dem Auftragsfertiger Flextronics aus Singapur, der Produktionskapazitäten für das deutsche Solarunternehmen in Malaysia aufbauen soll, abgeschlossen. Die meisten deutschen Anbieter sind von dieser Art der Auftragsverfertigung allerdings noch weit entfernt.

Daneben kann bei diversifizierten Unternehmen eine Neudefinition des Kerngeschäfts auch durch eine Restrukturierung des Geschäftsportfolios in Form von Zukäufen und Divestments erfolgen. Ein Beispiel ist der Umbau des Energiekonzerns E.ON, der im Jahr 2000 aus der Fusion von VEBA und VIAG hervorging. Das neue Unternehmen wurde konsequent auf das Kerngeschäft mit Strom, Gas und Wasser ausgerichtet. Alle Randgeschäftsfelder wie beispielsweise Chemie (Degussa), Immobilien (Viterra), Logistik (Stinnes) oder Mobilfunk (Viag Interkom) wurden abgestoßen.

Expansion in entfernte Geschäftsfelder. Die Expansion in entfernte Geschäftsfelder findet außerhalb des Kerngeschäfts statt und erfordert zugleich ein hohes Maß an Unternehmenswandel. Sie zählt damit zu den am schwierigsten umzusetzenden Wachstumsstrategien. Die Erfolgsaussichten einer solchen Expansion sind stark von der Distanz des Zielgeschäftsfeldes zum Kerngeschäft abhängig und sinken grundsätzlich mit zunehmender Entfernung.[101] Variationen dieser Wachstumsstrategie sind die Expansion in neue Wertschöpfungsstufen entlang der industriellen Lieferkette (vertikale Integration) sowie die Schaffung von neuen Märkten.[102]

101 Vgl. Zook (2003).

102 Zum letzteren Aspekt siehe Kim/Mauborgne (2005, 2004). Grundgedanke des als Blue Ocean Strategie bezeichneten Konzeptes ist es, durch eine gleichzeitige Nutzen- und Kostendifferenzierung des Angebotes neue, vom Wettbewerb unberührte Nachfrage zu schaffen. Ähnlich Slywotzky/Wise/Weber (2003), die von »Nachfrageinnovation« sprechen.

D
Technische Aspekte der Commercial Due Diligence

1 Projektmanagement

Das Management von Commercial Due Diligence Projekten wird maßgeblich durch die Größe und Zusammensetzung des Projektteams, die Art des Projektes sowie den Prozessablauf des Projektes bestimmt.

Größe und Zusammensetzung des Projektteams

Immer wieder stellt sich die Frage, welche Größe und Zusammensetzung ein Commercial Due Diligence Team haben sollte. Diese ist grundsätzlich vom Umfang der Commercial Due Diligence abhängig. Dabei ist jedoch nicht unbedingt die Größe des Zielunternehmens entscheidend. Wesentliche Arbeitstreiber sind vielmehr Faktoren wie die Anzahl der relevanten Geschäftsfelder, Auslandsmärkte und Kundenendmärkte. So erfordert beispielsweise ein auf ein einziges Geschäftsfeld in Europa fokussierter Mittelständler mit einem Umsatzvolumen von 30 bis 50 Mio. Euro ein kleineres Projektteam als ein konzernartiges Unternehmensgeflecht mit mehreren Milliarden Euro Umsatz, separaten Geschäftsfeldern und vielen internationalen Einheiten. Letztlich existiert keine Faustregel, so dass die Teamgröße von zwei bis drei Personen bis zu 15 Personen variieren kann.

In Bezug auf die Zusammensetzung des Projektteams gilt es eine Reihe von Variablen wie die Projekt- und Branchenerfahrung des Teams, seine Internationalität, die fachspezifischen und sozialen Kompetenzen der Teammitglieder sowie deren Belastbarkeit und Kundenakzeptanz zu beachten.

Zunächst muss das Team in Summe über ausreichend Projekt- und Branchenerfahrung verfügen. Insbesondere darf die Führungsspanne der erfahrenen Mitarbeiter nicht zu groß werden, so dass diese die Teammitglieder mit weniger Erfahrung und Spezialkenntnissen immer noch zielorientiert einsetzen, anleiten und kontrollieren können. In diesem Zusammenhang hat die Praxis gezeigt, dass es nicht sinnvoll ist, Marktinterviews und Expertengespräche von jungen Hochschulabsolventen durchführen zu lassen. Es handelt sich bei der Commercial Due Diligence gerade nicht um standardisierte Marktforschung, sondern um eine strategische Analyse der Zielgesellschaft aus Markt-, Kunden-, Wettbewerbssicht, die entsprechender Erfahrung bedarf. Es sei ebenfalls erwähnt, dass auch ein »alter Industriehase« mit 10 bis 15 Jahren Branchenerfahrung kein Erfolgsgarant ist. Dieser kann ein Team zweifelsohne unterstützen, allerdings denkt er erfahrungsgemäß oft in zu branchenspezifischen Dimensionen und lässt die notwendige Distanz zum Zielunternehmen und zum konkreten Prüfungsinhalt vermissen.

Die Internationalität des Projektteams stellt eine unverzichtbare Bedingung für erfolgreiche Commercial Due Diligence dar. Es ist nicht nur wichtig, über die für Managementgespräche und Marktinterviews relevanten Fremdsprachenkenntnisse zu verfügen, sondern auch die Fähigkeit zu besitzen, während der Due Diligence mit unterschiedlichen Kulturen zurecht zu kommen.

Es wird oft gefragt, welche fachspezifischen Fähigkeiten ein Commercial Due Diligence Mitarbeiter mitbringen muss. Im Kern ist es eine Kombination aus hervorragendem analytisch-strukturellen Denken, strategischem Managementwissen, starker Zahlenaffinität und branchenspezifischem Sachverstand. Da dieser Typus von Mitarbeiter nicht von der Hochschule rekrutiert werden kann, ist darauf zu achten, dass zumindest ein Teil der aufgezählten Einzelkriterien erfüllt wird. Die Fähigkeit, strukturiert-analytisch zu denken und zu arbeiten, muss jeder Kandidat »von Hause aus« mitbringen. In Rekrutierungsveranstaltungen zeigt sich leider allzu oft, dass Kandidaten zwar über die erforderliche Strategiekompetenz verfügen, aber wenig Verständnis für die Zusammenhänge einer Commercial Due Diligence zu Gewinn- und Verlustrechnung, Bilanz, Cashflow- oder Net Debt-Rechnung mitbringen. Umgekehrt kommt es häufig vor, dass Mitarbeiter zahlenfest sind, aber das strategische Rüstzeug im Hinblick auf Themen wie Geschäftsmodelle, Kundenanalyse oder Wettbewerbsstrategien vermissen lassen. Branchenkenntnisse entwickeln sich erst mit der Zeit und mit zunehmender Projekterfahrung. Entscheidend ist, dass sich der Mitarbeiter nach und nach auf eine Branche fokussiert und zum Experten wird.

Wichtig ist zudem die soziale Kompetenz der einzelnen Teammitglieder. Nicht nur im Umgang mit Kunden und Gesprächspartnern oder bei der Identifikation und Gewinnung von Einzelinformationen ist soziale Kompetenz wichtig. Sie ist auch gegenüber anderen Teammitgliedern von großer Bedeutung. Eine Commercial Due Diligence steht häufig unter hohem Zeitdruck, d. h. es wird viel und oftmals bis tief in die Nacht gearbeitet. Da muss das Team funktionieren und darf nicht von schwierigen Einzelgängern durchsetzt sein.

Schließlich gilt es, ein Team zu formieren, das die Belastbarkeit mitbringt, unter extrem hohem Zeitdruck qualitativ hochwertige Ergebnisse zu erarbeiten und sowohl vom Auftraggeber als auch vom Management des zu untersuchenden Unternehmens als Gesprächspartner akzeptiert wird.

Art des Projektes

Die Art des abzuarbeitenden Projektes hat ebenfalls ganz erhebliche Auswirkungen auf das Projektmanagement. Maßgeblich ist in diesem Zusammenhang insbesondere die Unterscheidung zwischen Sell Side und Buy Side Projekten.

Bei einem Sell Side Projekt – einer Vendor Assistance oder einer Vendor Due Diligence – ist das Team ganz anders eingebunden als bei einer klassischen Buy Side Commercial Due Diligence. Das Team arbeitet in diesem Fall vor Ort und kooperiert intensiv mit dem Management. Neben der inhaltlichen Fähigkeit sind das Thema der sozialen Kompetenz und der diplomatischen Vorgehensweise sehr stark gefordert. Vor Ort an die richtigen Informationen zu gelangen, mit dem Management neben seinem operativen Tagesgeschäft noch zusammenzuarbeiten und Themen in Strukturen zu analysieren, die das Management so mitunter nie angedacht hat, erfordert entsprechende Fähigkeiten. Auch wenn Vendor-Projekte grundsätzlich einer konkreten Deadline unterliegen, ist diese im Regelfall nicht ganz so eng gesetzt wie bei Buy Side Prozessen.

Demgegenüber ist man auf der Käuferseite häufig mit extrem engen Deadlines konfrontiert. Dies ist insbesondere bei der Red Flag Commercial Due Diligence der Fall. Diese ist häufig nur für einen Zeitraum von fünf Tagen angesetzt und am fünften Tag sind dann entsprechend die Ergebnisse in schriftlicher Form zu liefern. Auch wenn sich die Inhalte einer Red Flag nur auf bestimmte Fragestellungen konzentrieren, ist es dennoch von großer Wichtigkeit, diese Themen sehr zielorientiert abzuarbeiten. Eine strikte Priorisierung der Aufgaben, das schnelle Herantreten an potenzielle Gesprächspartner im Markt und das richtige Stellen von Fragen sind nur einige Punkte, die immens wichtig sind. Auch bedarf es im Team einer gewissen physischen Kondition, um eine Red Flag Analyse optimal abzuarbeiten. Nachtarbeit ist hier vorgezeichnet. Ähnlich verhält es sich bei der klassischen Full Scope Buy Side Due Diligence, die oftmals einem äußerst strukturierten und sehr stark durch den M&A-Berater gesteuerten Prozess unterliegt. Hier in der vorgegebenen Zeit im Rahmen der Commercial Due Diligence die richtigen Informationen zu beschaffen und richtig zu analysieren, bedarf viel Erfahrung und einem ebenfalls sehr stringenten, strukturierten

Projektmanagementprozess. Anders ist eine umfangreiche Buy Side Commercial Due Diligence nicht erfolgreich zu bewältigen.

Prozessablauf des Projektes

Integraler Bestandteil des Projektmanagements einer Commercial Due Diligence ist das Aufsetzen eines sauberen Projektablaufes. Der Strukturierung, dem Management und dem Controlling dieses Prozesses kommt, sowohl in einer Vendor Commercial Due Diligence als auch in einer Buy Side Commercial Due Diligence, eine ganz zentrale und maßgebliche Bedeutung zu. Nur wer die einzelnen Prozessschritte sauber definiert, verfolgt und kontrolliert, kann eine Commercial Due Diligence effizient erarbeiten. Obgleich die konkreten Schritte, die im Rahmen des Prozessmanagements zu durchlaufen sind, variieren können, lassen sich immer wiederkehrende Prozessbausteine identifizieren. Diese Prozessschritte laufen nicht immer konsekutiv ab, sondern erfolgen häufig auch parallel oder iterativ. Beispielhaft werden im Folgenden die zentralen Bausteine eines Buy Side Prozesses erläutert.

Eine typische Buy Side Commercial Due Diligence beginnt mit dem ausführlichen Studium des Informationsmemorandums und ergänzend des Geschäftsberichtes der Zielgesellschaft. Im Informationsmemorandum wird das zu veräußernde Unternehmen umfassend dargestellt. Es dient als eine Art Verkaufsprospekt und wurde vom Unternehmen in Zusammenarbeit mit dem zuständigen M&A-Berater erstellt. Das Informationsmemorandum wird an die potenziellen Käuferinteressenten versandt und dient diesen als Erstinformation.

Aufsetzend auf dem Informationsmemorandum erfolgt die Formulierung der aus Sicht der Commercial Due Diligence relevanten Hypothesen. Die Hypothesenformulierung dient dazu, die wesentlichen Fragestellungen zu Zielunternehmen, Markt-, Kunden- und Wettbewerbsumfeld und Geschäftsplanung strukturiert zu erfassen. Auf dieser Grundlage können dann die relevanten Analysen abgeleitet werden, mit deren Hilfe die Hypothesen getestet werden sollen. Eine erste Hypothesenformulierung sollte so früh wie möglich im Prozess erfolgen, um eine größtmögliche Effizienz in der Vorgehensweise zu gewährleisten. Im laufenden Prozess muss die Hypothesenformulierung dann immer wieder dem Erkenntnisfortschritt angepasst werden.

Ein zentraler Meilenstein für die Durchführung der Commercial Due Diligence ist das Managementmeeting. Es kann zeitlich vor oder nach der Eröffnung des Datenraums stattfinden und ganz unterschiedlich organisiert sein. Das Spektrum reicht hierbei von Managementmeetings, bei denen der zur Verfügung stehende Zeitrahmen, die Agendapunkte, die Anzahl der Teilnehmer und der Umfang der erlaubten Fragen fest vorgegeben wird, bis hin zu völlig freien, nicht an Vorgaben gebundenen Meetings. Der Due Diligence Dienstleister sollte umfassend auf das Managementmeeting vorbereitet sein und bereits mit einem tiefen Verständnis des Zielunternehmens einschließlich seines Markt- und Wettbewerbsumfeldes sowie seiner Zukunftsaussichten in das Gespräch gehen. Die wesentlichen Fragen an das Management werden im Vorfeld in Form eines Fragebogens aufbereitet. Dennoch geht es im Managementmeeting gerade nicht darum, das eigene Fragenprogramm möglichst lückenlos abzuarbeiten. Vielmehr hat ein Managementmeeting für den Due Diligence Dienstleister deutlich damit zu tun, sehr selektiv die richtigen Fragen zu stellen und an entsprechender Stelle auch einfach nur zuzuhören und zu beobachten. Entscheidend ist das Gesamtbild eines Managementmeetings.

Mit Zugang zum Datenraum beginnt die Beschaffung der transaktionsrelevanten Informationen über das Informationsmemdorandum hinaus. Die Verkäuferseite wird im Zuge des Verkaufsprozesses in der Regel einen physischen oder – wie mittlerweile üblich – einen elektronischen Datenraum einrichten. Die Zusammenstellung des Datenraums obliegt dabei dem M&A-Berater. Über den Datenraum werden den Kaufinteressenten vertiefende, das Zielunternehmen betreffende Informationen zur Verfügung gestellt. Die Erfahrung zeigt, dass der Datenraum durchaus deutlich mehr Informationen bietet als das Information Memorandum. Oftmals lassen aber auch diese die notwendige Tiefe vermissen. Zudem sind Datenräume häufig sehr financial-, legal- und tax-lastig. Maßgebliche Informationen für die Commercial Due Diligence sind häufig nur in eingeschränktem Umfang vorhanden. Allerdings erlauben die stets im Datenraum enthaltenen Finanzdaten in der Regel eine erste Analyse der Umsatz- und Rohertragsentwicklung nach Kunden, Produkten, Regionen und stellen daher eine wichtige Basis für die weiteren strategischen Analysen dar. Soweit sich benötigte Informationen zu den relevanten Teilbereichen der Commercial Due Diligence nicht im Datenraum befinden, müssen sie über eine »Information Request List« vom Management angefragt werden. Diese Informationen werden dem Commercial Due Diligence Team dann in der Regel wiederum über den Datenraum zugänglich gemacht. Zusätzlich zum Datenraum besteht in einem typischen Transaktionsprozess die Möglichkeit, das Management des Zielunternehmens im Rahmen einer Q&A-Session, deren Agenda der Commercial Due Diligence Dienstleister vorgibt, zu interviewen. Die seitens der Zielgesellschaft zur Verfügung gestellten Informationen ergänzt der Commercial Due Diligence-Dienstleister durch die Erhebung unternehmensexterner Informationen in Form von Marktinterviews und -recherchen.

Parallel zur Informationsbeschaffung wird das Analyseprogramm der Commercial Due Diligence mit den in diesem Buch ausführlich beschriebenen Themen durchgeführt. Dieser Baustein bildet das Herzstück des Projektmanagementprozesses.

Im Anschluss erfolgt die Darstellung der Analyseergebnisse im Commercial Due Diligence-Bericht. Dieser wird dann dem auftraggebenden Private Equity Haus und den finanzierenden Banken zur Verfügung gestellt. Hierbei wird in der Praxis ganz unterschiedlich agiert. Zum Teil wird der Bericht nur an den Auftraggeber versandt und dann telefonisch besprochen. In jüngster Zeit geht man wieder dazu über, dem Auftraggeber die Ergebnisse der Commercial Due Diligence persönlich zu präsentieren und sich dann den entsprechenden Fragen zu stellen. Neben dem eigentlichen Auftraggeber kann diese Präsentation auch vor den finanzierenden Banken erfolgen.

Nach Abschluss der Commercial Due Diligence empfiehlt sich ein Debriefing mit dem Auftraggeber. In diesem Rahmen tauschen sich Auftraggeber und -nehmer darüber aus, was gut gelaufen ist und wo bei der Commercial Due Diligence noch Verbesserungsbedarf besteht. Zudem werden Debriefing-Meetings genutzt, um zu diskutieren, ob der Commercial Due Diligence-Dienstleister nicht auch im Rahmen eines möglichen 100-Tageplans nach Closing unterstützen kann. Schließlich kennt er das Unternehmen und die strategischen Herausforderungen nunmehr sehr gut und ist infolgedessen fähig, einen nicht unerheblichen Mehrwert im Rahmen des 100-Tage-Plans zu liefern.

2 Informationsbeschaffung

Im Bereich der Informationsbeschaffung besitzt die Commercial Due Diligence eine ihrer Kernstärken.[103] Unabhängig von der untersuchten Branche geht es letztlich immer um die Beantwortung unterschiedlichster Fragestellungen aus der Perspektive des Kunden. Im Kern müssen immer wieder Kundenbedürfnisse, -präferenzen und -verhaltensweise analysiert werden. Nur so kann am Ende der Commercial Due Diligence die Frage beantwortet

103 Die nachfolgenden Ausführungen zur Informationsbeschaffung greifen stark auf Backhaus (1997) zurück.

werden, wie das zu untersuchende Unternehmen am Markt wahrgenommen wird. Auch wenn diese Fragestellung wie eine Selbstverständlichkeit wirkt, stellt gerade dieser Punkt oftmals eine der größten Herausforderungen im Rahmen der Commercial Due Diligence dar. In diesem Zusammenhang sind drei Grundsatzfragen der Informationsanalyse – die Bestimmung des Informationsbedarfs, die Informationserhebung aus relevanten Informationsquellen sowie die Informationsaufbereitung und -distribution – relevant.

Bestimmung des Informationsbedarfs

Die erfolgreiche Bestimmung des Informationsbedarfs erfordert, sich ausführlich mit dem zu lösenden Problem und der finalen Entscheidungssituation, ob also letztlich in die Informationsbeschaffung investiert werden soll oder nicht, auseinanderzusetzen. Entsprechend bestimmt sich der Informationsbedarf aus der Gesamtheit der notwendigen Informationen, die für die Problemlösung erforderlich sind. Dabei muss berücksichtigt werden, dass die Informationsbeschaffung mit Kosten verbunden ist. Je mehr Informationen also zu beschaffen sind, desto höher sind die Kosten. Die zu erhebenden Informationen sind daher ständig im Hinblick auf ihren Zielbezug zu überprüfen.

Informationserhebung aus relevanten Quellen

Basierend auf dem identifizierten Informationsbedarf erfolgt die Informationserhebung aus relevanten Quellen. In diesem Zusammenhang können nach der Methode der Informationsgewinnung die Primärerhebung und die Sekundärerhebung unterschieden werden. Zudem können die Informationsquellen nach der Informationsherkunft in unternehmensinterne und unternehmensexterne Quellen eingeteilt werden (vgl. Abbildung 44).

Die Primärerhebung aus unternehmensinternen Quellen bezieht sich ausschließlich auf das Führen von Interviews mit dem Management der ersten und zweiten Führungsebene. Oftmals sind allerdings die Verkaufsprozesse derart strikt, dass das ausführliche Interviewen des Managements zu Aspekten der Commercial Due Diligence nicht möglich ist bzw. in einem nur sehr begrenzten Umfang erlaubt wird. Entsprechend ist dann der tatsächliche Erkenntnisgewinn aus diesen Gesprächen eher gering.

Der Primärerhebung aus unternehmensexternen Quellen, dem Führen von Marktinterviews, kommt im Rahmen der Commercial Due Diligence eine besondere Bedeutung zu. Typische Interviewpartner sind Kunden (ak-

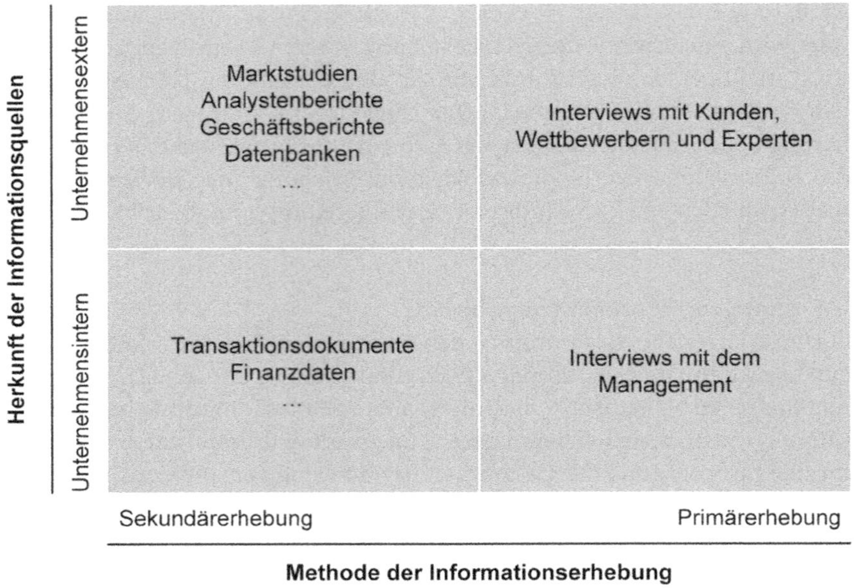

Abbildung 44: Methode der Informationserhebung und Herkunft der Informationsquellen
Quelle: Eigene Darstellung

tuelle Kunden, ehemalige Kunden und potenzielle Kunden), Wettbewerber und Experten (z. B. Verbände, Hochschulen, Forschungsinstitute, Behörden, Berater). Zum Teil werden auch Lieferanten befragt. Dabei geht es darum, gezielt Informationen zum Zielunternehmen, seinem Marktsegment, seiner Wettbewerbsposition und seiner Kundenwahrnehmung im Markt zu recherchieren. Für viele Private Equity Häuser, aber auch Banken, erfährt die Commercial Due Diligence erst durch die Marktinterviews ihren eigentlichen Mehrwert. Es sind gerade die Interviews im Markt, die die Commercial Due Diligence deutlich von den anderen Disziplinen der Due Diligence abheben.

In diesem Zusammenhang ist es wichtig, zu betonen, dass es dabei nicht um die Durchführung von standardisierten Interviews in möglichst großer Anzahl geht. Vielmehr fokussiert sich eine professionelle Commercial Due Diligence auf Tiefeninterviews. Nur diese erlauben es, tatsächlich valide Kundenerfahrungen zu erfragen und qualitativ getätigte Aussagen quantitativ aufzubereiten. Es sei ausdrücklich davor gewarnt, Interviews im Marktforschungsmodus durchzuführen. Nicht die Anzahl der geführten Interviews garantiert die Identifikation valider Informationen über die Zielgesellschaft, sondern die Tiefe der Einzelgespräche.

Hinweise zum Führen von Marktinterviews

Die Marktinterviews können einerseits offen geführt werden, d. h. man erklärt Sinn und Zweck des Anrufs und kommuniziert auch, dass man für das Unternehmen eine Kundenzufriedenheitsanalyse durchführt. Hier hat dann das zu prüfende Unternehmen die Gespräche vorbereitet und der angerufene Gesprächspartner ist entsprechend informiert. In den häufigsten Fällen wird das Interviewprogramm allerdings verdeckt durchgeführt. Letztlich will das Zielunternehmen nicht, dass in einem solchen Interview auch nur ansatzweise der Verdacht entsteht, dass es gerade zum Verkauf steht. In der Regel tritt der Commercial Due Diligence Dienstleister dann unter eigenem Namen auf und »kaschiert« die Commercial Due Diligence als Marktstudie oder als Expertengespräch. Entscheidend ist hierbei natürlich, dass in der Tat nicht deutlich wird, mit welchem Hintergrund der Interviewte befragt wird. Entsprechend wichtig ist dann auch die methodische Kompetenz des Beraters. Ganz gleich, ob das Interview telefonisch oder persönlich geführt wird, sollte der Berater zwar einen Gesprächsleitfaden haben, diesen allerdings nicht gemäß eines klassischen Marktforschungsansatzes abarbeiten. Vielmehr geht es darum, ein offenes Gespräch zu führen, Hypothesen zu formulieren und diese mit dem Gesprächspartner zu diskutieren.

Wichtige Themen der Interviews mit Marktteilnehmern sind beispielsweise Einschätzungen zur Marktentwicklung, zum Marktpreisniveau und dessen Entwicklung, zu Technologietrends, zu potenziellen Substitutionsprodukten, zu den Kriterien zur Kaufentscheidung, zur Kundenzufriedenheit und zur Wettbewerbssituation. Die Themen variieren je nach Fragestellung im Einzelfall. Vor jedem Interview und bereits bei der Auswahl des Interviewpartners muss der Commercial Due Diligence Partner ein genaues Verständnis darüber haben, welche Informationen er abfragen will.

Maßgeblich ist, dass eine ausreichende Anzahl von Gesprächen geführt wird. Hierbei geht es aber auch wieder nicht darum, statistische Grundgesamtheiten abzubilden, sondern die Anzahl der Gespräche so zu gestalten, dass die unterschiedlichen Themenschwerpunkte gut abgedeckt werden. Nicht alle Themen sind mit jedem zu besprechen, sondern Themenblöcke einzelnen Interviewpartnern zuzuordnen.

Schließlich müssen die Interviews so gestaltet werden, dass sie den zeitlichen Rahmen nicht sprengen. Es gibt zwar in dem engeren Sinne keine Regel für die Interviewlänge, allerdings ist bei der verfügbaren Zeit der meisten Gesprächspartner davon auszugehen, dass ein Interview, das länger als 20 bis 30 Minuten dauert, eher selten ist.

Abschließend sollte noch erwähnt werden, dass das Interviewprogramm – immer in Abhängigkeit des Umfangs der Commercial Due Diligence – auch international bestehen muss. Man sollte nicht davon ausgehen, dass alle Interviews in englischer Sprache geführt werden können. So sind beispielsweise Interviews in China oder Japan meistens nur in der entsprechenden Landessprache möglich. Letztlich bedeutet dies für den Commercial Due Diligence Dienstleister, dass er in seinem Team über die entsprechende Sprachkompetenz verfügen und regionale Landesgesellschaften in seine eigene Organisation einbinden muss, um im Zweifel die Commercial Due Diligence auch global umsetzen zu können.

Im Rahmen der Sekundärerhebung kann zunächst auf unternehmensinterne Quellen zurückgegriffen werden. In der Regel sind dies:

- Informationsmemdorandum,
- Geschäftsbericht,
- historische Finanzdaten,
- Business Plan,
- Vendor Due Diligence,
- Managementpräsentation,
- Datenrauminformationen.

Darüber hinaus differenziert sich die Commercial Due Diligence von den anderen Due Diligence Arten insbesondere dadurch, dass sie sich bei der Sekundärerhebung auch ganz maßgeblich auf unternehmensexterne Quellen stützt. Typischerweise sind folgende Quellen zu nennen:

- Marktstudien,
- Verbandsinformationen,
- Broker Reports,
- Geschäftsberichte der Wettbewerber,

- Datenbanken,
- Fachzeitschriften,
- Veröffentlichungen von Expertenkommissionen, Universitäten und Forschungsinstituten,
- Statistikämter und Regulierungsbehörden,
- Internet und Homepages.

Auch wenn es eine Fülle von unternehmensexternen Quellen gibt, zeigt die Erfahrung, dass diese häufig zu allgemein sind und daher für die verschiedenen Aspekte der Commercial Due Diligence und des zu lösenden Problems nicht ausreichen. Es ist daher wichtig, möglichst viele unterschiedliche Quellen auf ihre Anwendbarkeit hin zu prüfen. Dabei müssen die einzelnen Quellen ständig intelligent hinterfragt werden. Nicht jede publizierte Statistik oder jeder Fachartikel muss inhaltlich richtig sein. Zudem lassen gerade Verbandsstatistiken den aktuellen Bezug vermissen. Werden beispielsweise Auftragseingänge für Werkzeugmaschinen vom zuständigen Verband sauber über die Vergangenheit abgebildet, erfolgt dies dennoch immer mit einem Zeitverzug von bis zu mehr als einem Jahr. Entsprechend finden sich auch in den wenigsten Statistiken entsprechende Aussichten, wie sich beispielsweise ein Marktsegment künftig entwickeln wird. Hier ist es dann wichtig, unterschiedlichste Quellen heranzuziehen, um auf Basis dieser dann das konkrete Marktsegment zu modellieren. Schließlich sind viele Unternehmen, die verkauft werden sollen, in ganz spezifischen Nischen tätig. Diese Nischen werden in der Regel nicht oder nur unzureichend durch Sekundärquellen abgedeckt. Entsprechend wichtig und für eine gute Commercial Due Diligence ganz maßgeblich sind in diesem Fall die Primärquellen der unternehmensexternen Analyse, das Führen von Interviews.

Informationsaufbereitung und -distribution

Informationsaufbereitung und -distribution dienen letztlich dazu, die gewonnenen Daten und Erkenntnisse zu analysieren, auszuwerten und für die Entscheidungsträger im Rahmen der Berichterstellung aufzubereiten. Zur Datenauswertung existiert eine Vielzahl an multivariaten Analyseverfahren. Letztlich kommt es bei der Wahl des entsprechenden Analyseverfahrens darauf an, was konkret zu analysieren ist. So ist beispielsweise der Zusammenhang von Daten mit statistischen Verfahren der Korrelationsanalyse und/oder Regressionsanalyse darzustellen. Nach der Berichterstellung ist dann die Commercial Due Diligence an die Entscheidungsträger zu distribuieren.

Oftmals erfolgt ergänzend auch eine physische Präsentation der Ergebnisse aus der Commercial Due Diligence. Hierbei konzentriert man sich dann auf die Darstellung der wesentlichen Erkenntnisse aus der Commercial Due Diligence und diskutiert diese ausführlich mit den Entscheidungsträgern.

3 Marktmodellierung

Ein Marktmodell quantifiziert die Größe und das Wachstum eines Marktes und seiner Segmente auf der Grundlage der erwarteten Entwicklung der relevanten Markttreiber. Zweck der Marktmodellierung im Rahmen der Commercial Due Diligence ist vor allem die Validierung des Business Plans, da durch sie eine Vergleichsgröße für die Umsatzplanung geschaffen wird. Das Marktmodell sollte sich daher in seinem Aufbau, hinsichtlich Marktsegmentierung, Rechenarithmetik und Projektionszeitraum am Business Plan orientieren.

Der Prozess der Marktmodellierung kann in fünf Schritte untergliedert werden:

- Schritt 1: Analyse der historischen Marktdaten,
- Schritt 2: Quantifizierung der Marktgröße im Basisjahr,
- Schritt 3: Identifikation und Bewertung der Marktreiber,
- Schritt 4: Modellierung der zukünftigen Marktentwicklung,
- Schritt 5: Plausibilisierung und Sensitivitätsanalysen.

Schritt 1: Analyse der historischen Marktdaten

Grundlage für die Projektion des zukünftigen Marktwachstums ist ein detailliertes Verständnis der historischen Marktentwicklung. Zu diesem Zweck sind die historischen Marktdaten zu analysieren. Wie weit dabei in die Vergangenheit zurückgeblickt wird, hängt neben der Datenverfügbarkeit auch von den Strukturmerkmalen des Marktes ab. Wurde im Rahmen der Marktanalyse eine Zyklizität des Marktes ermittelt, sollte zumindest ein voller Zyklus betrachtet werden.

Schritt 2: Quantifizierung der Marktgröße im Basisjahr

Anschließend muss die Marktgröße im Basisjahr als Aufsatzpunkt der späteren Projektion quantifiziert werden. Dies sollte unabhängig von historischen Marktdaten erfolgen, um eine möglichst hohe Objektivität zu gewährleisten.

Die Herleitung der aktuellen Marktgröße und auch die spätere Marktprojektion sind grundsätzlich in Form eines Preis-Mengen-Gerüstes aufzubauen. Beide Komponenten werden zunächst separat bestimmt und dann zusammengeführt. Das grundlegende Marktwertmodell lautet damit:

Marktwert (Euro) =
Marktvolumen (Stück) × Preis pro Stück (Euro/Stück)

Das Marktvolumen wird in Stück pro Jahr erfasst. Bei den Stückpreisen handelt es sich um (gewichtete) durchschnittliche Marktpreise. In Märkten mit homogenen Produkten, ist die Bandbreite der Stückpreise in der Regel eng und damit unkritisch. Je größer jedoch die Produktdifferenzierung zwischen den Anbietern ist, desto eher kann es geboten sein, mit multiplen Stückpreisen zu arbeiten. Es ist ebenfalls zu berücksichtigen, dass die Preisannahmen, die von der Preiselastizität der Nachfrage und der Wettbewerbsintensität des betreffenden Produktmarktes abhängig sind, einen erheblichen Einfluss auf die Mengenschätzung ausüben können. Das Ausmaß der durch die Preisannahmen implizierten Mengen wird sich in der Regel von Kundensegment zu Kundensegment unterscheiden. Die Modellierung von Preis-Nachfragekurven ist in diesem Zusammenhang ein wichtiges Hilfsmittel.

Das grundlegende Marktwertmodell muss entsprechend der Umstände des betrachteten Einzelfalls modifiziert werden. In vielen Märkten ist beispielsweise der Absatz des betreffenden Produktes von einem Komplementärprodukt abhängig. Dies ist etwa in der Automobilzulieferbranche der Fall, deren Produktabsatz durch die Anzahl der jährlich produzierten Fahrzeuge einer Modellreihe getrieben wird. Während einige Produkte, beispielsweise Motoren, in jedem produzierten Modell verbaut werden, sind andere Produkte, etwa die Gürtellinie und andere Zierteile im Fahrzeuginnenraum, von der Ausstattungsvariante des Fahrzeuges abhängig. In diesem Fall ergibt sich das jährliche Marktvolumen aus dem Produkt der jährlich produzierten Modelle und der Einbaurate des zugelieferten Produktes. In der Automobilzulieferbranche besteht zudem die Besonderheit, dass die vertraglich zwischen Automobilherstellern und Zulieferern fixierten Stückpreise Gegenstand jährlicher Preisverhandlungen sind, bei denen die Automobilhersteller Preisreduktionen durchsetzen. Ein typisches Marktwertmodell in der Automobilzulieferindustrie lautet damit beispielsweise:

Anzahl der jährlich produzierten Fahrzeuge pro Modellreihe
x Einbaurate des zugelieferten Produktes =
Jährliches Marktvolumen pro Modellreihe
x Vorjahrespreis des zugelieferten Produktes pro Stück
x (1 – Durchschnittliche jährliche Preisreduktion)
= Jährlicher Marktwert pro Modellreihe

Der Wert des Gesamtmarktes entspricht dann der Summe der Marktwerte aller im relevanten Markt verkauften Modellreihen.

Bei kundenorientierten Geschäftsmodellen kann es sinnvoll sein, die Anzahl der Kunden im Markt bei der Marktquantifizierung zu berücksichtigen. Das entsprechende Marktwertmodell lautet dann:

Marktwert = Anzahl der Kunden × Stück pro Kunde × Preis pro Stück

Die Anzahl der Kunden lässt sich als Produkt aus Kundenbasis und Penetrationsrate der Kundenbasis definieren:

Marktwert =
Kundenbasis × Penetrationsrate × Stück pro Kunde × Preis pro Stück

Dabei ist die Kundenbasis die jährliche Anzahl aller potenziellen Kunden für ein Produkt. Im Regelfall wird eine weitere Segmentierung der Kundenbasis erforderlich sein, um die Analyse zu verfeinern. Die Penetrationsrate ist der prozentuale Anteil der Kundenbasis, der zu einem gegebenen Zeitpunkt von den Anbietern im Markt bedient wird.

Schritt 3: Identifikation und Bewertung der Markttreiber

Die Quantifizierung der zukünftigen Marktentwicklung (Schritt 4) erfolgt auf Grundlage der wesentlichen Markttreiber. Dies hat den Vorteil, dass das erwartete Marktwachstum nachvollziehbar auf die Entwicklung der Markttreiber zurückgeführt werden kann. Dieses Vorgehen setzt voraus, dass die relevanten Markttreiber identifiziert und in Bezug auf die Unsicherheit ihrer Entwicklung und ihren Einfluss auf den Markt bewertet werden.

Auf der Grundlage des festgelegten Marktwertmodells müssen zunächst diejenigen Faktoren identifiziert werden, die die einzelnen Multiplikatoren des Modells treiben. Dies kann durch den Einsatz qualitativer Methoden, zum Beispiel durch Marktstudien oder Expertengespräche, erfolgen. Es ist jedoch in jedem Fall empfehlenswert, die Korrelation zwischen Markttreibern auf der einen Seite und Marktwert, -volumen und -preisen auf der anderen Seite quantitativ mit Hilfe von Korrelations- bzw. Regressionsanalysen nachzuweisen. Dabei sind insbesondere auch zeitliche Verzögerungen bei der Auswirkung der Marktreiber auf das Marktvolumen zu beachten.

Danach erfolgt eine Einordnung der Markttreiber nach ihrer Unsicherheit und ihrer Wirkung. Damit werden zwei Ziele verfolgt. Zum einen sollen diejenigen Markttreiber ausgeschlossen werden, deren Wirkungsgrad auf die Multiplikatoren des Marktmodells und damit den Marktwert nur gering ist. Zum anderen sollen die verbleibenden wesentlichen Marktreiber in solche mit sicherer Entwicklung und solche mit unsicherer Entwicklung unterteilt werden. Die sicheren Markttreiber, deren Entwicklung klar vorhergesagt werden kann, bilden die Grundlage des späteren Marktmodells. Demgegenüber haben die unsicheren Treiber eine Reihe von möglichen Endpunkten am Ende des Prognosezeitraumes. Im Marktmodell werden die unsicheren Treiber in Form von Szenarien berücksichtigt. Es bietet sich an, die Klassifizierung der Marktreiber in einer Unsicherheit-Wirkung-Matrix zu visualisieren (vgl. Abbildung 45).

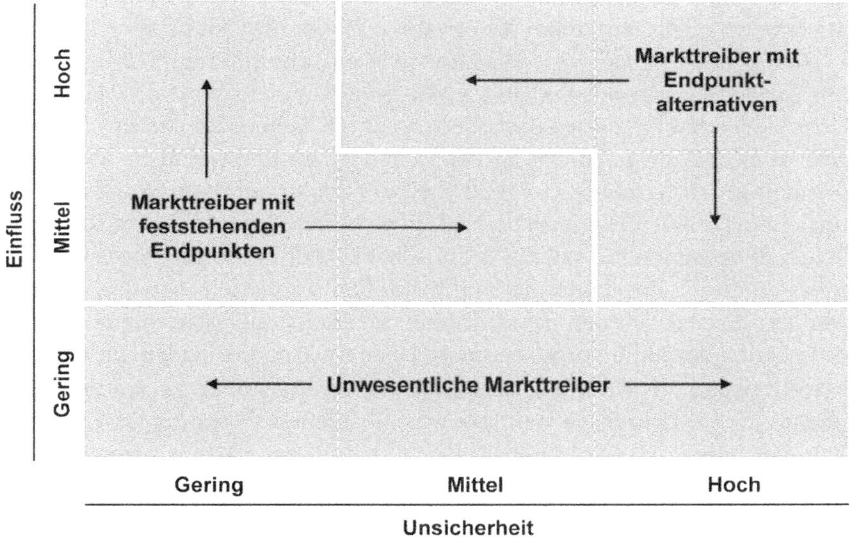

Abbildung 45: Unsicherheit-Wirkung-Matrix
Quelle: Eigene Darstellung

Schritt 4: Modellierung der zukünftigen Marktentwicklung

Die Modellierung der zukünftigen Marktentwicklung erfolgt auf der Grundlage der zuvor identifizierten Markttreiber. Zu diesem Zweck wird zunächst die explizite Planungsperiode festgelegt. Sodann erfolgt für diesen Zeitraum die Modellierung eines Basisszenarios sowie gegebenfalls weiterer Szenarien.

Bei der Festlegung der expliziten Planungsperiode des Marktmodells ist zu beachten, dass sie grundsätzlich der des Business Plans entsprechen sollte. In Einzelfällen kann es geboten sein, die explizite Planungsperiode des Marktmodells zu erweitern, wenn der Business Plan den strategisch relevanten Zeithorizont der betreffenden Branche nicht in ausreichendem Maße reflektiert. Grundsätzlich gilt, dass der strategisch relevante Zeithorizont umso länger ausfällt, je kapitalintensiver eine Branche ist.

Stützt sich das Marktmodell auf ein »einfaches« Marktwertmodell, sind die Markttreiber der Mengen und Preise vorherzusagen. Ein »kundenorientiertes« Marktmodell erfordert zusätzlich die Projektion der Marktreiber der Kundenbasis und der Penetrationsrate. Es eröffnet Raum für die Anwendung des Bass-Modells und anderer Diffusionsmodelle, mit deren Hilfe der Verlauf der Penetration einer Kundenbasis durch ein Produkt modelliert und vorhergesagt werden kann.[104] Aufgrund der einzelnen Multiplikatoren des Marktwertmodells wird dann die erwartete Marktentwicklung berechnet.

Häufig beschränken sich Marktmodelle auf die Bildung eines einzigen Marktszenarios, dessen Eintritt als wahrscheinlich erachtet wird. Richtiger ist es jedoch häufig, dieses Basisszenario durch weitere Szenarien zu ergänzen. Während die Entwicklung der sicheren Markttreiber allen Szenarien gemeinsam ist, erfolgt die eigentliche Szenariobildung auf Grundlage der unsicheren Treiber. Die unsicheren Treiber können zu einer Reihe von möglichen Endpunkten führen, die es zunächst zu definieren gilt. Anschließend müssen durch die Endpunktkombinationen Szenarien herausgearbeitet werden. Hierzu können verschiedene Methoden herangezogen werden. Eine häufig gewählte Vorgehensweise besteht darin, die beiden wichtigsten Markttreiber in Form einer Szenariomatrix miteinander zu kombinieren und auf dieser Grundlage vier Szenarien abzuleiten.[105] Häufig lässt sich die Zahl der relevanten Markttreiber jedoch nicht derart stark reduzieren, ohne dass es zu einer Vernachlässigung wichtiger Aspekte kommt. In diesen Fällen kann etwa für jeden Markttreiber ein wahrscheinlicher Endpunkt sowie ein optimistischer und ein pessimistischer Endpunkt definiert werden. Diese werden dann zu Szenarien verdichtet (vgl. Abbildung 46).

Die entwickelten Szenarien werden dann nach ihrer Eintrittswahrscheinlichkeit und Eignung im Einzelfall in eine Rangfolge gebracht. Es sollten maximal drei bis vier Szenarien für eine weitere Detaillierung ausgewählt werden. Die ausgewählten Szenarien sollten in Summe einen signifikanten

104 Zu den Diffusionsmodellen siehe beispielsweise Bass (1969), Ofek (2007) und Rogers (2003).
105 Vgl. van der Heijden (2005).

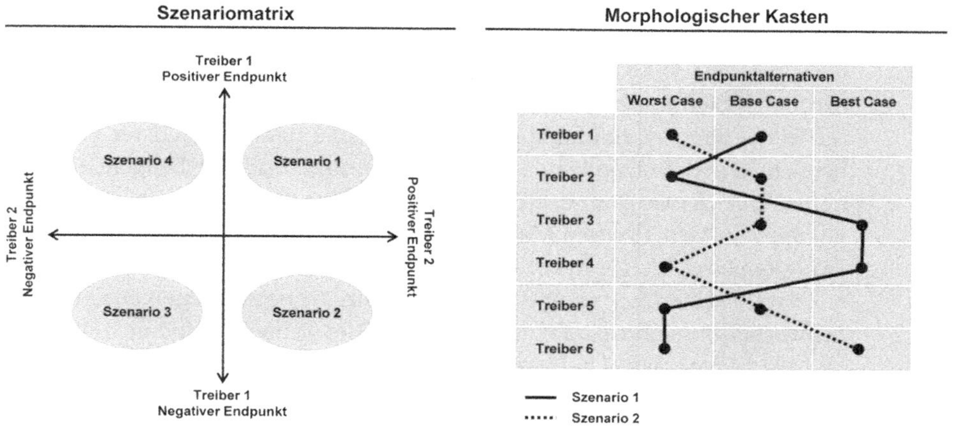

Abbildung 46: Ableitung von Szenarien
Quelle: Eigene Darstellung

Teil des Wahrscheinlichkeitsraumes abdecken. Jedes Szenario wird mit einem Titel benannt, der das zentrale Thema zusammenfasst und gegebenenfalls in verschiedenen Dimensionen weiter ausgearbeitet.

Schritt 5: Plausibilisierung und Sensitivitätsanalysen

Die Plausibilität der berechneten zukünftigen Marktgrößen- und Wachstumsraten ist durch den Vergleich mit Referenzpunkten, beispielsweise Markteinschätzungen aus Marktstudien und Expertengesprächen, zu plausibilisieren. Zudem sollten Sensitivitätsanalysen durchgeführt werden, die die Auswirkungen einer Variation der Annahmen auf die Wachstumsraten im Markt aufzeigen.

4 Berichterstellung

Die Berichtserstellung ist vom Format der Commercial Due Diligence abhängig. So unterscheidet man typischerweise den Red Flag Report, den nicht bankfähigen Interimreport und den bankenfähigen Abschlussreport.

Beim Red Flag Report handelt es sich um einen Kurzbericht, der im Wesentlichen eine Zusammenfassung der transaktionsrelevanten Fragestellungen (sog. Key Deal Issues), den Hauptteil sowie einen Vorschlag zur weiteren Vorgehensweise für eine Full Scope Commercial Due Diligence enthält.

Die Zusammenfassung der transaktionsrelevanten Fragestellungen stellt de facto eine Executive Summary dar und beleuchtet die wesentlichen Ergebnisse der Due Diligence. Im Hauptteil finden sich die Detailergebnisse zu den Untersuchungsgegenständen der Red Flag Due Diligence. Diese variieren in der Regel stark und können Teilaspekte unterschiedlichster Themenbereiche aus der eigentlichen Full Scope Commercial Due Diligence reflektieren. Oftmals verlangt das Private Equity Haus als Auftraggeber erste Hypothesen zu den Themen Markt, Kunde und Wettbewerb oder eine Analyse der Nachhaltigkeit des Geschäftsmodells. Der Vorschlag zur weiteren Vorgehensweise schließlich nimmt dann Bezug auf die notwendigen analytischen Schwerpunkte der weiteren Commercial Due Diligence, die sich aus den Red Flag Ergebnissen ableiten. Häufig wird der Red Flag Report bereits so konzipiert, dass er auch an die finanzierenden Banken weitergegeben werden kann. Denn auch die Banken sind früh an ersten Ergebnissen interessiert, um ihre Entscheidungsgremien zeitnah vorbereiten und informieren zu können.

Beim Interimsreport handelt es sich um ein rein internes, für den Auftraggeber bestimmtes Dokument. Er ist weder inhaltlich noch formal so konzipiert, dass er an Dritte weitergegeben werden kann und ist dementsprechend auch nicht bankenfähig. Der Interim-Report ist bei Due Diligence Dienstleistern eher unbeliebt, da es auch für die Erstellung eines solchen Berichtes eines entsprechenden Zeitaufwandes bedarf. Bedenkt man, dass eine typische Commercial Due Diligence mittleren Umfangs durchschnittlich nur drei bis vier Wochen dauert, wird deutlich, dass das Verfassen eines solchen Berichts einen erheblichen Anteil des für die Full Scope Commercial Due Diligence vorgesehenen Zeitraumes in Anspruch nehmen kann. Dennoch wird ein Interimsreport natürlich geliefert, wenn er explizit vom Auftraggeber angefragt wird.

Die dritte Kategorie ist der bankenfähige Full Scope Commercial Due Diligence Report. Die typische Struktur dieser Berichtsform folgt grundsätzlich der Systematik der Analyse innerhalb der einzelnen Teilbereiche der Commercial Due Diligence. Typischerweise stehen am Anfang eines jeden Berichtes die wesentlichen, transaktionsrelevanten Erkenntnisse der Commercial Due Diligence, die sogenannten Key Deal Issues. Zu diesem Zweck werden die für die Bewertung des Zielunternehmens relevanten Aspekte aus den einzelnen Teilkapiteln der Commercial Due Diligence eingänglich und zusammenfassend dargestellt. Im nächsten Kapitel folgt die Analyse des Zielunternehmens. In diesem Rahmen werden sämtliche das Unternehmen betreffenden Sachverhalte analysiert und dargestellt. Hierzu gehören das Geschäftsmodell, die Finanzergebnisse und -planung sowie die Wachstumsstrategie und -maßnahmen. Im Rahmen der Analyse der Marktattraktivität erfolgt das systematische Hinterfragen der Einzelaspekte Marktdefinition und -segmentierung, Marktgröße und -profitabilität sowie Markttreiber und -wachstum. Des Weiteren werden das aktuelle Marktpreisniveau und seine Entwicklung im Zeitverlauf analysiert. Das Kapitel Kundenanalyse umfasst die Untersuchung der Kundenbasis der Zielgesellschaft, der Kundenendmärkte bei B2B-Kunden sowie des Kundeneinkaufverhaltens. Im Wettbewerbsteil erfolgt die Bestimmung der relevanten Wettbewerber sowie deren Positionierung im Markt. Einher geht dies mit der Analyse der Finanzkennzahlen des Zielunternehmens im Wettbewerbsvergleich und der zugrundeliegenden Wettbewerbsvorteile und -nachteile. Im Kapitel Business Plan Validierung wird im Bericht zur Commercial Due Diligence die Umsatz- und Ergebnisplanung des Zielunternehmens umfassend validiert und entsprechend nach oben oder unten angepasst. Diesem Kapitel folgt dann abschließend die Darstellung und Bewertung von Wachstumspotenzialen, die noch nicht in der eigentlichen Planung berücksichtigt sind. Im Anhang werden dann die verwendeten Informationsquellen aus den Interviews (anonymisiert) mit dem Management und im Markt aufgeführt. Partiell existiert daneben auch noch ein Bereich im Anhang, der eventuell weitere Zusatzinformationen in den Bericht integriert, die aber weitestgehend unkommentiert bleiben. Es handelt sich beim Full Scope Commercial Due Diligence Report – unabhängig ob als Vendor oder Buy Side Due Diligence konzipiert – um einen bankenfähigen Bericht, der an Dritte weitergegeben werden kann.

Besonders interessant wird ein Commercial Due Diligence Bericht dann, wenn er in Kombination mit den Berichten der Financial Due Diligence und gegebenenfalls der Operational Due Diligence als Business Due Diligence Bericht konzipiert ist. Hier hat der Leser dann einen komplett integrierten, in Bezug auf die relevanten Schnittstellen aufeinander abgestimmten Gesamtbericht über das zu erwerbende Unternehmen. Der Leser muss nicht mehrere Berichte nebeneinander lesen, sondern kann die Zielgesellschaft umfassend kennenlernen. Zudem ist Zahlenkonsistenz zwischen den verschiedenen Teilbereichen der Business Due Diligence gewährleistet, so dass es hier auch keinen weiteren Abstimmungsbedarf gibt.

E
Spezialprobleme der Commercial Due Diligence

1 Kommoditisierung

Kommoditisierung stellt viele Branchen vor große Herausforderungen. Eine Commodity ist ein Produkt, das nur wenige oder keine Produktmerkmale aufweist, die es von vergleichbaren Angeboten differenzieren. Die zunehmende Homogenisierung der Produkte einer Branche wird als Kommoditisierung bezeichnet. Diese geht in der Regel mit einer steigenden Preissensitivität der Kunden und fallenden Kundenwechselkosten einher. Von Kommoditisierung kann damit gesprochen werden, wenn die folgenden drei Faktoren kumulativ erfüllt sind:

- *Zunehmende Homogenität der Produkte:* Die Produkte der Anbieter einer Branche werden von den Kunden als austauschbar, d. h. identisch in puncto Qualität und Leistung, wahrgenommen. Dies ist regelmäßig in reifen Branchen der Fall, die durch einen geringen Innovationsgrad gekennzeichnet sind. Mangels Innovation haben die Anbieter keine Möglichkeit, ihre Produkte vom Wettbewerb zu differenzieren.
- *Steigende Preissensitivität der Kunden:* In kommoditisierten Branchen ist der Preis das hauptsächliche Kaufentscheidungskriterium der Kunden. Die Kunden sind allein am Preis des standardisierten Produktes interessiert, da sie von der dauerhaften Verfügbarkeit von Produkten mit identischer Qualität ausgehen. Die in kommoditisierten Branchen häufig zu beobachtende Preisfluktuation steigert die Preissensitivität der Kunden zusätzlich.
- *Sinkende Kundenwechselkosten:* Beim Anbieterwechsel entstehen den Kunden Kosten durch die Suche nach alternativen Angeboten. In kommoditisierten Branchen sind diese Kosten minimal, da den Kunden eine Vielzahl alternativer Anbieter für ein standardisiertes Produkt zur Verfügung steht.

Da die Möglichkeiten der preislichen Differenzierung sukzessive abnehmen, führt der Prozess der Kommoditisierung in der Regel zu einer Reduzierung der Profitabilität des durchschnittlichen Branchenunternehmens. Es liegt auf der Hand, dass der Erwerb eines Unternehmens in einer sich kommoditisierenden Branche aus Käufersicht problematisch ist. Das aus der Kommoditisierung für den Investor entstehende Risiko muss daher im Rahmen der Commercial Due Diligence abgeschätzt werden. In diesem Zusammenhang muss erstens die Höhe des Kommoditisierungsgrades der Branche bestimmt werden. Zweitens ist die Effektivität der Strategie des Zielunternehmens in Bezug auf die Kommoditisierung zu bewerten.

Kommoditisierungsgrad der Branche

Zur Einschätzung der Höhe des Kommoditisierungsgrades einer Branche kann eine Reihe von Indikatoren herangezogen werden. Unter anderem sind folgende Merkmale für kommoditisierte Märkte typisch:[106]

- Die Marktteilnehmer sind infolge der hohen Wettbewerbsintensität einem starken Preisdruck ausgesetzt, der sich in der operativen Marge der Unternehmen niederschlägt.
- Nachahmerprodukte (sog. »Me too«-Produkte) sind im Markt weit verbreitet.
- Der Preis ist mit weitem Abstand das Kaufentscheidungskriterium mit der größten Bedeutung. Die Kunden sind nicht bereit, für »unnötige« Produktmerkmale zu zahlen.
- Unter den Kunden herrscht ein weitverbreiteter Glaube, dass alle Anbieter im Wesentlichen identisch und damit austauschbar sind. Infolgedessen besteht kein Interesse der Kunden an Produktalternativen.

Das Vorliegen dieser Indikatoren muss durch die Analyse der historischen Finanzergebnisse des Zielunternehmens und der seiner Wettbewerber sowie durch Interviews mit Kunden, Nicht-Kunden, Wettbewerbern und Marktexperten geprüft werden.

Strategie des Zielunternehmens

Ist das Zielunternehmen in einer sich kommoditisierenden oder bereits stark kommoditisierten Branche positioniert, muss die Commercial Due Diligence im zweiten Schritt untersuchen, ob es über eine adäquate Strategie in Bezug auf die Kommoditisierung verfügt. Dabei kommen grundsätzlich

106 Zur nachfolgenden Aufzählung vgl. Holmes (2008).

die strategischen Handlungsoptionen Kostenführerschaft und Differenzierung in Betracht (vgl. Abbildung 47).

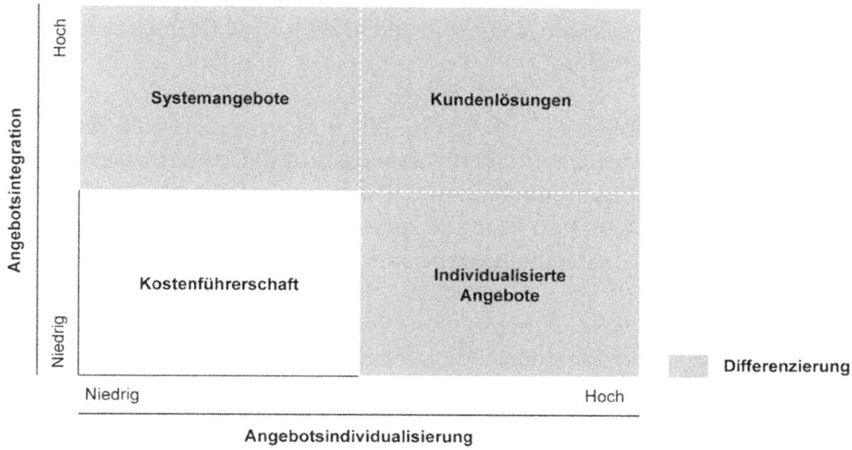

Abbildung 47: Strategische Handlungsoptionen bei Kommoditisierung
Quelle: Modifiziert nach Kashani (2006)

Kostenführerschaft. Die erste strategische Option des Zielunternehmens besteht darin, als »Commodity-Spezialist« die Kostenführerschaft im Markt anzustreben oder zu verteidigen.[107] Dies setzt die konsequente Ausrichtung des Unternehmens auf ein Low Cost-Geschäftsmodell voraus.[108] Oft wird es dabei notwendig sein, das Geschäft mit dem kommoditisierten Produkt vom Rest des Unternehmens zu trennen, um die erfolgreiche Umsetzung des Low Cost-Geschäftsmodells zu gewährleisten.[109]

Differenzierung. Die Differenzierung des betreffenden Produktes stellt die zweite strategische Option des Zielunternehmens dar. Dies erlaubt dem Zielunternehmen, Preisaufschläge relativ zum Wettbewerb beim Kunden durchzusetzen bzw. aufrechtzuerhalten. Dabei liegt der durch die Differenzierung erzeugte Mehrwert in der Schaffung eines neuen Kundennutzens über die traditionelle Definition des Produktes hinaus. Um ein entsprechendes, oft unartikuliertes Kundenbedürfnis zu identifizieren, ist ein detailliertes Verständnis der Treiber des Geschäftserfolges des Kunden erforderlich.

107 Vgl. Kashani (2006).
108 Zu den Merkmalen von Low Cost-Geschäftsmodellen siehe beispielsweise Kachaner/Lindgardt/Michael (2010).
109 Die Erfolgskriterien solcher »Kampfmarken« werden ausführlich von Ritson (2009) diskutiert.

Der Kunde muss zudem bereit sein, für den neu geschaffenen Nutzen auch zu bezahlen. Schließlich muss der durch die Differenzierung erzielte Preisaufschlag die Kosten der Differenzierung übersteigen.

Einem Zielunternehmen stehen grundsätzlich drei Optionen zur Produktdifferenzierung offen:[110]

- *Individualisierte Angebote:* Auf der Grundlage einer verfeinerten Kundensegmentierung wird das Produkt passgenau auf die Bedürfnisse einzelner Kundengruppen zugeschnitten. Die Produktindividualisierung schafft dadurch Mehrwert, dass die spezifischen Bedürfnisse der Kundengruppen gezielter bedient werden als von den Produkten alternativer Anbieter.
- *Systemangebote:* Das Zielunternehmen integriert sein Kernprodukt mit ergänzenden Produkten oder Dienstleistungen zu einem (standardisierten) Systemangebot. Die Differenzierung wird aufgrund des durch das System geschaffenen synergetischen Kundennutzens erzielt. Die Tier-1-Zulieferer in der Automobilindustrie sind ein gutes Beispiel für Systemanbieter.
- *Kundenlösungen:* Eine Kundenlösung liegt vor, wenn das Angebot des Zielunternehmens aus integrierten Produkten besteht, die auf die individuellen Bedürfnisse einzelner Käufergruppen zugeschnitten sind. Mit anderen Worten werden spezifische Kundenprobleme mit individualisierten Lösungen adressiert. Ein Beispiel ist das bereits zuvor diskutierte Flottenmanagement des Elektrowerkzeugherstellers Hilti.

Fallbeispiel – Kommoditisierung in der Call-Center-Branche

Kommoditisierung wird in der Regel mit Produkten in Verbindung gebracht. Dass diese aber auch ebenso gut Dienstleistungen betreffen kann, zeigt das Beispiel der Call-Center-Branche.[111] Die klassischen Call-Center-Dienstleistungen können in Sales Services (z. B. Bestellannahme und -beratung, Kundenreaktivierung, Kündigerrückgewinnung, Cross- und Upselling) und Customer Services (z. B. Kundenverwaltung, Informationshotlines, Beschwerdemanagement, Technischer Support) unter-

110 Zu den nachfolgend dargestellten Optionen vgl. Kashani (2006).

111 Zum Thema der Kommoditisierung von Dienstleistungen siehe ausführlich Davenport (2005).

teilt werden. Ihre Kommoditisierung ist weit fortgeschritten. Damit ist der Call-Center-Markt heute ein typischer Commodity-Markt, der durch hohe Anrufvolumina und niedrige Margen pro Anruf gekennzeichnet ist. Um die nötigen Volumina erzielen und Schwankungen in der Kapazitätsauslastung ausgleichen zu können, benötigen die Marktteilnehmer ein umfassendes Dienstleistungsportfolio. Da das Dienstleistungsangebot der unterschiedlichen Spieler im Markt aufgrund dessen weitgehend identisch ist, kann sich angebotsseitig kein Anbieter klar von seinen Wettbewerbern differenzieren. Die Folge ist starker Preisdruck im Bereich der Standard-Call-Center-Dienstleistungen.

Die Dienstleister der Branche reagieren auf die Herausforderung der Kommoditisierung in unterschiedlicher Weise. Einerseits ist im Markt ein Trend hin zur Kostenreduzierung durch webbasierte und automatisierte Dienstleistungen zu beobachten (Customer Self Care). Zum anderen unternehmen die meisten Dienstleister erhebliche Anstrengungen, um den Differenzierungsgrad ihres Angebotes zu erhöhen. Dies geschieht in allen der drei oben beschriebenen Dimensionen:

- *Individualisierte Angebote:* Die Dienstleister richten ihr Angebot stärker auf die Bedürfnisse ihrer Kundenbranchen aus. Wichtige klassische Kundenbranchen sind Telekommunikation, Finanzdienstleistungen, Handel und Medien. Daneben existieren »neue« Kundenbranchen wie beispielsweise Utilities, Healthcare oder Public Services.
- *Systemangebote:* Indem sie die klassischen Telefondienstleistungen mit ergänzenden Dienstleistungen verknüpfen, verlängern die Anbieter ihre Wertschöpfungskette. Zu den ergänzenden Dienstleistungen gehören Beratungs-, IT-, Logistik- und Inkassodienstleistungen.
- *Kundenlösungen:* Die Dienstleister kombinieren Produktindividualisierung und -integration durch die Entwicklung von industriespezifischen Lösungen für das Outsourcing ganzheitlicher Kundenprozesse wie etwa Online Shops oder Kundenbindungsprogramme (Clubs & Cards). Vorreiter im deutschen Markt ist der Dienstleister D+S Europe, der sich im Eigentum der Beteiligungsgesellschaft Apax befindet. Mit seiner Tochtergesellschaft NETRADA ist D+S Europe auf den Betrieb von Online Shops und E-Commerce-Lösungen für die Fashion-Branche spezialisiert.

2 Kundenabhängigkeit

Die Abhängigkeit eines Zielunternehmens von einem oder mehreren Kernkunden ist eine klassische Problemstellung der Commercial Due Diligence. Oft ist eine Kundenabhängigkeit bei mittelgroßen Unternehmen zu finden, die sich zusammen mit einem Kernkunden entwickelt und nicht rechtzeitig den Schritt zu einem diversifizierten Kundenportfolio vollzogen haben. Mit einer Kundenabhängigkeit sind in der Regel vier Risiken – das Kundenausfallrisiko, das Kundenwechselrisiko, das Preisrisiko und das Mengenrisiko – verbunden. Die Relevanz dieser Risiken ist im Einzelfall herauszuarbeiten.

Kundenausfallrisiko. Das Kundenausfallrisiko bezieht sich auf den möglichen Ausfall eines Kernkunden aufgrund von Unternehmenskrisen. Zur Identifikation eines Kundenausfallrisikos muss die finanzielle Stabilität des betreffenden Kernkunden im Detail analysiert werden. Ein besonders wichtiger Indikator ist dabei die Eigenkapitalausstattung des Unternehmens. Darüber hinaus kann es im Einzelfall auch sinnvoll sein, den Kernkunden auch mit Blick auf eine mögliche strategische Krise hin zu durchleuchten. Zwar werden strategische Krisen gewöhnlich nicht den unmittelbaren Kundenausfall zur Folge haben, können aber Preis- und Mengenrisiken implizieren.

Kundenwechselrisiko. Das Kundenwechselrisiko betrifft den Fall des Kundenverlustes durch Lieferantenwechsel. Um dieses Risiko abschätzen zu können, müssen Kundenzufriedenheit und Kundenwechselkosten analysiert werden. Daneben ist durch Marktgespräche eine Liste mit branchenüblichen Kundenwechselgründen zu erarbeiten und das Zielunternehmen auf das Vorliegen dieser Kundenwechselgründe hin zu untersuchen.

Preisrisiko. Das Preisrisiko besteht in der möglichen Erhöhung des Preisdrucks seitens des Kunden. Die Gründe hierfür können in zwei große Bereiche untergliedert werden. Zunächst kann sich das Einkaufsverhalten eines Kunden verändern. So kann der Einkauf beispielsweise professionalisiert oder zentralisiert werden, was zu einer Bündelung von Einkaufsvolumen führt. Durch die Einführung einer Multiple-Sourcing-Strategie kann es zur Schaffung von Wettbewerb zwischen den Lieferanten und damit einer Erhöhung des Preisdrucks kommen. Zweitens können die Gründe für eine mögliche Erhöhung des Preisdrucks im Kundenmarkt liegen. Eine Konsolidierung der Kundenbranche kann eine Erhöhung der Einkaufsmacht zur Folge haben. Durch wachsenden Wettbewerbsdruck im Kundenmarkt steigt die Preissensibilität des Kunden beim Einkauf. Das Einkaufsverhalten der Kunden sowie die relevanten Kundenmärkte sind daher auf mögliche Preisrisiken hin zu analysieren.

Mengenrisiko. Das Mengenrisiko adressiert die Verringerung der Einkaufsmenge durch den Kunden. Dies kann unterschiedliche Gründe haben, wie etwa eine Veränderung des Einkaufsverhaltens des Kunden – beispielsweise ein Wechsel der Einkaufstrategie vom Single Sourcing zum Multiple Sourcing – oder Marktanteilsverluste des Kunden im Kundenmarkt. Auch in Bezug auf das Mengenrisiko muss daher das Einkaufsverhalten der Kernkunden sowie der Kundenmarkt einschließlich der Wettbewerbspositionierung der Kernkunden analysiert werden.

Bei der Analyse von Kundenabhängigkeit ist zu beachten, dass das Kundenwechselrisiko sowie die Preis- und Mengenrisiken nur dann problematisch sind, solange die Abhängigkeit nicht gegenseitig ist. Das Kundenausfallrisiko bleibt jedoch in jedem Fall bestehen.

Fallbeispiel – Kundenabhängigkeit eines Outsourcing-Dienstleisters

Das Beispiel eines führenden Outsourcing-Dienstleisters, der vor einiger Zeit Gegenstand eines Commercial Review war, ist gut dafür geeignet, die Analyse der Kundenabhängigkeit zu illustrieren.[112] Obgleich der betreffende Dienstleister eines der größten Unternehmen im Markt war, bestand eine erhebliche Abhängigkeit von seinem Hauptkunden, der mehr als 50 Prozent zum Gesamtumsatz des Unternehmens beitrug. Die Bewertung dieser Kundenabhängigkeit war deshalb eine der zentralen strategischen Problemstellungen des Projekts.

Die Analyse konzentrierte sich auf die Fragestellung, ob und inwieweit die sich aus der sehr starken Kundenabhängigkeit ergebenden Risiken durch risikomindernde Faktoren ausgeglichen wurden. Als risikomindernde Faktoren wurden folgende Gesichtspunkte in Betracht gezogen:

- Das Risiko einer Kundenabhängigkeit ist dann gemindert, wenn der Hauptkunde seinerseits auch von dem Dienstleister abhängig ist (gegenseitige Abhängigkeit).
- Die Abhängigkeit von einem Qualitätskunden ist mit weniger Risiken behaftet als die von einem Kunden minderer Qualität.

112 Das hier diskutierte Projektbeispiel wurde aus Vertraulichkeitsgründen anonymisiert.

- Eine gut gefüllte Neukundenpipeline mit Diversifizierungspotenzial erlaubt einen beschleunigten Umbau des Kundenportfolios.

Um den Grad der gegenseitigen Abhängigkeit zu ermitteln, wurden die Wechselkosten des Kernkunden bei einem potenziellen Lieferantenaustausch untersucht. Es stellte sich heraus, dass der Outsourcer einer von zwei strategischen Partnern des Hauptkunden war und den Großteil des ausgelagerten Volumens bearbeitete. Der zweite strategische Partner hätte das Volumen des Dienstleisters zumindest kurzfristig nicht vollständig übernehmen können. Darüber hinaus war die Rolle des Dienstleisters durch einen langfristigen Vertrag mit Volumengarantien abgesichert. Im Ergebnis wäre es schon allein aufgrund der Größe des Dienstleisters für den Kunden schwierig gewesen, diesen kurzfristig zu ersetzen – insofern bestand eine gegenseitige Abhängigkeit. Langfristig war ein schrittweiser Austausch des Dienstleisters zwar möglich, dafür bestanden aber keinerlei Anhaltspunkte, wie beispielsweise eine mögliche Unzufriedenheit des Kunden mit der Leistungserfüllung des Dienstleisters.

Die Qualität des Kunden wurde anhand der Kriterien Markterfolg und Outsourcing-Potenzial bewertet. Der Markterfolg wurde durch die Faktoren Marktposition und Wachstumspotenzial, basierend auf der Wachstumserwartung für den zugrundeliegenden Markt, definiert. Das Outsourcing-Potenzial für den Dienstleister ergab sich aus dem unausgeschöpften Kundenpotenzial (Outsourcinggrad) und der voraussichtlichen Entwicklung des Lieferanteils. Die Analyse zeigte, dass der Kernkunde zwar die dominante Marktposition im Kundenmarkt einnahm, seine Wachstumserwartung jedoch konstant bis leicht rückläufig war. Insgesamt war der Kunde damit – in der Terminologie der BCG-Matrix – als »Cash Cow« zu bewerten. Aufgrund eines restriktiven Tarifvertrages bestand bis auf weiteres auch kein zugängliches Outsourcingpotenzial. Allerdings war es wahrscheinlich, dass der Dienstleister als strategischer Partner seines Hauptkunden von einer bevorstehenden Lieferantenkonsolidierung würde profitieren können.

Die Pipeline des Outsourcing-Dienstleisters mit potenziellen Neukunden schließlich erwies sich als attraktiv und besaß von der Branchenzusammensetzung her großes Potenzial für eine Kundendiversifizierung.

Zusammenfassend wurde damit das Risiko der Kundenabhängigkeit durch eine kurz- bis mittelfristige gegenseitige Abhängigkeit gemindert. Die »Cash Cow«-Positionierung des Kernkunden verschaffte Zeit für den Umbau des Kundenportfolios. Schließlich waren mit der gut gefüllten Kundenpipeline, die erhebliches Differenzierungspotenzial hatte, bereits die entsprechenden vertrieblichen Voraussetzungen geschaffen worden. Insgesamt musste die außerordentlich starke Kundenabhängigkeit des Dienstleisters jedoch als dessen zentrales strategisches Problem bewertet werden, das nachdrücklichen Handlungsbedarf seitens des Managements erforderte.

3 Beherrschung der Liefer- und Abnahmekette

Im Mittelpunkt des Marktteils der Commercial Due Diligence steht die Analyse des Absatzmarktes des Zielunternehmens. Die Profitabilität des relevanten Absatzmarktes kann jedoch maßgeblich durch die vor- oder nachgelagerten Stufen der industriellen Lieferkette beeinflusst werden. Aufgrund der relativen Machtverteilung entlang der Wertschöpfungskette kann es zu einer Umverteilung des im relevanten Absatzmarkt geschaffenen Wertes kommen. In solchen Fällen muss zusätzlich zum relevanten Absatzmarkt die gesamte industrielle Liefer- und Abnahmekette analysiert werden, um die Dynamik der Wertschaffung und -verteilung entlang der Wertschöpfungskette interpretieren zu können. Die Kernfragen lauten:

- Wie ist die industrielle Lieferkette im konkreten Einzelfall strukturiert? Wer sind die maßgeblichen Spieler auf den einzelnen Lieferstufen?
- Wie groß und profitabel sind die einzelnen Stufen der industriellen Lieferkette? Wird der relevante Absatzmarkt durch vor- oder nachgelagerte Wertschöpfungsstufen beherrscht?
- Wie hat sich die industrielle Lieferkette in der Vergangenheit entwickelt? Welche Veränderungen in der Konfiguration der Kette und der Werthaltigkeit der einzelnen Stufen werden für die Zukunft erwartet?

Struktur der Lieferkette

Im ersten Schritt gilt es, die Struktur der Lieferkette im konkreten Einzelfall zu verstehen. Hierbei wird es sich um eine Variation der generischen Lieferkette, deren Abfolge durch den Materialfluss vorgegeben wird, handeln. Auf der ersten Stufe der industriellen Lieferkette befinden sich die Rohmateriallieferanten. Sofern das Rohmaterial mehrere Veredelungsschritte durchläuft, kann sich die Stufe der Rohmateriallieferanten auch in mehrere Unterstufen aufteilen. Auf der nächsten Stufe werden die Rohmaterialien zu Bauteilen weiterverarbeitet, die über verschiedene mögliche Zwischenstufen schließlich durch Assembler zum Endprodukt zusammengesetzt werden. Die fertigen Endprodukte werden entweder direkt oder über Händler (Einzelhändler, Großhändler) an die Kunden vertrieben.

Zusätzlich ist es sinnvoll, die Hauptspieler auf jeder Stufe der Lieferkette zu identifizieren. Dabei sollten die Unternehmen in der Reihenfolge ihrer Wichtigkeit – typischerweise definiert durch die Größe – aufgelistet werden. Neben den existierenden Spielern sind auch mögliche Neueintritte entlang der Lieferkette zu berücksichtigen.

Größe und Profitabilität der Wertschöpfungsstufen

Der zweite Schritt der Lieferkettenanalyse besteht in der Beantwortung der Frage, wie sich der in der gesamten Lieferkette geschaffene Gewinn auf die einzelnen Wertschöpfungsstufen verteilt und was die Gründe für diese Verteilung sind. Zu diesem Zweck kann die sog. »Profit Pool«-Analyse herangezogen werden.[113] Die Analyseergebnisse werden dabei in Form eines Marimekkos dargestellt (vgl. Abbildung 48). Das Diagramm zeigt die Gewinnverteilung entlang der Lieferkette. Auf der horizontalen Achse wird die Größe der Lieferstufen, typischerweise ausgedrückt in kumulierten Umsätzen, und auf der vertikalen Achse die durchschnittliche Profitabilität der Spieler abgetragen.

Die Gründe für die unterschiedliche Profitabilität der Wertschöpfungsstufen, die grundsätzlich durch die relative Machtverteilung entlang der Lieferkette getrieben wird, sind detailliert herauszuarbeiten. In diesem Zusammenhang ist insbesondere auch die Frage zu adressieren, ob der relevante Absatzmarkt des Zielunternehmens von vor- oder nachgelagerten Wertschöpfungsstufen beherrscht wird.

Lieferanten können gegenüber den nachgelagerten Stufen der Lieferkette Marktmacht besitzen, die sie in die Lage versetzt, die Preise für ihre Käufer

113 Siehe dazu ausführlich Gadiesh/Gilbert (1998a, 1998b).

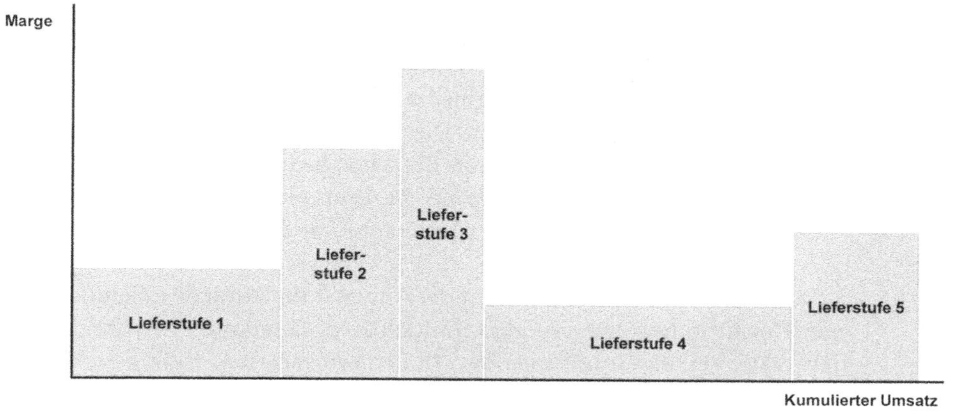

Abbildung 48: Illustrative Profit Pools entlang der Lieferkette
Quelle: Eigene Darstellung

zu erhöhen oder die Liefermenge des von ihnen bereitgestellten Produktes zu drosseln.[114] Wenn die Käufer diese Kostensteigerungen nicht wiederum in Form von höheren Preisen an ihre Kunden weitergeben können, wird Profitabilität zugunsten der Lieferanten »abgesaugt«. Unter folgenden Voraussetzungen besitzen Lieferanten »Kostenmacht« über ihre Käufer:

- Der Lieferantenmarkt ist stärker konzentriert als der Abnehmermarkt, mit anderen Worten der Markt des Zielunternehmens.
- Beim Austausch eines Lieferanten entstehen dem Zielunternehmen Wechselkosten in erheblichem Umfang. Dies ist immer dann der Fall, wenn die Wertschöpfungsketten von Lieferant und Zielunternehmen eng miteinander verzahnt sind. Infolgedessen weist die Infrastruktur des Zielunternehmens in diesen Konstellationen einen hohen Spezialisierungsgrad in Bezug auf seinen Lieferanten auf. Gleiches gilt bei gemeinsamen Investitionen von Zielunternehmen und Lieferanten in Infrastruktur (sog. Collective Assets).
- Die Produkte der Lieferanten weisen einen hohen Grad an Produktdifferenzierung auf.
- Für die Produkte der Lieferanten existieren keine Substitute.

114 Zu den Ausführungen zur Marktmacht der Lieferanten in der Lieferkette vgl. Porter (1980, 2007).

- Für den Fall, dass die Spieler im Markt des Zielunternehmens im Vergleich zu ihren Lieferanten zu profitabel werden, können letztere glaubhaft eine Vorwärtsintegration androhen.
- Die Lieferanten sind nur in geringem Maße vom Zielunternehmen und seinen Wettbewerbern abhängig. Dies ist dann der Fall, wenn die Lieferanten eine große Bandbreite von Branchen bedienen und der Markt des Zielunternehmens weder ein großes Verkaufsvolumen darstellt noch für einen Großteil der Gewinne der Lieferanten verantwortlich ist.

Dabei muss der Kostendruck für die Anbieter im Markt des Zielunternehmens nicht unbedingt von den unmittelbaren Lieferanten herrühren, sondern kann seinen Grund irgendwo in der vorgelagerten Lieferkette haben. Um festzustellen, wer die Kostensituation im Markt des Zielunternehmens kontrolliert, ist daher die gesamte vorgelagerte Lieferkette über die unmittelbaren Lieferanten hinaus zu betrachten.

Analog können auch die direkten und indirekten Abnehmer der nachgelagerten Absatzkette Marktmacht besitzen, die sich negativ auf die Anbieter im Beschaffungsmarkt auswirken und die Profitabilität des Zielunternehmens und seiner Wettbewerber herabsetzen kann.[115] Diese Verhandlungsmacht können sie beispielsweise dafür nutzen, die Preise im Markt des Zielunternehmens herabzusetzen, die Kosten der Anbieter durch die Forderung nach höherer Qualität oder mehr Dienstleistungen zu erhöhen und das Zielunternehmen gegen seine Wettbewerber beim Einkauf auszuspielen. Eine Kundengruppe besitzt unter den folgenden Bedingungen Verhandlungsmacht in Bezug auf einen Beschaffungsmarkt:

- Die Kundenseite ist stärker konzentriert als die des anbietenden Zielunternehmens und seiner Wettbewerber.
- Im Verhältnis zur Größe der Anbieter kaufen die Kunden große Volumina ein. Die Verhandlungsmacht ist dann besonders groß, wenn die Anbieterseite aufgrund hoher Fixkosten auf die Realisierung von Skaleneffekten angewiesen ist.
- Die Käufer betrachten die Anbieter als austauschbar, weil der Differenzierungsgrad der angebotenen Produkte gering ist.
- Die Wechselkosten der Käufer sind gering.
- Für den Fall, dass die Anbieter zu profitabel werden, können die Käufer glaubhaft eine Rückwärtsintegration androhen.

115 Zu den Ausführungen zur Marktmacht der Käufer in der Lieferkette vgl. Porter (1980, 2007).

Entwicklung der Liefer- und Abnahmekette

Im dritten Schritt der Lieferkettenanalyse muss dann eine Prognose zur voraussichtlichen Entwicklung der Lieferkette erarbeitet werden. Ein Vergleich von »Profit Pool«-Marimekkos im Zeitverlauf ist ein guter Weg, um die historische Wertmigration entlang der Wertschöpfungskette aufzuzeigen (vgl. Abbildung 49). Dabei dient die historische Analyse vor allem dazu, die wesentlichen Treiber der Lieferkette zu identifizieren. Aufsetzend auf diesen Treibern kann dann die wahrscheinliche Gestalt der Lieferkette am Ende des Betrachtungszeitraumes entwickelt werden.

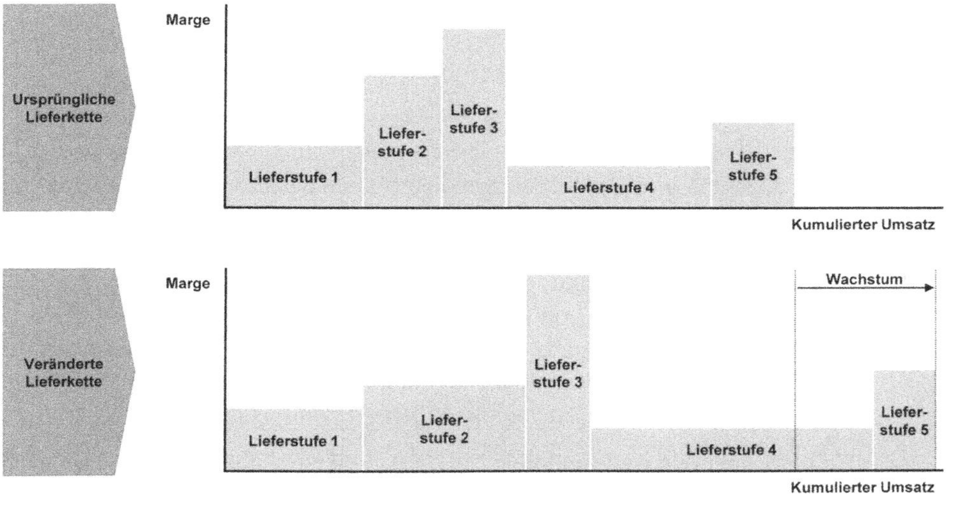

Abbildung 49: Illustrative Entwicklung der Lieferkette im Zeitverlauf
Quelle: Eigene Darstellung

Fallstudie – Eisenerzproduzenten in der Lieferkette für Stahl

Ein gutes Beispiel dafür, wie eine Wertschöpfungsstufe eine gesamte industrielle Lieferkette beherrschen kann, sind die Eisenerzproduzenten in der Lieferkette für Stahl.

Die industrielle Lieferkette für Stahl ist in die Wertschöpfungsstufen Rohstoffproduktion, Stahlerzeugung, Stahlhandel und Stahlverarbeitung strukturiert. Dabei stellen zunächst die Rohstoffproduzenten den Stahlwerken Eisenerz, Koks und Strom für die Stahlerzeugung zur Verfügung. Die Stahlproduzenten liefern ihren Stahl dann entweder direkt oder über den Stahlhandel an die stahlverarbeitende Industrie. Bedeutende Abnehmerbranchen sind die Automobilindustrie, die Bauindustrie und der Maschinenbau.

Aufgrund des hohen Fragmentierungsgrades der Stahlhersteller ist ihre Position in der Lieferkette besonders problematisch. Insbesondere gegenüber den Rohstofflieferanten führt der hohe Fragmentierungsgrad der Branche zu einer schwachen Verhandlungsposition. Mit einem Marktanteil der drei großen Minengesellschaften BHP Billiton, Rio Tinto und Vale von etwa 70 Prozent ist vor allem der Markt für die Eisenerzproduktion hoch konzentriert.[116]

Seit über 40 Jahren erfolgte die Preissetzung im Markt für Eisenerz auf der Grundlage jährlicher Lieferverträge, die bilateral zwischen Eisenerzproduzenten und Stahlkonzernen ausgehandelt wurden. Der erste Vertrag, der in einem Jahr abgeschlossen wurde, diente dabei der gesamten Branche als Benchmark. Wie bei anderen Industriemetallen existiert parallel dazu ein Spotmarkt, der allerdings bis dato nur ein geringes Handelsvolumen aufweist und von den Marktteilnehmern hauptsächlich dazu genutzt wird, Nachfragespitzen abzudecken. Infolge des Benchmark-Systems zwischen Eisenerzproduzenten und Stahlunternehmen war auch die gesamte übrige Lieferkette auf einen Jahresrhythmus ausgerichtet.

Ihre große relative Marktmacht in der Lieferkette haben die drei großen Eisenerzhersteller im Frühjahr 2010 dazu genutzt, um das Preissystem von Jahresverträgen auf Dreimonatsverträge, die sich am Spotmarkt orientieren, umzustellen. Im Zuge der Umstellung der Vertragslaufzeiten wurden deutliche Preiserhöhungen durchgesetzt. Für die Stahlindustrie sowie die gesamte weitere Lieferkette hat die Abkehr vom alten Benchmark-System weitreichende Konsequenzen. Kurzfristig führten die höheren Stahlpreise zu einer Verschiebung der Profit Pools entlang der Lieferkette in Gestalt eines Margenabflusses an die Minengesellschaften. Langfristig bedeutet die Einführung der Dreimonatsverträge eine höhere Preisvolatilität und damit größere Preisrisiken für die Stahlproduzenten. Die Weitergabe dieser Preisschwankungen an die Kunden – insbesondere an die Automobilhersteller – ist schwierig, da auch diese gegen-

116 Dazu und zu den nachfolgenden Ausführungen vgl. Schmiedeberg/Gnamm (2010).

über den Stahlherstellern über größere relative Verhandlungsmacht verfügen. Infolgedessen ist es wahrscheinlich, dass die ohnehin geringe Marge der Stahlerzeuger weiter unter Druck geraten.

Halbwegs geschützt vor den Auswirkungen der Umstellung des Preissystems sind voraussichtlich nur drei Gruppen von Stahlproduzenten: rückwärtsintegrierte Stahlproduzenten mit eigenen Minen, Niedrigkostenproduzenten mit hohem Margenspielraum und Stahlunternehmen, die aufgrund der Hochwertigkeit ihres Produktprogramms die Fähigkeit zur Preisweitergabe an die Kunden besitzen.

4 Wettbewerb aus Schwellenländern[117]

Die Thematik des Wettbewerbs aus Schwellenländern stellt eine spezielle Problematik im Rahmen der Wettbewerbsanalyse dar. Angesichts einer Welle aufkommenden Wettbewerbs aus »Low Cost Countries« (LCC) erreichen Konkurrenten aus Schwellenländern immer öfter die Heimatmärkte europäischer Marktführer und bedrohen deren Kerngeschäft durch ruinösen Wettbewerb. Auf den europäischen Markt drängende LCC-Wettbewerber können sich während einer Transaktion schnell als Dealbreaker erweisen oder im schlimmsten Fall nach Unterzeichnung des Kaufvertrages die geplante Wertentwicklung des Zielunternehmens zunichtemachen.

Logik des neuen Wettbewerbs

Die Gewinnkalkulation der LCC-Wettbewerber unterscheidet sich dramatisch von der der in Europa ansässigen Unternehmen. Die meisten Marktteilnehmer verstehen intuitiv, dass der Wettbewerbsvorteil ihrer neuen Konkurrenten auf Zugang zu Niedrigkostenressourcen – Arbeitskräften, Rohmaterial, Maschinen und Kapital – beruht. Aufgrund von zum Teil erheblichen Faktorkostenunterschieden genießen sie einen relativen Kostenvorteil, den sie auf dem europäischen Markt in Form von Kampfpreisen ausspielen.

117 Mit Ausnahme des abschließenden Fallsbeispiels entspricht das Kapitel Niederdrenk/Müller (2009) und wurde in der M&A-Review erstveröffentlicht. Siehe zu diesem Thema auch Kumar (2006), Potter (2004), Maaß/Müller (2006), Ryans (2009) und Zeng/Williamson (2007).

Dabei besteht die große Gefahr für die europäischen Anbieter weniger im Einstieg der LCC-Wettbewerber in Niedrigpreissegmente als vielmehr in der möglichen Kommoditisierung von Premiumsegmenten. Denn gerade auf einer Premiumpositionierung beruht das Wertversprechen vieler europäischer Marktführer. Angesichts der dramatischen Unterschiedlichkeit ihrer Ressourcenausstattung sind LCC-Wettbewerber zunehmend in der Lage, den Zusammenhang zwischen Premiumqualität und Premiumpreisen auszuhebeln. LCC-Wettbewerb ist nicht mehr nur mit billigen, standardisierten Massenprodukten von minderer Qualität gleichzusetzen. Die neuen Wettbewerber beginnen, ihren europäischen Kunden Hochtechnologie, Spezialprodukte und kundenspezifische Problemlösungen zu Konditionen anzubieten, die die Preissetzungsspielräume der Premiumanbieter radikal einschränken. Im Unterschied zu herkömmlichen Preiskriegen mit temporär niedrigeren Preisen kann LCC-Wettbewerb über eine Neudefinition des Preis-/Nutzenverhältnisses zu einer dauerhaften Veränderung des Kaufverhaltens der Kunden und damit des Preisgefüges in einem Markt führen. Die Folge ist letztendlich eine Auflösung des betreffenden Premiumsegmentes, da aufgrund des niedrigeren Preisniveaus immer neue Käufergruppen in das Segment hineingezogen werden und dieses förmlich »explodiert«.

Neben der »klassischen« Form des LCC-Wettbewerbs in Gestalt von Niedrigpreisimporten, beginnen Unternehmen aus Schwellenländern nunmehr auch als direkte Wettbewerber in Europa in Erscheinung zu treten. Setzten die neuen Konkurrenten in der Vergangenheit eher auf Wachstum aus eigener Kraft, ist damit zu rechnen, dass die Zahl der strategischen Zukäufe in Europa künftig stark ansteigen wird. Der Markteintritt durch Akquisition hat für die LCC-Wettbewerber den Vorteil, dass sie auf diese Weise Ressourcen erwerben können, die ihnen häufig selbst für die erfolgreiche Marktbearbeitung in Europa fehlen. Typische Markteintrittsbarrieren der neuen Wettbewerber, die sie durch eine Akquisition überwinden, bestehen in einem nur eingeschränkten Kundenzugang in Europa, mangelnder internationaler Bekanntheit ihrer Marken, fehlender Technologiekompetenz in Form von Immaterialgüterrechten und unzureichendem lokalen Management-Know-how. Im europäischen Auslandsmarkt nutzen die LCC-Wettbewerber nach erfolgtem Markteintritt dann ihre niedrigen Kosten in der Heimat als Wettbewerbsvorteil, indem sie große Teile der Forschung & Entwicklung, Beschaffung und Produktion des Zielunternehmens in das Heimatland verlagern. Die erworbene Zielgesellschaft konzentriert sich auf die Fertigung hochwertiger Schlüsselkomponenten, Endmontage, Marketing und Vertrieb sowie After-Sales-Services.

Im Rahmen der Commercial Due Diligence ist zunächst zu untersuchen, ob und inwieweit der Kernmarkt der Zielgesellschaft durch LCC-Wettbewerb überhaupt verwundbar ist. Ist dies der Fall, ist anschließend der Frage nachzugehen, ob das Management des Targets über eine plausible Gegenstrategie verfügt.

Verwundbarkeit des Zielunternehmens

Eine Verwundbarkeit der Zielgesellschaft durch LCC-Wettbewerb ist gegeben, wenn kumulativ drei Voraussetzungen erfüllt sind. Erstens müssen die LCC-Wettbewerber im Kernmarkt des Zielunternehmens einen relativen Kostenvorteil besitzen. Zweitens muss dieser Kostenvorteil im Kernmarkt der Zielgesellschaft die maßgebliche Wettbewerbsbasis darstellen. Drittens muss für die LCC-Wettbewerber ein konkreter Eintrittspunkt in den Kernmarkt des Zielunternehmens existieren.

Relativer Kostenvorteil der LCC-Wettbewerber im Zielmarkt. Zur Identifikation eines möglichen Kostenvorteils der LCC-Wettbewerber ist im ersten Schritt eine relative Kostenanalyse durchzuführen. Ausgangspunkt ist dabei die Kostenstruktur der Zielgesellschaft in ihrem jeweiligen Kernmarkt. Auf dieser Grundlage wird anschließend die – in vielen Fällen hypothetische – Kostenstruktur eines konkreten oder eines durchschnittlichen LCC-Wettbewerbers im Zielmarkt geschätzt. Hierbei bietet es sich an, die Analyse auf Stückkostenbasis beispielhaft für das Kernprodukt der Zielgesellschaft vorzunehmen. Dies hat den Vorteil, dass die einzelnen Kostenpositionen unabhängig von Produktmixeffekten betrachtet und Größenvorteile, wie beispielsweise Skaleneffekte, explizit berücksichtigt werden können.

Bei Abschätzung der Kostenstruktur des LCC-Wettbewerbers in Westeuropa sind einige generelle Punkte zu beachten. Die Kostenstruktur wird zunächst maßgeblich durch die Wettbewerbsform – Import oder direkter Wettbewerb – bestimmt. Des Weiteren wird der Vorteil der LCC-Wettbewerber in puncto Arbeitskosten in vielen Fällen durch Produktivitätsnachteile – beispielsweise aufgrund der größeren Arbeitszeitflexibilität in Hochlohnländern – zumindest teilweise wieder relativiert. Auch insofern ist also eine Betrachtung der Lohnstückkosten maßgeblich. Schließlich sind insbesondere Transportkostennachteile der LCC-Wettbewerber aufgrund ihrer längeren Wertschöpfungskette im Rahmen der Kostenkalkulation zu berücksichtigen.

Im Rahmen der relativen Kostenanalyse bietet es sich an, die folgenden Indikatoren zur Plausibilisierung heranzuziehen:

- *Anteil der Arbeitskosten an den Gesamtkosten:* Der relative Kostenvorteil der LCC-Wettbewerber beruht in hohem Maße auf dem Zugang zu »billigen« Arbeitskräften – von Bandarbeitern bis hin zu hochqualifizierten Ingenieuren und Wissenschaftlern. Je größer der Anteil der Arbeitskosten an den Gesamtkosten ist, desto höher ist die Wahrscheinlichkeit, dass die LCC-Wettbewerber auch tatsächlich einen Vorteil gegenüber den etablierten Spielern genießen.
- *Relative Größe des LCC-Marktes:* Voraussetzung für eine Expansion in Auslandsmärkte ist für viele LCC-Wettbewerber eine Führungsposition in einem großen Heimatmarkt. Neben dem Zugang zu Niedrigkostenressourcen erlaubt ihnen ein großer Heimatmarkt in Kombination mit einem hohen Marktanteil die Optimierung ihres Kostenvorteils über Skalen- und Erfahrungseffekte. Ist der Heimatmarkt in der einschlägigen Produktdimension gegenüber dem relevanten Auslandsmarkt dagegen klein, sind die relativen Kostenvorteile des LCC-Wettbewerbers dagegen weniger eindeutig.
- *Transportkosten relativ zum Wert des Produktes:* Entscheidend für den möglichen Kostenvorteil der LCC-Wettbewerber sind schließlich dessen Transportkosten relativ zum Wert des Produktes. Im Extremfall verbietet sich ein Transport der betreffenden Produkte aufgrund extrem hoher Transportkosten im Vergleich zum Produktwert – beispielsweise bei verderblichen Gütern oder Gütern mit geringer Dichte – gänzlich.

Zielmarkt mit Kostenvorteilen als maßgebliche Wettbewerbsbasis. Der Kernmarkt des Zielunternehmens ist nur dann verwundbar, wenn Kostenvorteile die maßgebliche Basis des Wettbewerbs darstellen und die LCC-Wettbewerber ihren Kostenvorteil damit auch tatsächlich voll ausspielen können. Wiederum existieren Indikatoren, die wichtige Hinweise zur Beantwortung dieser Frage geben können:

- *Grad der Produktdifferenzierung:* Mit abnehmendem Grad der Produktdifferenzierung in einem Markt steigt angesichts geringerer Möglichkeiten, etwaige Unterschiede in der Zahlungsbereitschaft der Käufer durch eine entsprechende Preissetzung auszunutzen, die Bedeutung von Kostenvorteilen für die Profitabilität der Wettbewerber. In Märkten mit kommoditisierten Produkten erfolgt der Wettbewerb allein über Kostenvorteile.

- *Preissensitivität der Käufer:* Je höher die Preissensitivität der Abnehmer ist, desto wichtiger werden Kostenvorteile als Spielraum für etwaige Preissenkungen. Ist die Preissensitivität der Käufer demgegenüber nur gering, wird ein LCC-Wettbewerber mit einem Kostenvorteil gegenüber den etablierten Anbietern selbst durch starke Preissenkungen seinen Marktanteil nicht wesentlich steigern können.
- *Reifegrad des Produktlebenszyklus:* Die Relevanz von Kostenvorteilen steigt mit fortschreitendem Reifegrad eines Produktes. So sind in reifen Märkten mit stagnierendem Marktvolumen oder gar in schrumpfenden »End Game«-Märkten Kostenvorteile erfolgskritisch. In der frühen Phase des Produktlebenszyklus mit geringen Verkaufsvolumina, beispielsweise bei »Early Adopters« als maßgebliche Kundenzielgruppe oder konkurrierenden Basistechnologien, spielen Kostenvorteile hingegen kaum eine Rolle.

Konkreter Markteintrittspunkt. Schließlich muss ein konkreter Eintrittspunkt für die LCC-Wettbewerber in den Kernmarkt des Zielunternehmens gegeben sein. Generell erhöht sich die Wahrscheinlichkeit eines Markteintritts von LCC-Wettbewerbern in Schwächeperioden der etablierten Wettbewerber. Hinzu kommen einige strukturelle Eintrittspunkte für die neuen Konkurrenten aus Schwellenländern:

- *Modularisierung der Wertschöpfungskette:* Der Trend zur Fokussierung auf Kernkompetenzen in Form der Auflösung vertikaler Integration und dem Outsourcing von Randaktivitäten führt zu einer fortschreitenden Modularisierung von Wertschöpfungsketten. Neben Profitabilitätsverbesserungen schafft diese Entwicklung gleichzeitig auch neue Eintrittspunkte, durch die Wettbewerber aus Schwellenländern die europäischen Märkte penetrieren können. In der alten Welt der integrierten Wertschöpfungsketten war ein Neuankömmling gezwungen, ein komplexes System von Wertschöpfungsaktivitäten zu replizieren. Demgegenüber konzentrieren sich in der neuen Welt modularisierter Wertschöpfungsketten vieler Marktteilnehmer nur noch auf wenige »Plug & Play«-Aktivitäten mit einfachen Schnittstellen. Lediglich die Integratoren am Ende der Wertkette koordinieren noch ein komplexes Netz von Subunternehmern und Outsourcing-Dienstleistern. Für die LCC-Wettbewerber bedeutet dies, dass sie in eine Wertschöpfungskette eindringen können, indem sie ihren Kostenvorteil lediglich auf einer Wertstufe ausspielen.

- *Grad der Kundennähe:* Auslandsmärkte, die ein nur geringeres Maß an Kundennähe erfordern, bieten LCC-Wettbewerbern grundsätzlich die größten Markteintrittschancen. Einige typische Schwächen der neuen Konkurrenten sind deren nur begrenztes Verständnis für die Kundenbedürfnisse im Auslandsmarkt, fehlende F&E-Einrichtungen und Service-Stützpunkte sowie schwache Logistikstrukturen. Die LCC-Wettbewerber sind damit immer dann im Nachteil, wenn es um die Bedienung schnell wechselnder Kundenpräferenzen, gemeinsame Entwicklung und die hochflexible Bereitstellung von Produkten, Ersatzteilen und Dienstleistungen geht.
- *Bedeutung von Immaterialgüterrechten:* Schließlich haben die LCC-Wettbewerber als Nachzügler in solchen Märkten schlechte Markteintrittschancen, in denen Immaterialgüterrechte, die nur langsam und in kostenintensiven Prozessen erworben werden können, für den Wettbewerbserfolg maßgeblich sind. Wichtige Beispiele sind etwa Marken, proprietäre Technologien oder über Jahre hinweg erworbenes unkodifiziertes Know-how.

Gegenstrategie des Zielunternehmens

Ist der Kernmarkt des Zielunternehmens einer konkreten Bedrohung durch LCC-Wettbewerber ausgesetzt, stellt sich die Anschlussfrage, ob das Zielunternehmen über eine plausible Gegenstrategie verfügt. Grundsätzlich stehen einem etablierten Spieler fünf Strategieoptionen – preisbasierte Reaktionen, Kostenführerschaft, Produktdifferenzierung, Vermeidung und Abschreckung – zur Verfügung, um auf den Wettbewerbsdruck aus Niedrigkostenländern zu reagieren. Im Rahmen der Due Diligence ist die Eignung der gewählten Strategie anhand der Umstände des Einzelfalls zu bewerten.

Preisbasierte Reaktionen. Die erste Reaktion etablierter Spieler auf LCC-Wettbewerber, die Produkte zu Kampfpreisen in Europa anbieten, ist häufig Ignoranz. Wird die Gefahr letztendlich doch erkannt, besteht die vermeintliche Lösung häufig darin, mit den Preisen der neuen Wettbewerber gleichzuziehen. Die Erfahrung hat jedoch gezeigt, dass sich LCC-Wettbewerber bei rein preisbasierten Reaktionen fast immer gegen die etablierten Spieler durchsetzen. Die Geschäftsmodelle der LCC-Wettbewerber sind gerade darauf ausgelegt, auch bei niedrigsten Preisen noch Geld zu verdienen. Wird eine Preisspirale nach unten in Gang gesetzt, besteht die große Gefahr darin, dass die Preissenkungen nur dazu führen, dass die etablierten Spieler an Profitabilität verlieren, ohne dass die LCC-Wettbewerber wieder aus dem Markt gedrängt werden. Wenn etablierte Unternehmen mit LCC-Wettbewerbern in einen Preiswettbewerb treten, ist dies nur dann nachhaltig, wenn sie zuvor ihre Kostenposition in erheblichem Maße verbessern konnten.

Kostenführerschaft. Die zweite strategische Option gegen LCC-Wettbewerb ist die Rückgewinnung der Kostenführerschaft, um in der neuen Preisarchitektur des Marktes profitabel operieren zu können. Dies erfordert einen kompromisslosen Fokus auf operative Effizienz. In vielen Fällen wird es den etablierten Spielern jedoch schwer fallen, die Kostenstruktur der LCC-Wettbewerber allein mit Hilfe herkömmlicher Kostensenkungsmaßnahmen vollständig zu ersetzen. Dies ist nur dann möglich, wenn die etablierten Spieler auf alternative Ressourcen setzen, die den Arbeitskostenvorteil der neuen Rivalen substituieren, beispielsweise auf Kapital für Automatisierung, oder selbst den Anteil ihrer Wertschöpfung in Niedrigkostenländern drastisch erhöhen. In letzterem Fall ist eine Verlagerung von Teilen der Wertschöpfungskette oder die Gründung von Low-Cost-Ventures unter einer separaten Marke sinnvoll. Eine Transformation der gesamten Wertschöpfungskette hin zu einem Low-Cost-Geschäftsmodell stellt zwar eine theoretische Möglichkeit dar, ist in der Praxis aber eher unwahrscheinlich. Grundsätzlich erhöhen sich die Erfolgsaussichten einer Kostenführerschaftsstrategie mit steigender Produktqualität der LCC-Wettbewerber. Um das Qualitätsniveau zu erhöhen, fallen den LCC-Wettbewerbern neue Kosten an, beispielsweise für Qualitätskontrollen, was den Kostennachteil der etablierten Spieler verringert.

Produktdifferenzierung. Produktdifferenzierung, die für LCC-Wettbewerber nur schwer imitierbar ist, stellt die dritte strategische Option dar. Hierbei ist wichtig, die Suche nach Differenzierungsmöglichkeiten nicht nur auf das eigentliche Produkt zu begrenzen, sondern die gesamte Interaktion zwischen dem Verkäufer und dem Käufer zu betrachten. In der Regel tun sich LCC-Wettbewerber schwer, Differenzierungsstrategien zu imitieren, die auf Innovation, Reaktionsschnelligkeit und Marketing beruhen. Des Weiteren kann es erfolgversprechend sein, sich zu einem Anbieter von Kundenlösungen zu entwickeln, indem man die angebotenen Produkte durch integrierte Dienstleistungen ergänzt. Hierdurch wird zum einen die Preistransparenz verringert, da die Dienstleitungskomponente preislich nur schwer vergleichbar ist. Zum anderen erhöhen sich aufgrund des hohen Individualisierungsgrades die Wechselkosten für den Kunden. Im Allgemeinen gilt, dass Produktdifferenzierungsstrategien umso effektiver sind, je niedriger die Produktqualität der LCC-Wettbewerber ist. Mit zunehmender Produktqualität wird es demgegenüber für die etablierten Spieler immer schwieriger, ihr Angebot zu differenzieren.

Vermeidung. Vermeidung ist eine spezielle Form der Nischenstrategie, die auf die Minimierung des direkten Wettbewerbs zwischen dem etablierten Spieler und seinen LCC-Rivalen ausgerichtet ist. Eine Verschiebung des Produktmixes in das Premiumsegment des betreffenden Marktes ist eine der häufigsten Strategien, die Manager in Reaktion auf LCC-Wettbewerber planen. Dem liegt die Annahme zugrunde, dass die LCC-Wettbewerber nicht in der Lage seien, den hohen Qualitätsanforderungen der Premiumkunden gerecht zu werden. Mit der Nachhaltigkeit von Vermeidungsstrategien bestehen mehrere Probleme. Zunächst tendiert das Premiumsegment eines Marktes dazu, relativ klein zu sein. Aufgrund von fallenden Absatzvolumina und dem damit einhergehenden Verlust von Größenvorteilen ist diese Strategie oft nicht nachhaltig. Zudem hat die Erfahrung gezeigt, dass LCC-Wettbewerber bereits heute in der Lage sind, am oberen Ende des Qualitätsspektrums zu produzieren. Rivalen aus Schwellenländern wie China und Indien nutzen die steigende Zahl von Ingenieuren und Wissenschaftlern, um nach einer Phase des Imitierens nunmehr auch eigene Innovationen hervorzubringen. Schließlich tendieren LCC-Wettbewerber gerade auch dazu, in Auslandsmärkten hochwertige Marktnischen anzugreifen und mit Hilfe ihres Kostenvorteils zu kommoditisieren.

Abschreckung. Die letzte Strategieoption besteht darin, mögliche LCC-Wettbewerber von vornherein durch die Errichtung von Markteintrittsbarrieren aus dem europäischen Markt auszuschließen. Dies kann beispielsweise durch aggressive Preissetzung oder den Aufbau von massiven Überkapazitäten geschehen. In diesen Fällen verzichten die etablierten Unternehmen kurzfristig auf Profitabilität in der Hoffnung, sich langfristig eine Marktpräsenz zu erhalten. Alternativ können die betreffenden Unternehmen auch versuchen, LCC-Wettbewerber durch Lobbying für Importtarife und -beschränkungen oder sonstige Regierungsunterstützung aus dem Markt fernzuhalten. Abschreckung kann eine effektive Strategie gegen LCC-Wettbewerb sein, erfordert jedoch ein präventives Handeln der Beteiligten und übersteigt oft die Möglichkeiten eines einzelnen Unternehmens.

Fallbeispiel – LCC-Wettbewerber in der Elektrowerkzeugbranche

Der Weltmarkt für Elektrowerkzeuge hatte im Jahr 2008 ein Volumen von rund 8,0 Mrd. Euro. In regionaler Hinsicht entfiel etwa die Hälfte des Marktes auf Europa als größte Region. Danach kamen Nordamerika mit ca. 25 Prozent, Asien mit ca. 15 Prozent und der Rest der Welt mit ca. 10 Prozent. Aus der Kundenperspektive unterteilt sich der Markt in ein Profi- und ein Heimwerkersegment. Neben den Branchenführern Black & Decker (USA) und Bosch (Deutschland) sind Hilti (Luxemburg) und Makita (Japan) wichtige Anbieter. In Deutschland konzentriert sich die Elektrowerkzeugbranche auf Hersteller wie AEG (Winnenden), Baier (Asperg), Bosch (Leinfelden), Duss (Neubulach), Fein (Schwäbisch-Gmünd), Festool (Wendlingen), Flex (Steinheim), Kress (Bisingen), Mafell (Oberndorf) oder Metabo (Nürtlingen) in Baden-Württemberg.

Wettbewerb aus Schwellenländern war in der Elektrowerkzeugbranche ursprünglich ausschließlich ein Phänomen des Heimwerkersegmentes, das von Billigprodukten aus Asien überschwemmt wurde. Doch in jüngster Zeit erreichen diese Produkte eine wettbewerbsfähige Qualität und es ist absehbar, dass auch das von Anbietern wie Hilti dominierte Profisegment zunehmend unter Druck gerät. Einer der Vorreiter dieser Entwicklung ist die chinesische Unternehmensgruppe Techtronic Industries (TTI), die den Weg vom anonymen Auftragsfertiger zum Markenhersteller erfolgreich zurückgelegt hat.[118]

Die in Hongkong ansässige TTI erzielt rund 75 Prozent ihres Umsatzes, der sich im Jahr 2008 auf insgesamt 26.615 Mio. Hongkong-Dollar (2.338 Mio. Euro) belief, in Nordamerika, 20 Prozent in Europa und 5 Prozent im Rest der Welt. Im Geschäftsfeld Elektrowerkzeuge, das rund 70 Prozent des Umsatzes ausmacht, ist es TTI durch eine beeindruckende Wachstumsstory gelungen, sich nachhaltig hinter den Branchenführern Black & Decker und Bosch unter den weltweiten Top 5 der Branche zu etablieren – und dies sowohl im Heimwerker- als insbesondere auch im erfolgskritischen Profisegment. So konnte TTI seinen Umsatz mit Elektrowerkzeugen von 3.294 Mio. Hongkong-Dollar (459 Mio. Euro) im Jahr 2000 auf 18.534 Mio. Hongkong-Dollar (1.628 Mio. Euro)

118 Zur nachfolgenden Darstellung von Techtronic Industries vgl. Dorfs (2007) und die Geschäftsberichte des Unternehmens.

im Jahr 2008 mehr als verfünffachen. Die Elektrowerkzeuge des ehemaligen Auftragsfertigers werden heute unter weltbekannten Marken wie Ryobi, Milwaukee und AEG vertrieben. Ein zweites Standbein hat TTI mit dem Geschäftsfeld Bodenreinigungsgeräte. Hier ist Hoover die wichtigste Marke des Unternehmens.

Ursprünglich war TTI ein Auftragshersteller von Akkus und Elektrogeräten vor allem für große US-Handelsketten, dessen Produkte unter den jeweiligen Handelsmarken vertrieben wurden. Da sich die Produktionsstätten von TTI sämtlich in der Sonderwirtschaftszone Shenzhen im Hinterland von Hongkong befinden, profitierte das Unternehmen dabei von den niedrigen chinesischen Lohnkosten. Mit einer Strategieänderung leitete schließlich das Management von TTI den Wandel des Auftragsfertigers zum Markenhersteller ein. Die neue Marschrichtung des Unternehmens bestand nunmehr darin, die Niedrigkostenfertigung mit Qualitätsmarken zu kombinieren. Es wurde allerdings nicht der langwierige Weg des eigenen Markenaufbaus beschritten. Vielmehr erwarb TTI Marken mit hohem Wiedererkennungswert für die Konsumenten.

Ihren Anfang nahm diese Entwicklung mit dem Erwerb der Vertriebslizenz für die Heimwerkermarke Ryobi des gleichnamigen japanischen Maschinen- und Elektrogeräteherstellers. TTI sicherte sich damit zugleich auch den Zugriff auf neue Technik für kabellose Geräte und entwickelte ein Heimwerkerset, das mit einem einzigen Akku 18 Geräte betreiben kann. Mit dieser Idee gelang des TTI im Jahr 2001, einen 20-Jahres-Liefervertrag für den US-Händler Home Depot zu gewinnen. Aufgrund dieses Großauftrags wurde TTI auf einen Schlag zu einer maßgeblichen Branchengröße.

Der nächste wichtige Entwicklungsschritt erfolgte im Januar 2005 mit dem Erwerb der Milwaukee Electric Tool Corporation und ihrer US-Profimarke Milwaukee von der schwedischen Altas Copco-Gruppe. Zusammen mit Milwaukee wurde auch die in Winnenden, Baden-Württemberg, ansässige AEG Electric Tools GmbH einschließlich der dazugehörigen Markenrechte übernommen.[119]

119 Daneben kaufte TTI auch die DreBo Werkzeugfabrik GmbH, Altshausen, einen der führenden Hersteller von hartmetallbestückten Werkzeugen für die Gesteins- und Betonbearbeitung, von Atlas Copco.

Mit dem durch diese Akquisitionen erzielten Zugang zu den relevanten Vertriebskanälen und Kunden gelang TTI der Eintritt in das nordamerikanische und europäische Profisegment. Zugleich sicherte sich TTI über die Firmenkäufe erneut Zugang zu neuer Technologie. So übernahm TTI etwa mit Milwaukee die Entwicklung einer aufladbaren Lithiumbatterie, die leichter, leistungsstärker, umweltfreundlicher und billiger als bislang benutzte Akkus ist. Im Einklang mit seiner Strategie der Kombination von Qualitätsmarken mit Niedrigkostenherstellung verlagerte TTI einen Großteil der Produktion nach China.

5 Märkte ohne Kern

Ein häufig bei der Commercial Due Diligence gemachter Fehler besteht in der Annahme, dass schnell wachsende Märkte besonders attraktiv seien. Richtig ist, dass Wachstum zu einer geringeren Wettbewerbsintensität in einem Markt führt, indem es den Anbietern die Möglichkeit eröffnet, ohne Verdrängung von Konkurrenten mit dem Markt zu wachsen. Die volle Wirkung des Marktwachstums beruht jedoch maßgeblich auf der Balance von Angebot und Nachfrage. Das gleiche Nachfragewachstum kann zu ganz unterschiedlichen Profitabilitäten führen, je nachdem wie sich relativ das Wachstum des Angebotes entwickelt (vgl. Abbildung 50). Wenn das Angebot

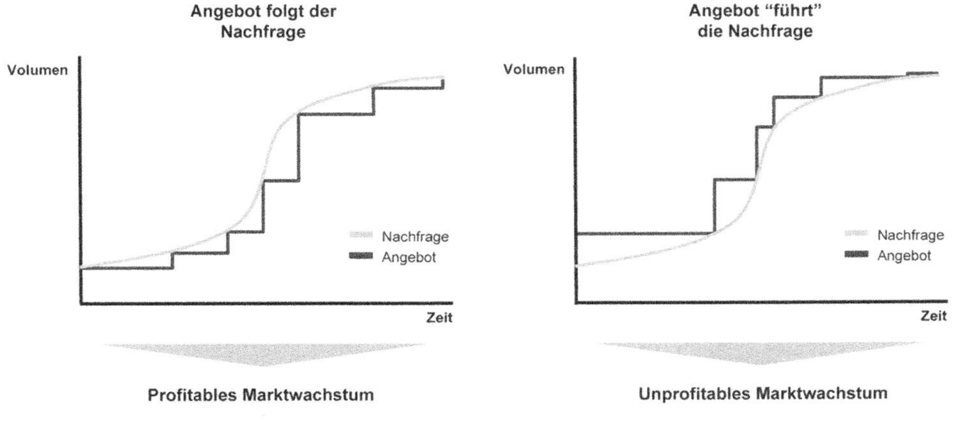

Abbildung 50: Profitabilität des Marktwachstums in Abhängigkeit von Angebot und Nachfrage
Quelle: Eigene Darstellung

der Nachfrage »folgt«, d.h. das Nachfragewachstum stärker ausfällt als das Angebotswachstum, steigen die durchschnittlichen Preise im Markt und damit die Gewinne. In Märkten, in denen das Angebot dagegen die Nachfrage »führt«, fallen dagegen schnell die Marktpreise und die Profite leiden.

Es liegt auf der Hand, dass der Identifikation solcher »Märkte ohne Kern«[120], die sich bei einer Transaktion schnell als Dealbreaker erweisen können, besondere Bedeutung im Rahmen der Commercial Due Diligence zukommt. Insbesondere in vielen »Zukunftsmärkten«, deren Produkte sich noch in der frühen Wachstumsphase des Produktlebenszyklus befinden, kann es für die durchschnittlichen Markteilnehmer schwierig sein, ihr Geschäft profitabel zu betreiben. Zwar wächst die Nachfrage in diesen Märkten stark, wird aber vom Wachstum des Angebotes noch übertroffen. Der Grund hierfür ist, dass die Wettbewerber das Marktwachstum antizipieren und sich gegenseitig mit Investitionen in zusätzliche Kapazitäten zuvorkommen oder immer neue Konkurrenten in den Markt drängen. Unter diesen Marktbedingungen existieren zwangsläufig immer Hersteller mit Überkapazitäten, die irgendwann auf Preissenkungen zurückgreifen, um ihre Auslastung zu erhöhen, und eine »Preisspirale nach unten« auslösen. Mit den Preisen erodieren die Profitabilität des Marktes und die der Marktteilnehmer.

Hinzu kommt, dass es für eine Branche mit Überkapazitäten und unterdurchschnittlichen Renditen länger dauert, die unnötigen Kapazitäten zu eliminieren, als der Aufbau von zusätzlichen Kapazitäten in Branchen mit überdurchschnittlichen Renditen in Anspruch nimmt. Perioden mit Überkapazitäten dauern länger, als Perioden, in denen die Nachfrage das Angebot übersteigt.

Fallbeispiel – Angebot und Nachfrage im Photovoltaik-Markt

Die Konsequenzen des Wechsels von einem Markt mit Nachfrageüberhang zu einem Markt mit Angebotsüberhang illustriert der Photovoltaik-Markt. Dieser wandelte sich im Herbst 2008 von einem Verkäufer- zu einem Käufermarkt.

Die Liefer- und Nachfragekette der Solarbranche beginnt bei dem Rohstoff Silizium, der aus Quarzsand gewonnen wird, und verläuft über die Wafer-, Zellen- und Modulherstellung bis hin zur fertigen Solaranlage,

120 Der Begriff des »leeren Kerns« wurde von Hermann Simon geprägt. Vgl. dazu und zu den nachfolgenden Ausführungen Simon (2006).

die letztlich an die Käufer vertrieben wird. Dabei lassen sich unterschiedliche Endanwendungen seitens der Käufer unterscheiden. Den Großteil der Endanwendungen bilden mit dem Stromnetz verbundene Solaranlagen (sog. Grid Connected Systems), die zumeist auf den Dächern von Wohnanlagen installiert sind. Daneben existieren dezentrale, nicht mit dem Stromnetz verbundene Solaranlagen (sog. Off-Grid Systems) für industrielle und private Anwendungen.

Die Entwicklung des Photovoltaik-Marktes wird von mehreren Faktoren getrieben:

- *Gesetzliche Rahmenbedingungen:* Der Photovoltaik-Markt ist ein primär regulatorisch getriebener Markt. Die Höhe der Subventionierung über Einspeisevergütungen sowie Installationsgrenzen bestimmen ganz maßgeblich das Marktwachstum.
- *Finanzierungsbedingungen:* Neben den gesetzlichen Rahmenbedingungen beeinflusst die Kreditvergabe der Banken die Nachfrage.
- *Siliziumangebot:* Im stark wachsenden Photovoltaik-Markt stellt das Angebot des Vormaterials Silizium den begrenzenden Faktor des realisierbaren Marktvolumens dar und legt die obere Produktionsgrenze für den Markt fest. Solarsilizium ist das maßgebliche Rohmaterial für kristalline Zelltechnologien, die über 90 Prozent des Marktes ausmachen.
- *Preis:* Die Preisentwicklung wird in erster Linie durch das Verhältnis von Angebot und Nachfrage bestimmt.

Bis zum Sommer des Jahres 2008 war der Photovoltaik-Markt durch ein starkes Nachfragewachstum mit durchschnittlichen jährlichen Wachstumsraten von bis zu 60 Prozent gekennzeichnet. Getragen wurde dieses Wachstum durch attraktive staatliche Förderbedingungen und seine unproblematische Bankenfinanzierung. Zudem bestand seit 2004 ein Engpass in der Versorgung mit Solarsilizium. Dieser war dadurch entstanden, dass die Lieferkapazität der Siliziumproduzenten mit dem enormen Nachfragewachstum nicht Schritt gehalten hatte. Die Siliziumknappheit führte dazu, dass die Produktion von Solarmodulen und -anlagen hinter der Nachfrage zurückblieb. Dennoch litten die Modul- und Anlagenhersteller unter starkem Preisdruck infolge von Überkapazitäten. Ein großer Teil der weltweiten Überkapazität kam aus China, wo in kürzester Zeit erhebliche Produktionskapazitäten für Zellen und Module aufgebaut worden waren.

Ab Herbst 2008 wandelte sich die Situation. Zunächst verschärfte sich das Problem der Überkapazitäten. Produzenten von Solarsilizium wie der US-Marktführer Hemlock oder die deutsche Wacker Chemie hatten schon im Jahr 2006 begonnen, in neue Produktionskapazitäten zu investieren.[121] Aufgrund der Vorlaufzeit von etwa zwei Jahren kamen diese Kapazitäten Ende 2008 auf den Markt und lösten die bis dahin bestehende Produktionsbeschränkung auf. Gleichzeitig hatten die Anbieter von Solarmodulen und -systemen in Erwartung des Endes der Siliziumknappheit und weiteres Nachfragewachstum antizipierend ebenfalls in zusätzliche Produktionskapazitäten investiert. Anders auf der Nachfrageseite. Erstmals schrumpften im Jahr 2009 Teile des Photovoltaik-Marktes aufgrund von Kürzungen der staatlichen Förderung. Vor allem im spanischen Markt, der das weltweite Wachstum in der Vergangenheit maßgeblich getrieben hatte, kam es durch die staatliche verordnete Einführung einer sog. »Hard Cap«-Installationsgrenze zu einem drastischen Einbruch. Wurden im Jahr 2008 noch Solarmodule und -anlagen mit einer Nennleistung von 2,6 Gigawatt in Spanien installiert, so war die Förderung nun auf 0,5 Gigawatt jährlich gedeckelt. Die restriktive Kreditvergabe seitens der Banken infolge der Wirtschaftskrise führte zu einer zusätzlichen Reduktion der Nachfrage.

Im Ergebnis führte all dies zu einem deutlichen Missverhältnis von Angebot und Nachfrage. Im Jahr 2009 stand einer geschätzten weltweiten Produktionskapazität für Solarmodule zwischen acht bis 18 Gigawatt eine Nachfrage von maximal sechs Gigawatt gegenüber.[122] Aufgrund des Angebotsüberhangs kam es zu einem starken Preis- und Margenverfall entlang der gesamten Wertschöpfungskette, der für drastische Umsatz- und Gewinnrückgänge der Solarhersteller sorgte. Viele Unternehmen der Branche kämpften um ihr Überleben.

121 Vgl. Rentzig (2006).
122 Vgl. Kaiser (2009).

6 Marktkonsolidierung[123]

Ein Unternehmen, das seinen relevanten Markt durch die Übernahme von Wettbewerbern aktiv konsolidiert, kann seinen Unternehmenswert auf drei Wegen steigern: die Schaffung von Größenvorteilen, die Herstellung von Preisdisziplin im Markt und den Abbau von Überkapazitäten. Während die Schaffung von Größenvorteilen primär das einzelne Unternehmen betrifft, führen die Herstellung der Preisdisziplin und der Abbau von Überkapazitäten über eine Veränderung der Marktstruktur zu einer Erhöhung der Marktattraktivität. Letztere wirkt sich dann wiederum positiv auf den Wert der einzelnen Marktteilnehmer aus. Ist nicht mindestens einer dieser Hebel mit ausreichend großem Wertpotenzial gegeben, stellt die Marktkonsolidierung kein sinnvolles Transaktionsmotiv dar. Die Commercial Due Diligence muss daher das Vorliegen der Werthebel im Einzelfall überprüfen und die daraus resultierende potenzielle Wertsteigerung nach Möglichkeit quantifizieren.

Schaffung von Größenvorteilen

Vorrangiges Ziel der aktiven Marktkonsolidierung ist die Schaffung von Größenvorteilen für das konsolidierende Unternehmen. Dabei stehen Skalenvorteile[124] (Economies of Scale) im Mittelpunkt.[125] Bei unterschiedlicher Ausbringungsmenge (Marktanteil) resultiert aus den Skaleneffekten ein relativer Kostenvorteil des größeren Unternehmens gegenüber kleineren Wettbewerbern. Da die durchschnittlichen Stückkosten mit der Ausbringungsmenge fallen, sind kleinere Wettbewerber nicht in der Lage, den Kostenvorteil des größeren Unternehmens zu egalisieren, solange sie nicht dessen Größe erreichen. Ist Letzteres, beispielsweise aufgrund der Größe des Gesamtmarktes, nicht möglich, zeichnet sich der Wettbewerbsvorteil des größeren Unternehmens durch besondere Nachhaltigkeit aus.

Für die Commercial Due Diligence ergeben sich mit Blick auf die Schaffung von Größenvorteilen drei Kernfragen:

123 Mit Ausnahme des abschließenden Fallbeispiels entspricht das Kapitel Niederdrenk/Müller (2010) und wurde in der M&A-Review erstveröffentlicht.

124 Zur Definition von Skaleneffekten vergleiche auch die Ausführungen auf S. 138.

125 Neben Skaleneffekten können Größenvorteile auch aus Verbundvorteilen (Economies of Scope) und Erfahrungsvorteilen (Economies of Learning) resultieren.

- *Wird die Profitabilität der Marktteilnehmer durch Größe getrieben?* Dies kann, muss aber nicht der Fall sein. Hauptsächliches Instrument zum Nachweis des Zusammenhangs zwischen Größe und Profitabilität sind Regressionsanalysen. Lässt sich eine Beziehung zwischen Größe und Profitabilität mit hinreichender Bestimmtheit nachweisen, indiziert die Regressionsgerade das durchschnittliche Profitabilitätspotenzial für die jeweilige Unternehmensgröße. Für den Nachweis von Größenvorteilen ist vor allem die richtige Definition der geografischen und produktbezogenen Marktgrenzen erfolgskritisch. Beispielsweise generieren Automobilhersteller Wettbewerbsvorteile aus globaler Größe, während lokale Größe für den Lebensmitteleinzelhandel maßgeblich ist.
- *In Bezug auf welche Wertschöpfungsaktivitäten bestehen Skaleneffekte?* Obgleich Skaleneffekte gewöhnlich mit Produktion in Verbindung gebracht werden, können sie auf jeder Stufe des Wertschöpfungsprozesses auftreten. Es ist allein maßgeblich, dass ein großer Fixkostenblock infolge von organischem oder anorganischem Wachstum über eine größere Menge verteilt wird. Sind beispielsweise Materialkosten ein wesentlicher Profittreiber, ist die Reduktion von Einkaufkosten durch Volumenrabatte maßgeblich. Ist Push-Marketing kritischer Erfolgsfaktor, kommt es auf Distributionsmacht infolge von Größe in den relevanten Vertriebskanälen an.
- *Wie hoch sind die größengetriebenen Kostensynergien?* Auf Grundlage der ermittelten Regressionsgeraden kann dann sowohl der potenzielle Margenverbesserungseffekt von organischem Wachstum als auch das Synergiepotenzial von Buy & Build-Strategien abgeleitet werden. Soweit sich ein Unternehmen im Bereich unterhalb der Regressionsgeraden befindet, besteht im Peer-Group-Vergleich operatives Verbesserungspotenzial. In diesem Fall sind Maßnahmen zur Ertragsverbesserung angezeigt (vgl. Abbildung 51).

Herstellung von Preisdisziplin

Aktive Marktkonsolidierung kann zur Herstellung von Preisdisziplin führen. In Märkten, in denen der Preis die maßgebliche Dimension des Wettbewerbs darstellt, reicht das Spektrum des Preisverhaltens der Anbieter von Preiskriegen auf der einen Seite bis hin zu Monopolpreisen auf der anderen. Zwischen diesen Extremen befinden sich die in der Praxis relevanten Zwischenstufen des Preiswettbewerbs und der Preisdisziplin. Während Preiswettbewerb eine nur geringe (»normale«) Profitabilität des durchschnittlichen Anbieters im betreffenden Markt zulässt, ermöglicht Preisdisziplin auch dem durchschnittlichen Anbieter Überrenditen zu erwirtschaften.

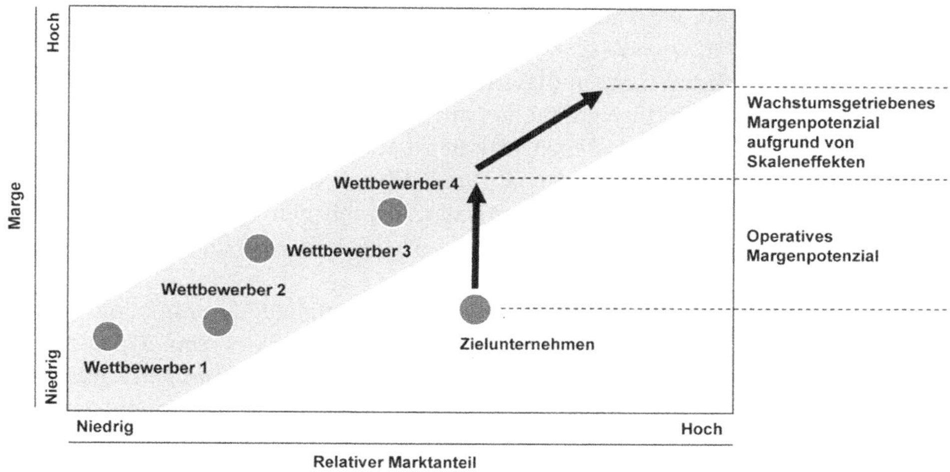

Abbildung 51: Illustrative Analyse des Margenpotenzials
Quelle: Modifiziert nach Seidensticker/Ming/Winterer (2004)

Marktsituationen der Preisdisziplin tendieren zur Instabilität, da für die einzelnen Anbieter in der Regel ein starker Anreiz besteht, ihren Marktanteil auf Kosten der anderen Wettbewerber durch preisliches Unterbieten zu steigern. Befinden sich die Marktteilnehmer jedoch in wiederholter Wettbewerbsinteraktion miteinander, können diese zu dem impliziten Verständnis kommen, dass Abweichungen vom koordinierten Preis Vergeltungsmaßnahmen der anderen Anbieter nach sich ziehen. Das Instrumentarium der Vergeltungsmaßnahmen reicht von der Wiederherstellung von »normalen« Renditen durch Egalisierung des neuen Preises des Preisbrechers bis hin zu temporären Preiskriegen, die für längere Zeiträume zu Renditen unter der »normalen« Höhe führen. Da die Vergeltungsmaßnahmen in der Zukunft erfolgen, während die Abweichung vom koordinierten Preis zu sofortigen Gewinnen führt, ist das Verhältnis der kurzfristigen Vorteile der Preisabweichung zu den langfristigen Verlusten infolge der Vergeltungsmaßnahmen maßgeblich. Nachhaltige Preisdisziplin ist dann möglich, wenn die (erwarteten) kurzfristigen Gewinne infolge der Preisabweichung geringer sind als die (erwarteten) Kosten der zukünftigen Vergeltungsmaßnahmen.

Die kurzfristigen Vorteile der Preisabweichung sowie das Ausmaß und die Wahrscheinlichkeit der zukünftigen Vergeltungsmaßnahmen sind von der Branchenstruktur abhängig. Bei manchen Branchenstrukturen ist Preisdisziplin leichter zu erreichen als bei anderen. Im Extremfall können es bestimmte Marktstrukturvariablen für die Marktteilnehmer so gut wie unmöglich machen, Preiswettbewerb zu vermeiden und nachhaltig kooperative Preise durchzusetzen. In diesem Zusammenhang stellt die Konsolidierung von Märkten ein Instrument dar, um eine zur Aufrechterhaltung von Preisdisziplin günstige Branchenstruktur zu schaffen oder wiederherzustellen.

Im Rahmen der Commercial Due Diligence wird die Wirkung der Marktkonsolidierung auf die im Einzelfall maßgeblichen Marktstrukturvariablen untersucht. Zu den für Preisdisziplin wichtigsten Strukturvariablen zählen:

- *Geringe Anzahl von Marktteilnehmern:* Die implizite Koordination von Preisen wird mit steigender Anzahl der Anbieter in einem Markt zunehmend schwieriger. Ein konzentrierter Markt mit wenigen Anbietern begünstigt daher Preisdisziplin. Eine hohe Marktkonzentration setzt die Existenz von Markteintrittsbarrieren voraus.
- *Existenz eines Preisführers:* Ein Preisführer erhöht die Wahrscheinlichkeit koordinierter Preise in hinreichend konzentrierten Märkten. Die Marktteilnehmer geben in diesem Fall ihre Preisautonomie freiwillig auf und übertragen die Kontrolle über die Marktpreise implizit einem einzelnen Unternehmen. Dieses verkündet eine Preisänderung vor allen anderen Anbietern, die ihren Preis dann an dem des Preisführers ausrichten. Systeme der Preisführerschaft brechen zusammen, wenn der Preisführer nicht gegen Preisbrecher vorgeht. Daher kommt die Rolle des Preisführers regelmäßig einem marktführenden Unternehmen zu, das die Fähigkeit zur glaubhaften Androhung und Durchsetzung von Vergeltungsmaßnahmen mitbringt.
- *Häufige Wettbewerbsinteraktionen der Marktteilnehmer:* Die Attraktivität eines Preisbruchs ist umso geringer, je schneller die Wettbewerber mit Vergeltungsmaßnahmen reagieren können. Die Preisdisziplin ist daher umso nachhaltiger, je häufiger Wettbewerbsinteraktionen der Marktteilnehmer stattfinden.
- *Hohe Preistransparenz:* Neben der Interaktionshäufigkeit wird die Reaktionsgeschwindigkeit auf einen Preisbruch durch die Preistransparenz eines Marktes bestimmt. Je intransparenter die Preispolitik der Marktteilnehmer, desto weniger nachhaltig ist Preisdisziplin.
- *Geringe Volatilität der Nachfrage:* In Märkten mit Nachfrageschwankungen ist Preisdisziplin nur schwer aufrechtzuerhalten, da ein Preisbruch kaum nachgewiesen werden kann. Wenn sich der Absatz des Unternehmens unvorhergesehen verringert, ist unklar, ob sich die Nachfrage verringert oder ein Wettbewerber einen Preisbruch begangen hat.

- *Geringe Stückkostenasymmetrie und -volatilität:* Asymmetrische Stückkostenstrukturen und schwankende Grenzkosten infolge volatiler Rohmaterialpreise erschweren es den Marktteilnehmern, sich auf eine einheitliche Preispolitik zu verständigen. Aber selbst wenn dies der Fall ist, können die High-Cost-Unternehmen dem Low-Cost-Unternehmen keinen substantiellen Verlust zufügen, ohne sich selbst eine noch größere Belastung aufzuerlegen. Asymmetrische Stückkostenstrukturen begünstigen Preisdisziplin daher nur dann, wenn es sich bei dem Low-Cost-Unternehmen zugleich auch um den Preisführer handelt.
- *Wettbewerb auf mehreren Märkten:* Die Aufrechterhaltung von Preisdisziplin ist leichter, wenn die Marktteilnehmer auf mehreren Märkten miteinander im Wettbewerb stehen. Dies erhöht die Interaktionshäufigkeit zwischen den Unternehmen und erlaubt Asymmetrien auf einzelnen Märkten auszugleichen. Beispielsweise kann ein Unternehmen einen Kostenvorteil auf einem Markt, sein Rivale auf einem anderen Markt besitzen. Während die Einzelmarktanalyse nahelegen würde, dass Preisdisziplin nur schwer aufrechtzuerhalten ist, kann auf übergeordneter Ebene eine Symmetrie bestehen, die Preisdisziplin zulässt.

Abbau von Überkapazitäten

Der dritte maßgebliche Konsolidierungseffekt besteht im Abbau von Überkapazitäten. Eine Kapazitätsbereinigung durch Marktkonsolidierung ist jedoch nur dann notwendig, wenn die Überkapazität dauerhaft ist und nicht durch koordiniertes Handeln der Marktteilnehmer beseitigt werden kann. Ähnlich der Preiskoordination wird das Potenzial für eine Koordination der Marktkapazität durch die Marktteilnehmer durch eine Reihe von Marktstrukturvariablen, die im Rahmen der Commercial Due Diligence zu untersuchen sind, indiziert:

- *Geringe Anzahl von Marktteilnehmern:* Die Koordination der Marktkapazität wird mit steigender Anzahl der Anbieter schwieriger.
- *Existenz eines Marktführers:* Die Existenz eines Marktführers, der den Kapazitätsabbau treibt und gegebenenfalls Vergeltungsmaßnahmen gegen Abweichler durchsetzt, erhöht die Wahrscheinlichkeit eines koordinierten Kapazitätsabbaus in hinreichend konzentrierten Märkten.
- *Hohe Markteintrittsbarrieren:* Da Markteintritt zu einer Erhöhung der Marktkapazität führt, ist ein koordinierter Kapazitätsabbau nur dann nachhaltig, wenn Markteintrittsbarrieren den Markteintritt weiterer Anbieter ausschließen.

- *Hohes Nachfragewachstum:* Ein hohes Nachfragewachstum führt zum Abbau von Überkapazitäten, ohne dass weitere Konsolidierungsschritte erforderlich wären.
- *Geringe Volatilität der Nachfrage:* Eine hohe Volatilität der Nachfrage erschwert die Kapazitätskoordination, da eine Festlegung auf Zielkapazität kaum möglich ist.
- *Geringe relative mindestoptimale Betriebsgröße:* Ist die mindestoptimale Betriebsgröße eines Werkes im Verhältnis zur Gesamtkapazität des Marktes gering, kann die Last des Kapazitätsabbaus von mehreren Anbietern getragen werden. Andernfalls werden einzelne Anbieter überproportional belastet.

Sind die Erfolgsaussichten für eine Koordination der Marktkapazität gering, können chronische Überkapazitäten nur durch Marktkonsolidierung abgebaut werden. Im Rahmen der Commercial Due Diligence erlaubt die Analyse der Angebotskurve, das Ausmaß der erforderlichen Kapazitätsbereinigung zu bestimmen und diejenigen Kandidaten zu identifizieren, die sich am besten für eine Kapazitätsbereinigung eignen. Die Angebotskurve eines Marktes bildet den Zusammenhang zwischen Preis und der von den Herstellern an jedem Preispunkt angebotenen Menge ab. Auf der horizontalen Achse werden die Kapazitäten der verschiedenen Anbieter im Markt aufgeführt. Im Idealfall werden hierbei die Kapazitäten auf Werksebene betrachtet. Die vertikale Achse gibt die Stückkosten an, zu welchen die Anbie-

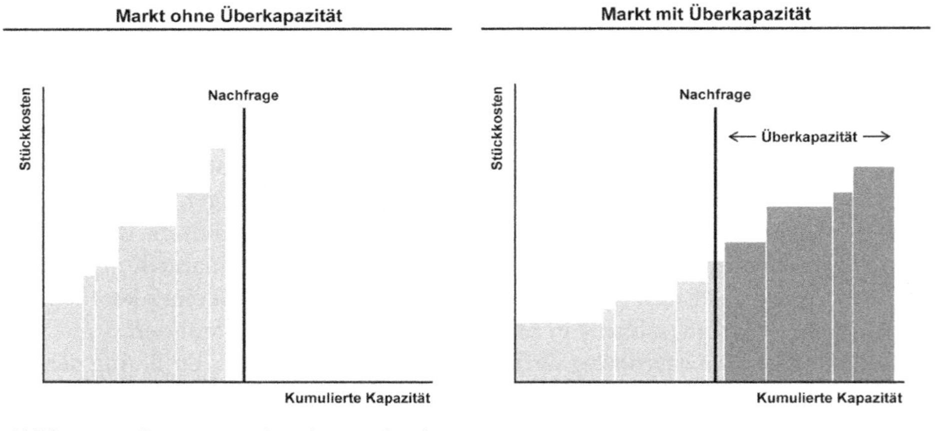

Abbildung 52: Illustrative Analyse der Angebotskurve
Quelle: Eigene Darstellung

ter ihre Kapazität bereitstellen können. Der langfristige durchschnittliche Marktpreis wird durch die Kosten des Grenzproduzenten bestimmt, d.h. desjenigen Anbieters, der gerade noch in der Lage ist, kostendeckend im Markt zu operieren. Bestehen Überkapazitäten im Markt, existieren Anbieter bzw. Werke rechts der Nachfragekurve, die nicht mehr kostendeckend produzieren. Diese ineffizienten Kapazitäten müssen im Zuge der Marktkonsolidierung bereinigt werden (vgl. Abbildung 52).

Fallbeispiel – Konsolidierung im deutschen Breitbandmarkt

Der deutsche Breitbandmarkt, der im Jahr 2008 eine Größe von ca. 23 Mio. Anschlüssen hatte, ist durch eine hohe Wettbewerbsdichte geprägt. Es lassen sich drei Gruppen von Wettbewerbern unterscheiden: Mit Abstand größter Marktteilnehmer ist die Deutsche Telekom. Mit Vodafone, O2/Telefonica, Hansenet (Alice) und 1&1 (United Internet) sind ferner vier bundesweit agierende DSL-Anbieter im Breitbandmarkt aktiv.

Daneben existieren zahlreiche regionale DSL-Anbieter wie beispielsweise Versatel. Die dritte Gruppe stellen die Kabelanbieter Kabel Deutschland, Unitymedia und Kabel BW.

Der Konsolidierungsdruck im deutschen Breitbandmarkt ist als hoch einzustufen. Dafür sorgen insbesondere drei Markttrends:[126]

- *Verlangsamung des Marktwachstums:* Während der Breitbandmarkt von 2006 bis 2008 durch sehr hohes Wachstum gekennzeichnet war, kam es im Jahr 2009 aufgrund einer einsetzenden Marktsättigung zu einer deutlichen Abschwächung des Marktwachstums.
- *Preis- und Margendruck aufgrund von Verdrängungswettbewerb:* Damit ist im zunehmend gesättigten Breitbandmarkt Wachstum nur noch durch Verdrängung von Wettbewerbern möglich. Weil es kaum andere Differenzierungskriterien gibt, wird der Kampf der Marktteilnehmer um Kunden hauptsächlich über den Preis ausgetragen. Die Folge ist ein starker Preisverfall und damit erheblicher Margendruck.
- *Hohe Kapitalintensität:* Das Breitbandgeschäft bedarf hoher Investitionen. Neben den Investitionen in Infrastruktur (Bandbreite) sind aufgrund des Trends zum Triple Play, d.h. des gebündelten Anbietens von Telefon, Internet und Fernsehen, mehr und mehr auch Investitionen in Inhalte (Content) erforderlich.

126 Vgl. Rautenberg et al. (2009).

Vor diesem Hintergrund können die Teilnehmer des Breitbandmarktes mit einer Konsolidierung dreierlei erreichen:

- *Erzielung von Wachstum in einem gesättigten Markt:* Der Kauf von Kunden durch die Akquisition von Wettbewerbern erlaubt den Konsolidierern, in einem gesättigten Markt zu wachsen. Mit einer Verbreiterung der Kundenbasis besteht dabei insbesondere auch größtes Potenzial für die Umwandlung von »Single Play«- zu »Multi-Play«-Kunden durch Cross-Selling.[127]
- *Erzielung von Kostenvorteilen aufgrund von Größe:* Durch die Verteilung der Investitionsausgaben auf eine größere Kunden- bzw. Anschlussbasis werden in erheblichem Maße Skaleneffekte erzielt. Zudem können durch Unternehmenszusammenschlüsse gegebenenfalls Synergien im Bereich der Gemeinkosten erzielt und Investitionen eingespart werden, sofern sich Teile der Infrastruktur beider Unternehmen überlappen.
- *Preisberuhigung:* Schließlich führt die Marktrationalisierung und gegebenenfalls der Abbau von Überkapazitäten durch die Konsolidierung zu einer Preisberuhigung.

Im Zusammenhang mit der Konsolidierung des Breitbandmarktes werden insbesondere zwei Szenarien diskutiert: die Konsolidierung des Kabelmarktes und der Eintritt der DSL-Anbieter in das Kabelgeschäft.[128]

- *Konsolidierung des Kabelmarktes:* Mit Blick auf eine Konsolidierung des Kabelmarktes existiert sowohl eine vertikale als auch eine horizontale Konsolidierungslogik.
  Das Argument für eine vertikale Integration ergibt sich daraus, dass der Kabelmarkt auf Netzebene 4 (letzte Meile) mit etwa 4.000 Kabelnetzbetreibern einen sehr hohen Fragmentierungsgrad aufweist. Die Netzebene 3 (regionale Breitbandkabelnetze) wird demgegenüber nur von Kabel Deutschland, Unitymedia und Kabel BW bewirtschaftet. Die Herausforderung besteht für diese Betreiber darin, einen wesentlichen Teil ihrer Kundenbasis ohne direkten Kundenkontakt über Anbieter der Netzebene 4 bedienen zu müssen. Dadurch sind für die

127 Vgl. Rautenberg et al. (2009).
128 Zu den nachfolgend dargestellten Konsolidierungsszenarien vgl. Rautenberg et al. (2009).

Anbieter der Netzebene 3 die Möglichkeiten des Cross-Sellings in einem Markt, der vom Triple-Play-Geschäft (integrierter Verkauf von TV, Telefonie und Internetzugang) gekennzeichnet ist, begrenzt. Eine vertikale Integration könnte hier Abhilfe schaffen.

Die horizontale Integrationslogik betrifft die Betreiber der Netzebene 3. Da diese Spieler regional fokussiert sind, haben sie bei der Vermarktung von nationalen Inhalten wie beispielsweise des Bundesliga-Fußballs Wettbewerbsnachteile gegenüber bundesweit vertretenen Anbietern wie T-Home oder Sky. Während die anfallenden Lizenzkosten über eine erheblich größere Kundenbasis verteilt werden können, müssen die regionalen Kabelanbieter eine schlechtere Kostenstruktur in Kauf nehmen.

Gegen das Konsolidierungsszenario der horizontalen Integration sprechen derzeit kartellrechtliche Bedenken. Das Bundeskartellamt hat schon im Jahr 2004 das Vorhaben von Kabel Deutschland, Kabel BW sowie ish und isey[129] zu übernehmen, abgelehnt. Mit dem Beschluss zu Kabel Deutschland/Orion Cable hat es diese Haltung im Jahr 2008 noch einmal bestätigt. Allerdings hat das Bundeskartellamt Kabel Deutschland im gleichen Beschluss die Übernahme von sieben Tochtergesellschaften der Orion Cable, die überwiegend Breitbandkabelnetze der Netzwerkebene 4 betreiben, erlaubt.

- *Eintritt der DSL-Anbieter in den Kabelmarkt:* Das zweite diskutierte Konsolidierungsszenario ist der Eintritt der DSL-Anbieter in den Kabelmarkt.

  Die DSL-Anbieter sind nämlich einem stärkeren Investitionsdruck als ihre Kabelkonkurrenten ausgesetzt. Durch Investitionen in VDSL können die DSL-Betreiber in puncto Verbindungsschnelligkeit technologisch bestenfalls zu den Kabelbetreibern aufschließen. Um sich nachhaltig von ihnen zu differenzieren, sind aber massive Investitionen in einen Technologiewechsel von DSL zu Glasfaser erforderlich. Diese Investitionen in Glasfasernetze könnten DSL-Anbieter durch den Kauf von Kabelgesellschaften umgehen. Das Netzwerk der Kabelanbieter reicht zudem bis zum Endkunden, so dass für die DSL-Anbieter keine Gebühren für die letzte Meile, die einen beträchtlichen Teil der Marge verbraucht, mehr anfallen würden.

129 Im Sommer 2005 haben sich ish und isey zu Unitymedia zusammengeschlossen.

Darüber hinaus sind die DSL-Anbieter einem überproportional hohen Preisdruck ausgesetzt. Wie alle Marktteilnehmer können auch die DSL-Anbieter die Preisrückgänge nicht mehr durch Kundenwachstum kompensieren. Da sich die Marktanteile jedoch zugunsten des Marktführers Deutsche Telekom und der Kabelanbieter verschieben, bekommen die DSL-Anbieter den Preisverfall in besonderem Maße zu spüren. Durch den Eintritt in den Kabelmarkt könnten die DSL-Anbieter die negativen Folgen der Marktanteilsverschiebung zumindest teilweise ausgleichen. Zudem bietet der Zugriff auf die Kundenbasis des Kabelbetreibers die Möglichkeit des Cross-Sellings von Telefonie und Breitband-Internet. Schließlich können umgekehrt die DSL-Kunden auch in Richtung Kabel migriert werden. Ein solcher Technologiewechsel ist jedoch administrativ aufwendig und setzt die Überschneidung beider Netzinfrastrukturen voraus.

7 Preiskriege

Aufgrund ihrer potenziell ruinösen Konsequenzen für die Profitabilität von Zielunternehmen sind Preiskriege aus Käuferperspektive äußerst problematisch und haben oft Dealbreaker-Charakter. Entsprechend stellt die Identifikation von potenziellen oder aktuellen Preiskriegen sowie die Abschätzung ihrer Konsequenzen für das Zielunternehmen ein wichtiges Spezialproblem der Commercial Due Diligence dar.

Ein Preiskrieg ist Preiswettbewerb in einer extremen Form, der durch vier kumulative Merkmale gekennzeichnet ist:

- Aufgrund der Wettbewerbsinteraktionen der Anbieter in einem Markt kommt es zu mehrfachen Preissenkungen.
- Die Preise fallen derart schnell, dass die mit den Preissenkungen einhergehenden Mengeneffekte für die Marktteilnehmer nicht mehr transparent sind.
- Die Preissenkungen finden im gesamten Markt statt und beschränken sich nicht bloß auf einzelne Marktsegmente.
- Das durch die Preisaggressionen herbeigeführte Preisniveau erlaubt den Marktteilnehmern nicht, ihre Vollkosten nachhaltig zu decken.[130]

130 Zu dieser Definition von Preiskriegen vgl. Laker/Zinöcker (2006).

Mechanik von Preiskriegen

Ein Preiskrieg beginnt typischerweise dadurch, dass ein Marktteilnehmer seinen Preis mit dem Ziel reduziert, Marktanteile auf Kosten der Wettbewerber zu gewinnen. Dabei wird die Möglichkeit einer Wettbewerberreaktion einfach ignoriert. Weil das preisliche Unterbieten der Wettbewerber zunächst zum beabsichtigten Erfolg, dem Gewinn von Marktanteilen, führt, wird der Initiator der Preissenkungen mit der Zeit immer aggressiver. Früher oder später bemerken die anderen Marktteilnehmer jedoch die Preisaggression und reagieren nunmehr ebenfalls mit Preissenkungen. Ihr Ziel ist es dabei, den anfänglichen Marktanteilsgewinn des Initiators zu neutralisieren. Die Preisreaktion der Wettbewerber führt schließlich zur Wiederherstellung der alten Verteilung der Marktanteile, allerdings zu niedrigeren Marktpreisen und damit auf Kosten der durchschnittlichen Branchenprofitabilität.

Nachteile von Preiskriegen

Preiskriege sind aus einer Reihe von Gründen weder für den Initiator noch für eine Branche als Ganzes sinnvoll. Aus Sicht des Aggressors führen Preiskriege in der Mehrzahl der Fälle zu lediglich temporären Marktanteilsgewinnen, die aufgrund der in der Regel unvermeidlichen Wettbewerbsreaktion später wieder neutralisiert werden. Hinzu kommt, dass auch aus Profitabilitätssicht eine preisaggressive Strategie nur in Ausnahmefällen sinnvoll ist. Da die Preissenkungen Volumina und Kosten nicht berühren und direkt auf das Ergebnis durchschlagen, haben sie eine erhebliche Reduktion der Profitabilität zur Folge. Es ist extrem anspruchsvoll, dies durch die erforderlichen überproportionalen Volumenerhöhungen wieder auszugleichen.

Aus Branchensicht wird das Ziel von Preiskriegen, die Verbesserung der Marktstruktur durch den Markteintritt von Wettbewerbern, in der Regel nicht erreicht, da Preisaggressoren oft weder die Kostenposition noch die Nerven haben, um längere Zeit Tiefpreise durchsetzen zu können.[131] Und selbst im Falle des Ausscheidens eines schwächeren Wettbewerbers verbleibt die Kapazität oft im Markt, wenn neueintretende Spieler die Produktionsanlagen dieses Wettbewerbers erwerben. Schließlich gelingt es den Marktteilnehmern nach Ende eines Preiskrieges in der Regel nicht, das ursprüngliche Preis- und damit Profitabilitätsniveau des Marktes wiederherzustellen. Der Preiskrieg führt zu einer dauerhaften Störung der von den Kun-

131 Vgl. Laker/Zinöcker (2006).

den wahrgenommenen Preis-Nutzen-Relation und resultiert in einer erhöhten Preissensitivität der Kunden.

Analyse von Preiskriegen

Bei der Commercial Due Diligence muss danach unterschieden werden, ob der Preiskrieg bereits eingetreten ist oder nicht. Bei aktuellen Preiskriegen muss deren Dauer und Intensität eingeschätzt werden. Bei potenziellen Preiskriegen ist die Anfälligkeit der Branche für preisliche Auseinandersetzungen zu bewerten.

Die Analyse von Preiskriegen ist komplex, da eine große Anzahl von Analyseparametern berücksichtigt werden muss. Diese lassen sich in die Themenbereiche Markt, Kunde und Wettbewerb unterteilen. Bei der *Analyse des Marktes* müssen folgende Aspekte betrachtet werden:

- *Marktstruktur:* In oligopolistischen Marktstrukturen ist die Wahrscheinlichkeit von Preiskriegen am höchsten.[132] Da die Spieler bei ihren Aktionen strategisch voneinander abhängig sind, besteht die große Gefahr, dass die Wettbewerbsreaktion im Oligopol falsch eingeschätzt oder missinterpretiert wird.
- *Markteintrittsbarrieren:* Selbst wenn ein Preiskrieg zum Marktaustritt von Spielern führt und damit aus Branchensicht als erfolgreich betrachtet werden kann, ist dies nur dann nachhaltig, wenn Markteintrittsbarrieren den Eintritt von neuen Spielern in dem Markt ausschließen.[133]
- *Marktwachstum:* Die Wahrscheinlichkeit von Preiskriegen ist in nur gering wachsenden oder gar stagnierenden Märkten besonders hoch. Das geringe Marktwachstum stellt nämlich einen Anreiz dar, durch Preissenkungen Marktanteile auf Kosten der Wettbewerber zu gewinnen. Bei hohem Marktwachstum ist dies nicht der Fall, da alle Spieler mit dem Markt wachsen können. Ein hohes Nachfragewachstum hat zudem den Abbau von Überkapazitäten im Markt zur Folge.
- *Preistransparenz:* Je transparenter die Preise in einem Markt sind, desto leichter ist eine Preisaggression für die übrigen Marktteilnehmer identifizierbar. Die Preistransparenz eines Marktes ist vom Ausmaß der Produkt- und Preisdifferenzierung abhängig. Eine hohe Produkt- und Preisdifferenzierung schränkt die Vergleichbarkeit zu Wettbewerberangeboten ein.

132 Vgl. Laker/Zinöcker (2006).
133 Vgl. Laker/Zinöcker (2006).

Im Rahmen der *Kundenanalyse* sind folgende Gesichtspunkte wichtig:

- *Kundensegmentierung:* Unterschiedliche Kundensegmente zeichnen sich durch eine unterschiedliche Preissensibilität für unterschiedliche Produkte aus. Die Heterogenität der Kundenbedürfnisse eröffnet Spielräume für Produkt- und Preisdifferenzierung und verringert damit das Risiko von Preiskriegen.
- *Rolle des Preises bei der Kaufentscheidung:* Bei der Analyse der Einkaufskriterien ist ein besonderes Augenmerk auf die Rolle des Preises zu legen. Nur dann, wenn der Preis für den Kunden eine hohe Wichtigkeit bei der Kaufentscheidung hat, kann eine preisaggressive Strategie überhaupt erfolgreich sein.[134]
- *Preiselastizität der Nachfrage:* Das Ausmaß der durch Preisveränderungen hervorgerufenen Mengeneffekte wird stark durch die Preiselastizität der Nachfrage bestimmt.[135]
- *Kundenwechselkosten:* Niedrige Kundenwechselkosten erleichtern Marktanteilsgewinne durch Preissenkungen.

Auch bei der *Wettbewerbsanalyse* gilt es eine Reihe von Gesichtspunkten zu berücksichtigen:

- *Preisstellung:* Die Stabilität des Preisniveaus im Markt wird von der Preisstellung der Wettbewerber beeinflusst. Je homogener die Preisstellung der Wettbewerber ist, desto stabiler ist das Preisniveau des Marktes.
- *Relative Kostenposition:* Unterschiede in den Stückkosten stellen einen Anreiz für Anbieter mit einem Kostenvorteil dar, ihre Wettbewerber preislich zu unterbieten. Eine solche Strategie kann allerdings nur dann nachhaltig erfolgreich sein, wenn der Aggressor über einen klaren Kostenvorteil (größer 30 Prozent) verfügt.[136]
- *Reaktionen der Wettbewerber:* Neben der Preissensitivität der Kunden ist die Mengensteigerung, die durch eine Preissenkung erzielt werden kann, von der Wettbewerberreaktion abhängig. Es gilt die Frage zu klären, wer mit Preissenkungen nachziehen wird und wer nicht.

134 Vgl. Laker/Zinöcker (2006).
135 Vgl. Laker/Zinöcker (2006).
136 Vgl. Laker/Zinöcker (2006).

- *Kapazitätsauslastung der Wettbewerber:* Je größer die ungenutzten Produktionskapazitäten eines Spielers sind, desto höher ist die Wahrscheinlichkeit einer Preisstrategie mit dem Ziel, die Kapazitätsauslastung zu erhöhen. Entsprechendes gilt für eine Branche in ihrer Gesamtheit.

Fallbeispiel – Preiskrieg in einem Markt für Industrieverpackungen

Bei der Commercial Due Diligence eines Herstellers von Industrieverpackungen sah die Umsatzplanung des Managements für den europäischen Markt in einer wichtigen Produktkategorie starkes Wachstum im Markt bei gleichzeitigem deutlichen Margenverfall vor.[137] Da alle Indizien auf einen Preiskrieg hindeuteten, bestand die Notwendigkeit, die Preisdynamik im Markt genau zu verstehen und die damit verbundenen Risiken einzuschätzen.

Grundsätzlich war es aufgrund der Marktstruktur wahrscheinlich, dass einer der Marktteilnehmer durch ein preisliches Unterbieten seiner Konkurrenten einen Preiskrieg ausgelöst hatte. Der Marktanteil des Zielunternehmens betrug zum damaligen Zeitpunkt ca. 20 Prozent. Daneben existierten ein klarer Marktführer (Wettbewerber A) mit einem Marktanteil von ca. 60 Prozent sowie drei Konkurrenten »der zweiten Reihe« (Wettbewerber B bis D), die zusammen einen Marktanteil von ca. 15 Prozent auf sich vereinen konnten. Den Rest des Marktes teilte sich eine Anzahl kleinerer Anbieter. Damit war der Markt als hochkonzentriert einzustufen und von einer strategischen Abhängigkeit der Spieler auszugehen. Mit anderen Worten bedeutete dies, dass die Preisaktionen eines Marktteilnehmers für die anderen sichtbar waren und zu Wettbewerbsreaktionen führen konnten.

Die Analyse der Preisstellung der Marktteilnehmer führte zu der Erkenntnis, dass die durchschnittlichen Stückpreise der Konkurrenten sehr heterogen waren und Wettbewerber A die höchste relative Preisposition einnahm. Dies implizierte, dass das Zielunternehmen sowie Wettbewerber B bis D Marktanteilsgewinne auf Kosten des Marktführers anstrebten. Die weitere Analyse der Preisstrategien der Marktteilnehmer bestätigte dieses Bild. Wettbewerber A hatte das betreffende Produkt in den Markt eingeführt und konnte aufgrund seines Zeitvor-

137 Das hier diskutierte Projektbeispiel wurde aus Vertraulichkeitsgründen anonymisiert.

teils lange Zeit Monopolgewinne erwirtschaften. Dies änderte sich erst mit dem Preisangriff eines kleinen Spielers, der später vom Zielunternehmen akquiriert wurde. Wettbewerber A reagierte auf diese Angriffe zunächst selbst mit weiteren Preissenkungen, gab diese Reaktion aber schließlich auf. Anders das Zielunternehmen. Während dieses ursprünglich eine Premiumpreisstrategie verfolgt hatte, änderte es seinen Ansatz mit der Akquisition des preisaggressiven kleinen Spielers und verfolgte nunmehr eine Strategie des Volumenwachstums mit dem Ziel, seine Position als Nr. 2 im Markt durch Marktanteilsgewinne deutlich auszubauen. Mit anderen Worten war es das Zielunternehmen selbst, das den Preiskrieg initiiert hatte und den Margenverfall bewusst in Kauf nahm. Wettbewerber B bis D hatten sich dieser Vorgehensweise angeschlossen.

Die zentrale Frage bestand nunmehr darin, warum Wettbewerber A nicht seinerseits mit Preissenkungen auf die Angriffe seiner Konkurrenten reagierte. Die Analyse der Stückkostenstrukturen der Marktteilnehmer hatte nämlich ergeben, dass Wettbewerber A aufgrund von Größenvorteilen und einer Rückwärtsintegration bei weitem die beste relative Stückkostenposition aufwies. Wettbewerber A hätte damit einen Preiskrieg länger profitabel durchhalten können als seine Konkurrenten. Vieles sprach aber dafür, dass Wettbewerber A seine Marktführerschaft, die auf dem bereits erwähnten 60-prozentigen Marktanteil beruhte, dazu nutzen wollte, um durch die bewusste Aufrechterhaltung einer hohen Preisstellung auf eine Preisberuhigung hinzuwirken.

Die Analyse der Kapazitätsauslastung der Spieler ergab jedoch, dass der Fähigkeit von Wettbewerber A, als Preisführer im Markt zu agieren, Grenzen gesetzt waren. Die Kapazität des Gesamtmarktes konnte kurzfristig als unveränderbar angesehen werden, da eine durchschnittliche neue Produktionslinie lediglich 2 Prozent der Marktkapazität ausmachte. Entscheidend war vielmehr das Verhältnis der Überkapazität der jeweiligen Spieler zur Kapazität des Gesamtmarktes, das deren Fähigkeit bestimmt, das Marktangebot und damit das Marktpreisniveau zu beeinflussen. Darüber hinaus indiziert die Auslastung eines Markteilnehmers sein Interesse an Volumengewinnen durch preisliches Unterbieten seiner Konkurrenten. Es zeigte sich, dass Wettbewerber A lediglich über 9 Prozent freie Kapazität im Verhältnis zum Gesamtmarkt verfügte.

Damit war die Fähigkeit von Wettbewerber A, das Zielunternehmen und die übrigen preisaggressiven Wettbewerber zu disziplinieren, begrenzt. Insbesondere konnte durch die Analyse der Angebotskurve des Marktes gezeigt werden, dass das Zielunternehmen selbst dann noch profitabel operieren könnte, wenn Wettbewerber A seine Kapazitätsauslastung von damals 82 Prozent auf Vollauslastung erhöht hätte. Das Zielunternehmen hatte demgegenüber nur eine Kapazitätsauslastung von 58 Prozent und somit ein starkes Interesse an Volumengewinnen.

Im Ergebnis war die Fähigkeit von Wettbewerber A, als Preisführer im Markt zu agieren, begrenzt. Demgegenüber war die Wettbewerbsposition des Zielunternehmens grundsätzlich geeignet, um die gewählte Strategie des Marktanteilsgewinns auf Kosten des Marktführers zu verfolgen. Sie konnte solange als rational eingestuft werden, wie Wettbewerber A seine hohe relative Preisposition aufrechterhielt. Allerdings entstanden dem Zielunternehmen durch seine aggressive Preisstrategie auch Kosten in Form eines Margenverfalls, da es die notwendigen Preisreduktionen – wie bei Preiskriegen regelmäßig der Fall – nicht durch die erzielten Volumengewinne überkompensieren konnte. So ergab auch die Neukalkulation der Preis- und Volumeneffekte auf der Grundlage der durchgeführten Analysen, dass mit einem stärkeren Margenverfall gerechnet werden musste als dies bislang in der Geschäftsplanung vorgesehen war.

8 Vertikale Integration

Bei der vertikalen Integration werden vor- oder nachgelagerte Wertschöpfungsstufen eines Unternehmens internalisiert. Da vertikale Integration Investitionen in erheblicher Höhe erfordert und aufgrund der damit verbundenen versunkenen Kosten nur schwer umkehrbar ist, bedarf sie einer detaillierten Betrachtung im Rahmen der Commercial Due Diligence. Dabei sind drei Kernfragen zu adressieren:

- Besteht ein legitimer Rechtfertigungsgrund für die vertikale Integration?
- Welche Alternativen existieren zur vertikalen Integration?
- Welche Vor- und Nachteile ergeben sich für die einzelnen Spieler aus dem unterschiedlichen Grad ihrer vertikalen Integration?

Rechtfertigungen für vertikale Integration

Die Gründe für die vertikale Integration eines Zielunternehmens sind im Rahmen der Analyse des Geschäftsmodells zu untersuchen.[138] Dabei ist von dem Grundsatz auszugehen, dass eine vertikale Integration nur dann sinnvoll ist, wenn sie zur Wertschaffung oder strategischen Absicherung zwingend geboten ist. In diesem Zusammenhang existieren zwei Denkschulen: Der Transaktionskostenökonomik zufolge verlangen Fälle des vertikalen Marktversagens eine vertikale Integration. Die Industrieökonomik geht demgegenüber davon aus, dass die Schaffung von Marktmacht oder die Verteidigung gegen Marktmacht eine vertikale Integration erfordert.

Vertikales Marktversagen. Grundsätzlich können ökonomische Transaktionen zwischen zwei Wertschöpfungsstufen, d.h. Absatz und Beschaffung, entweder über den Markt oder unternehmensintern in einem vertikal integrierten Unternehmen erfolgen. Bei der Abwicklung über den Markt entstehen Transaktionskosten in Form des erforderlichen Erstellens, Überwachens und Durchsetzens von Verträgen sowie aufgrund des opportunistischen Verhaltens der Vertragsparteien nach Vertragsschluss, das ein Nachverhandeln erforderlich macht. Sofern die bei der Abwicklung über den Markt entstehenden Transaktionskosten größer sind als die der unternehmensinternen Abwicklung, liegt ein Fall vertikalen Marktversagens vor und eine vertikale Integration ist ökonomisch sinnvoll. Ein vertikaler Markt versagt damit, wenn es zu kostspielig ist, die mit den Markttransaktionen verbundenen Risiken umfassend vertraglich zu regeln. Die entsprechenden Verträge sind unvollständig, da nicht sämtliche Eventualitäten vertraglich abgebildet, überwacht, verifiziert und durchgesetzt werden können.

Es können vier Fälle vertikalen Marktversagens unterschieden werden:

- *Geringe Anzahl von Käufern und Verkäufern:* Wenn ein einzelner Verkäufer mit einem einzelnen Käufer verhandelt, hängt das Ergebnis einzig und allein von der relativen Verhandlungsmacht der Parteien ab. Die Verhandlungen sind dann wahrscheinlich mit hohen Kosten verbunden. Die gegenseitige Abhängigkeit der Verhandlungspartner führt zu opportunistischem Verhalten und strategischer Missinterpretation, da jede Partei versuchen wird, ihre Verhandlungsmacht zu erhöhen und auf Kosten der anderen zu nutzen.[139] Ein vertikales Marktversagen

138 Soweit nicht anders gekennzeichnet, bezieht sich der Abschnitt zu den Rechtfertigungen der vertikalen Integration auf Stuckey/White (1993).

139 Vgl. Grant (2005).

liegt damit vor, wenn einzelne Verkäufer und Käufer in engen bilateralen Geschäftsbeziehungen zueinander stehen.[140] Dies ist zum einen dann der Fall, wenn ein Markt nur über einen Käufer und einen Verkäufer (bilaterales Monopol) verfügt oder nur aus wenigen Verkäufern und wenigen Käufern besteht (bilaterales Oligopol). In Märkten mit mehreren Käufern und Verkäufern kann zudem auch eine Serie bilateraler Monopole entstehen, wenn jeder Lieferant aufgrund hoher Transaktionskosten gezwungen ist, mit nur einem Käufer eine Vertragsbeziehung einzugehen.

- *Hohe Spezifität von Investitionen:* Bilaterale Monopole können auch aufgrund von transaktionsspezifischen Investitionen, d.h. Investitionen in Anlagen oder Infrastrukturen, die speziell auf die Bedürfnisse der anderen Partei der Transaktion zugeschnitten sind, entstehen. Selbst in Märkten mit mehreren Verkäufern und Käufern führen hohe transaktionsspezifische Investitionen zu erheblichen Kundenwechselkosten für die Transaktionsparteien, die angesichts der Gefahr opportunistischen Verhaltens der Vertragsparteien erhebliche Kosten für die vertragliche Regelung der Beziehung, Vertragsüberwachung und -durchsetzung sowie Konfliktbewältigung nach sich ziehen. Wichtige Fälle sind technische, geografische und personelle Spezifität. Bei technischer Spezifität investieren die Geschäftspartner in Ressourcen, die ausschließlich im Rahmen ihrer Geschäftsbeziehung genutzt werden können. Geografische Spezifität entsteht, wenn Käufer und Verkäufer Investitionen in räumlicher Nähe voneinander tätigen, um Transport- und Lagerhaltungskosten zu minimieren. Zum Beispiel werden in der Aluminiumbranche Bauxitminen und Aluminiumraffinerien aufgrund der hohen Transportkosten von Bauxit relativ zu seinem Wert in der Regel in unmittelbarer räumlicher Nähe errichtet. Personelle Spezifität schließlich ist die Folge von Investitionen in Fähigkeiten von Mitarbeitern, die nur im Rahmen einer bestimmten Lieferanten- oder Kundenbeziehung eingesetzt werden können. Die Wirkung von spezifischen Investitionen wird durch die Faktoren Kapitalintensität und Langlebigkeit des betreffenden Anlagevermögens noch verstärkt. Kapitalintensität führt aufgrund der hohen Fixkostenstruktur zu hohen Kosten im Falle eines durch opportunistisches Verhalten der Transaktionsparteien verursachten Produktionsausfalls. Die Langlebigkeit des Anlagevermögens führt zu einer Verlängerung des Zeithorizontes, in dem die erwähnten Risiken und Kosten relevant sind.

140 Vgl. Grant (2005).

- *Hohe Unsicherheit:* Ein hoher Grad an Unsicherheit, beispielsweise über die zukünftige Angebots- und Nachfragesituation oder die Preise von Rohmaterial, erhöht das Problem, umfassende Verträge zu formulieren, die sämtliche Eventualitäten einer Geschäftsbeziehung abdecken. Je höher der Grad der Unsicherheit ist und je länger diese dauert, desto unvollständiger werden notwendigerweise die Verträge. Die Verträge bergen dann die Gefahr, dass sie in der konkreten Situation entweder zu restriktiv oder zu wenig restriktiv sind und Anlass zu Opportunismus und unterschiedlicher Interpretation geben. Dies erhöht die Wahrscheinlichkeit von kostspieligen und zeitintensiven Nachverhandlungen des ursprünglichen Vertrages.
- *Hohe Transaktionshäufigkeit:* Eine hohe Transaktionshäufigkeit verstärkt das Marktversagen, das sich aus bilateralen Monopolen, hoher Spezifität von Investitionen und hoher Unsicherheit ergibt. Bei hoher Transaktionshäufigkeit besteht öfter die Gefahr opportunistischen Verhaltens und die Notwendigkeit von Nachverhandlungen. Fehlen jedoch die anderen Gründe für vertikales Marktversagen, ist immer eine Transaktionsabwicklung über den Markt vorteilhafter, unabhängig davon wie oft die Transaktionen durchgeführt werden.

Schaffung von oder Absicherung gegenüber Marktmacht. Vertikale Integration kann ein effektives Instrument sein, um Marktmacht zu schaffen oder sich gegenüber der Marktmacht anderer Spieler abzusichern.

In Bezug auf die Schaffung von Marktmacht durch vertikale Integration muss die Frage beantwortet werden, ob es notwendig ist, im vor- oder nachgelagerten Markt präsent zu sein, um einen Wettbewerbsvorteil im Hauptmarkt zu entwickeln oder zu nutzen. Ein Beispiel ist die Errichtung von Markteintrittsbarrieren durch vertikale Integration. In Märkten, in denen die meisten Spieler vertikal integriert sind, kann ein Markteintritt für nicht-integrierte Spieler schwierig sein. Die Notwendigkeit für das markteintretende Unternehmen, sich ebenfalls vertikal zu integrieren, erhöht die mindestoptimale Betriebsgröße und damit die Höhe der erforderlichen Investitionen. So sind etwa Automobilhersteller in der Regel in den Autohandel vorwärtsintegriert. Dies bedeutet, dass markteintretende Unternehmen ebenfalls Händlernetzwerke aufbauen müssen, was teuer und zeitintensiv ist.

Vertikale Integration kann auch zur Absicherung gegen die Marktmacht von Lieferanten oder Kunden gerechtfertigt sein. Ein Beispiel ist der deutsche Kaffeemarkt.[141] Dieser teilt sich zwischen den deutschen Kaffeeröste-

141 Zu diesem Beispiel vgl. Klawitter/Schmitt (2009).

reien Tchibo, Melitta, Dallmayr und dem US-Lebensmittelkonzern Kraft Foods mit seiner deutschen Kaffeemarke Jacobs auf. Um sich gegen die Marktmacht der Kaffeeröster abzusichern, haben sich die Discounter mit Eigenmarken – Aldi ist heute bereits einer der größten Kaffeeröster in Deutschland – in den Markt rückwärtsintegriert.

Alternativen zur vertikalen Integration

Neben ihren Vorteilen stellt die vertikale Integration Unternehmen zugleich auch vor eine Reihe von Herausforderungen. Dazu zählen unter anderem:[142]

- Zwischen den Produktionsstufen können erhebliche Unterschiede mit Blick auf die optimale Betriebsgröße bestehen.
- Die vertikale Integration erfordert in der Regel die Entwicklung neuer Kompetenzen, um ein strategisch und operativ andersartiges Geschäft managen und betreiben zu können.
- Eine vertikale Integration kann negative Auswirkungen auf Lieferanten oder Kunden haben. Diese können weniger bereit sein, mit dem vertikal integrierten Unternehmen in eine Geschäftsbeziehung zu treten, da dieses nunmehr als Wettbewerber wahrgenommen wird.
- Mit der vertikalen Integration ist gewöhnlich ein Verlust an Flexibilität verbunden, wenn es darum geht, schnell auf sich ändernde Nachfrageverhältnisse zu reagieren.[143]

Angesichts dieser Herausforderungen kann es für ein Unternehmen sinnvoll sein, Alternativen zur vertikalen Integration in Betracht zu ziehen, die viele der gleichen Vorteile bieten, aber eben auch wesentliche Nachteile vermeiden. Zur vollen vertikalen Integration existieren zahlreiche Alternativen wie beispielsweise Allianzen, langfristige Verträge, Franchising und Lizenzen, die im Einzelfall besser geeignet sein können. Die Auswahl der optimalen vertikalen Strategie hängt von den betreffenden Wertschöpfungs-

142 Zu den nachfolgenden Punkten vgl. Grant (2005).

143 Ist allerdings systemweite Flexibilität gefragt, kann vertikale Integration simultane Reaktionen entlang der gesamten Wertschöpfungskette überhaupt erst ermöglichen. So hat etwa das spanische Modeunternehmen Zara durch eine Strategie der vertikalen Integration seine Durchlaufzeiten so erheblich reduziert und seine Reaktionsfähigkeit derart maximiert, dass dadurch das für die Branche dominante Geschäftsmodell der Vertragsfertigung grundlegend in Frage gestellt wurde. Vgl. Grant (2005).

aktivitäten, rechtlichen und finanziellen Erwägungen sowie der Strategie und den Ressourcen der involvierten Unternehmen ab. Selbst in der gleichen Branche, kann das, was für das eine Unternehmen gut ist, für seine Wettbewerber, die andere Strategien verfolgen und mit anderen Kompetenzen ausgestattet sind, nicht sinnvoll sein.

Vertikale Integration im Wettbewerbsvergleich

Im Rahmen der Wettbewerbsbetrachtung ist es in vielen Fällen ausreichend, die relevanten Wettbewerber lediglich auf einer Stufe der industriellen Lieferkette (d.h. horizontal) zu analysieren. Ist das Zielunternehmen jedoch selbst vertikal integriert oder bestehen sonstige Anhaltspunkte für eine Tendenz zur vertikalen Integration der Marktteilnehmer, muss der Fokus der Wettbewerbsanalyse entlang der industriellen Lieferkette erweitert werden. Es gilt dann detailliert herauszuarbeiten, welche Vor- und Nachteile sich für die einzelnen Spieler aus dem unterschiedlichen Grad ihrer vertikalen Integration ergeben.

Fallbeispiel – Vorwärtsintegration im Markt für Hörgeräte[144]

Im Wholesale-Markt für Hörgeräte ist vertikale Integration ein wichtiger Trend, der in den letzten Jahren stark an Bedeutung gewonnen hat. Die Anbieterseite der Hörgerätehersteller ist stark konzentriert. Wichtige Wettbewerber sind beispielsweise der schweizerische Hersteller Sonova mit der Hauptmarke Phonak, der dänische Hersteller William Demant mit der Hauptmarke Oticon und der dänische Hersteller GN Resound. Die Käuferseite unterteilt sich in den »privaten Markt« und den »öffentlichen Markt«. Der private Hörgerätehandel ist im Gegensatz zur Herstellerseite stark fragmentiert. Größte Händlergruppe sind die unabhängigen Hörgeräteakustiker. Daneben spielen nationale und internationale Händlerketten eine wichtige Rolle. Mit einem globalen Marktanteil von etwa acht Prozent ist die italienische Amplifon Gruppe die weltweit größte Händlerkette. In Deutschland sind die nationalen Ketten Kind und Geers noch vor Amplifon positioniert. Daneben bilden öffentliche Institutionen wie das Department for Veteran Affairs in den USA oder

144 Das Fallbeispiel basiert auf William Demant (2008), Schumacher et al. sowie auf den Geschäftsberichten und Präsentationen der börsennotierten Hersteller und Händler.

der National Health Service (NHS) in Großbritannien den öffentlichen Markt.

Die Vorwärtsintegration der Hörgerätehersteller in den privaten Hörgerätehandel hat dazu geführt, dass dieser weltweit zu einem nicht unerheblichen Teil durch die Hersteller kontrolliert wird. Wichtige Beispiele sind der Kauf von Beltone in den USA und Canada durch GN Resound sowie der Erwerb von Hidden Hearing in England durch William Demant.

Motiviert wird die Vorwärtsintegration durch eine Reihe von Faktoren. Erstens sichert sie bestehende Umsätze vor dem Zugriff von existierenden und neuen Wettbewerbern. Zweitens erlaubt sie den Herstellern, Wachstum in einem wachstumsschwachen Markt zu erzielen. Neben dem Kauf von Retail-Umsatz führt die Vorwärtsintegration über das Delisting von Wettbewerbern bei den erworbenen Händlern auch zu einem höheren kundenbezogenen Marktanteil und damit mehr Wholesale-Umsatz. Drittens hilft die Vorwärtsintegration, den Preisdruck aufgrund der Konsolidierung der Händler und des Markteintritts der Optikerketten zumindest teilweise zu neutralisieren. Und viertens trägt die Vorwärtsintegration in den Hörgerätehandel dazu bei, exzessiven Preiswettbewerb zwischen den Hörgeräteherstellern selbst zu vermeiden.

Den Vorteilen der Vorwärtsintegration stehen Nachteile gegenüber, die es als Hörgerätehersteller gegeneinander abzuwägen gilt. Die Vorwärtsintegration ist eine teure Strategie und erfordert neben der Auslage des Kaufpreises Investitionen in den Aufbau neuer Kompetenzen, nämlich das Management von Händlerketten. Aufgrund der relativ höheren SG&A-Aufwendungen einer Handelskette führt die Vorwärtsintegration zudem typischerweise zu einer Verwässerung der Herstellermarge. Schließlich birgt die Vorwärtsintegration für den Hersteller, der sich nunmehr im direkten Wettbewerb mit seinen Kunden befindet, die Gefahr des Kundenverlustes. Angesichts dieser Nachteile, die im Einzelfall gravierend sein können, wählen die Hörgerätehersteller zum Teil auch Formen der »Quasi-Integration«, wie etwa Allianzen mit Händlern auf der Basis von Minderheitsanteilen, Franchise-Modelle, Händlerkredite oder Loyalitätsprogramme.

F
Schlussbemerkung und Ausblick

Das vorliegende Buch behandelt das Konzept der Commercial Due Diligence und betont dabei die Notwendigkeit, einer quantitativen strategischen Analyse, die zu messbaren Ergebnissen führt. Waren die 1990er Jahre deutlich davon geprägt, eine eher qualitative Bewertung des Targets in Form einer Market Due Diligence durchzuführen, ist die Commercial Due Diligence in den letzten Jahren »erwachsener« geworden. Sie hat endgültig die Ecke der Marktforschung verlassen und erreicht einerseits durch ihre enge Verzahnung mit der Financial Due Diligence und andererseits durch die Vorgabe, Analysen in Bezug auf Geschäftsmodell, Markt, Kunden, Wettbewerb und Business Plan quantitativ durchzuführen, eine neue Ebene der Analysetiefe. Entsprechend ist sie aus dem Kreis der anderen Due Diligence-Disziplinen nicht mehr wegzudenken.

Des Weiteren muss dem Commercial Due Diligence-Ansatz insbesondere auch bescheinigt werden, dass er ein Unternehmen eben nicht standardmäßig bewertet. Im Gegenteil beeinflussen Sondersituationen, in denen sich das zu prüfende Unternehmen strategisch befindet, die konkreten Analyseschritte einer Commercial Due Diligence. Wie im Kapitel »Spezialprobleme der Commercial Due Diligence« ausgeführt, ist die Sorgfältigkeitsprüfung aus kommerzieller Sicht entsprechend unterschiedlich anzugehen. Auch hier leistet die Commercial Due Diligence für Investoren und finanzierende Banken einen echten Mehrwert.

Quo vadis Commercial Due Diligence?

Was bedeutet dies nun für die nächsten Jahre? Ist das in diesem Buch vorgestellte Konzept der Commercial Due Diligence langfristig ausreichend? Vieles spricht dafür, dass sich die Commercial Due Diligence in drei maßgebliche Richtungen weiterentwickeln wird:

- Die Commercial Due Diligence wird bei strategischen Unternehmenskäufern zur Standardanforderung bei Due Diligence Prüfungen.

- Der Commercial Due Diligence-Berater wird durch Finanzinvestoren aktiv in die Wertsteigerung einbezogen.
- Die Commercial Due Diligence erfährt ihre inhaltlich logische Erweiterung um operative Analysethemen.

Corporates haben in der Vergangenheit in erster Linie damit argumentiert, dass sie eine Commercial Due Diligence bei Transaktionen mit eigenen Mitteln durchführen können. Die Argumentation bezieht sich auf das lokale Wissen um Märkte, Kunden und Wettbewerber. Diese Aussage ist grundsätzlich nicht falsch. Andererseits bestehen gute Gründe für den Einkauf der Commercial Due Diligence gerade auch durch strategische Investoren. Erstens internationalisieren sich gerade Großunternehmen immer stärker. Bei ihren externen Wachstumsbemühungen prüft dann oft ein Team aus Deutschland zusammen mit einem lokalen Team aus der jeweiligen Landesgesellschaft das Zielunternehmen. Auch ein strategischer Käufer führt dabei sämtliche Due Diligence-Prüfungen durch. In der Regel bedient er sich bei der Financial, Tax und Legal Due Diligence auch externer Dienstleister, nur die Commercial Due Diligence wird bislang eigenständig durchgeführt. Die Erfahrung hat gezeigt, dass die verantwortlichen Ländermanager letztere dann neben ihrer eigentlichen operativen Tätigkeit abarbeiten. Dabei werden sie zwar durchaus von der M&A-Abteilung oder Strategieabteilung aus dem Headquarter unterstützt, aber diese Unterstützung ist oft alles andere als ideal. Einerseits sitzen diese Abteilungen oft geografisch zu weit entfernt, andererseits existieren natürliche Egoismen zwischen Headquarter und Landesgesellschaften, die selten förderlich sind. Zweitens setzt sich in den entscheidungsbefugten Vorstandsgremien immer mehr die Erkenntnis durch, dass zur »Absicherung« der finalen Akquisitionsentscheidung neben der internen durchgeführten Due Diligence auch externe Meinungen wichtig sind. Vorstände wollen sich in diesem Zusammenhang gegenüber ihren Aufsichtsräten nicht nur absichern, sondern »benutzen« den externen Dienstleister auch ganz bewusst als Sparringspartner, um die eigene Akquisitionsstrategie zu hinterfragen, im positiven Fall zu bestätigen oder auch zu verwerfen. Drittens muss eine Commercial Due Diligence und die finale Bewertung, ob das Zielunternehmen eine sinnvolle Ergänzung zum strategischen Investor darstellt, oft in kürzester Zeit durchgeführt werden. Hier stößt das interne Team oftmals an Kapazitätsgrenzen und lagert daher diese Form der Due Diligence aus. Viertens sind Mitarbeiter eines strategischen Käufers, so methodisch sauber sie auch vorgehen und den Werkzeugkasten einer Commercial Due Diligence beherrschen, letztlich nicht fähig, Interviews entlang der Wertschöpfungskette zu führen. Ihre Informationsbeschaffung konzentriert sich auf Sekundärinformationen, d.h. intern verfügbare Berichte und interne Interviews. Externe Marktinterviews können sie schon aus Vertraulichkeitsgründen nicht führen. Angesichts all dieser Argumente wird es nur eine Frage der Zeit sein, bis die extern durchgeführte Commercial Due Diligence fester Bestandteil der Due Diligence Prüfungen bei strategischen Unternehmenskäufen ist.

Bei Wertsteigerungskonzepten von Finanzinvestoren nach dem Unternehmenskauf[145] geht es stets um vier zentrale Fragestellungen:

- Wo steht das Unternehmen heute?
- Wo will das Unternehmen morgen hin?
- Wie will das Unternehmen dort hin?
- Was hat das Unternehmen davon?

Letztlich beschreiben diese vier Fragestellungen den strategischen Planungsprozess, der seitens eines Finanzinvestors im erworbenen Unternehmen zu initiieren und zu kontrollieren ist. Schon ab dem ersten Tag nach dem Kauf müssen Finanzinvestoren zusammen mit dem verantwortlichen Management der ersten und zweiten Führungsebene das Unternehmen auf Basis der gewonnenen Ergebnisse der Diligence vertiefend analysieren. Nur dann ist eine Wertsteigerung auch tatsächlich möglich. Leider beobachtet man nach erfolgter Due Diligence und Closing, durchgeführter Kapitalerhöhung oder Anteilskauf oft das Phänomen, dass sich der am Eigenkapital beteiligte Private Equity Partner auf die Rolle des Controllers zurückzieht oder nur auf den vierteljährlich stattfindenden Gesellschafterversammlungen bzw. Aufsichtsratssitzungen aktiv wird. Dass er für seine Investoren aber nur Mehrwert bieten kann, wenn er auf Basis der durchgeführten Due Diligence und Vertragsverhandlungen ansetzt und das Unternehmen nochmals intensiv durchleuchtet, wird häufig nicht gesehen. Entsprechend sollte die erste Frage »Wo steht das Unternehmen heute?« noch einmal – dieses Mal »behind the curtain« – im Detail analysiert werden. Hierbei sind die Ergebnisse der Due Diligence durchaus hilfreich, aber nicht ausreichend. Findet diese in der Regel in Datenräumen und wegen der Geheimhaltung oftmals ohne die zweite Managementebene statt, gilt es nun, eine ausführliche strategische Analyse im erweiterten Managementkreis zu erarbeiten. Jedes Geschäftsfeld ist dabei zu durchleuchten. Neben der externen Analyse muss

145 Siehe dazu ausführlich Niederdrenk (2004).

das Unternehmen auf Basis quantitativer Kennzahlen untersucht werden. Danach wird durch internes und externes Benchmarking dann die grundsätzliche Performance des Unternehmens bewertet. Auf Basis dieser Ausgangssituation ist es nun möglich, abzuleiten, in welche Richtung sich das Unternehmen unter Berücksichtigung des Markt- und Wettbewerbsumfeldes und sonstiger exogener Umwelteinflüsse entwickeln muss, um nachhaltig dauerhaft erfolgreich zu sein. Eine Prozessbegleitung durch einen externen Moderator kann dabei helfen, den unterschiedlichen Status von Management und Gesellschaftern permanent sensibel zu steuern. Aufgrund seiner Erfahrungen mit dem Unternehmen bietet sich für diese Rolle der Commercial Due Diligence-Dienstleister an.

Schließlich ist es sinnvoll, die Commercial Due Diligence in Zukunft durch operative Analysepunkte zu ergänzen. Wie in diesem Buch immer wieder betont wurde, besteht die Zielsetzung der Commercial Due Diligence darin, die Geschäftsplanung des zu übernehmenden Unternehmens quantitativ zu validieren. Wer Commercial Due Diligence einerseits für Corporates beherrschen, andererseits als Dienstleister bei Wertsteigerungskonzepten unterstützen will, wird nicht darum herum kommen, die konkrete Business Planung neben dem Umsatz auch auf allen anderen Ebenen der Gewinn- und Verlustrechnung auf ihre Erreichbarkeit hin zu validieren. Aus Sicht der Corporates geht es dann darum, Synergiepotenziale in Umsatz und Kosten zu quantifizieren. Aus der Sicht des Beraters und Begleiters von Wertsteigerungskonzepten ist es maßgeblich, bereits in der Due Diligence-Phase operative Stellschrauben zu identifizieren, die direkten Einfluss auf das künftige Umsatz- und Ergebnisniveau haben. Beides setzt voraus, Einzelpositionen aus der Gewinn- und Verlustrechnung wie Materialaufwand, Personalaufwand und sonstige betriebliche Aufwendungen sowie insbesondere auch die zugrundeliegenden Unternehmensfunktionen wie Beschaffung, Administration, Vertrieb und Marketing, Forschung & Entwicklung und Produktion zu analysieren.

Abschließend bleibt festzuhalten, dass das in diesem Buch vorgestellte Konzept der Commercial Due Diligence den bislang noch weithin im Markt praktizierten Ansatz erheblich professionalisiert. Darüber hinaus besitzt die Commercial Due Diligence das Potenzial, sich als Disziplin auch künftig noch weiterzuentwickeln. Dabei wird ihre zentrale Funktion als Instrument des Risikomanagements im Transaktionskontext in einer Welt, die durch eine immer größere Volatilität und Unsicherheit gekennzeichnet ist, eher zu als abnehmen. Die Commercial Due Diligence kann dieser Rolle allerdings nur dann gerecht werden, wenn sich ihre Protagonisten der Herausforderung stellen, ihren Kunden eine unabhängige strategische Beratung anzubieten. Dies bedeutet dann aber auch, von einem Deal abzuraten, wenn er die strategische Logik einer erfolgreichen Transaktion nicht erfüllt. Oder wie der legendäre Bruce Wasserstein es einmal ausdrückte: »Sometimes winning is not doing the deal at all.«[146]

146 Wasserstein/Stewart/Morse (2008).

Literatur

Adolph, Gerald/Gilles, Simon/Krings, Joerg (2006) Strategic Due Diligence: A Foundation for M&A Success, strategy + business.

Aldering, Christoph/Högemann, Bernd (2005) Human Resources Due Diligence, in: Berens, Wolfgang/Brauner, Hans U./ Strauch, Joachim (Hrsg.), Due Diligence bei Unternehmensakquisitionen, 4. Auflage, Stuttgart, S. 513-538.

Anderson, Chris (2009) Free: The Future of a Radical Price, Hyperion, New York, New York.

Backhaus, Klaus (1997) Industriegütermarketing, 5. Auflage, Stuttgart.

Backhaus, Klaus/Schneider, Helmut (2009) Strategisches Marketing, 2. Auflage, Stuttgart.

Bass, Frank M. (1969) A New Product Growth Model for Customer Durables, Management Science, Vol. 15, S. 215-227.

Betko, Hans/Reiml, Dieter/Schubert, Peter (2005) Environmental Due Diligence, in: Berens, Wolfgang/Brauner, Hans U./ Strauch, Joachim (Hrsg.), Due Diligence bei Unternehmensakquisitionen, 4. Auflage, Stuttgart, S. 565-584.

Besanko, David/Dranove, David/Shanley, Mark/Schaefer, Scott (2004) Economics of Strategy, 3. Auflage, Hoboken, New Jersey.

Brebeck, Frank/Bredy, Jörg (2005) Financial Due Diligence I: Vermögen, Ertrag, Cashflow, in: Berens, Wolfgang/Brauner, Hans U./Strauch, Joachim (Hrsg.), Due Diligence bei Unternehmensakquisitionen, 4. Auflage, Stuttgart, S. 371-394.

Burnham, Thomas A./Frels, Judy K./Mahajan, Vijay (2003) Consumer Switching Costs: A Typology, Antecedents, and Consequences, Journal of the Academy of Marketing Science, 31/2, Spring 2003, S. 109-126.

Chesbrough, Henry William (2006) Open Business Models: How to Thrive in the New Innovation Landscape, Boston, Massachusetts.

Cool, Karel/Almeida Costa, Luis/Dierickx, Ingemar (2002) Constructing Competitive Advantage, in: Pettigrew, Andrew/Howard, Thomas/Whittington, Richard (Hrsg.), Handbook of Strategy and Management, London, S. 55-71.

Cool, Karel/Paranikas, Petros (2011) When Every Customer is a New Customer, Harvard Business Review, Mai 2011, Reprint F1105A.

Corts, Kenneth S./Rivkin, Jan W. (2000) A Note on Microeconomics for Strategists, Teaching Note 9-799-128, Harvard Business School.

Cullinan, Geoffrey/Le Roux, Jean Marc/Weddigen, Rolf-Magnus (2004) When to Walk Away from a Deal?, Harvard Business Review, April 2004, Reprint R0404F.

Cullinan, Geoff/Holland, Tom (2002) Strategic Due Diligence, in: Rosenbloom, Arthur H. (Hrsg.), Due Diligence for Global Deal Making: The Definite Guide to Cross-Border Mergers and Acquisitions, Joint Ventures, Financings and Strategic Aliances, Princeton, New Jersey, S. 13-50.

D'Aveni, Richard A. (2007) Mapping Your Competitive Position, Harvard Business Review, November 2007, Reprint R0711G.

Davenport, Thomas H. (2005) The Coming Commoditization of Processes, Harvard Business Review, Juni 2005, Reprint R0506F.

Dorfs, Joachim (2007) Die Herausforderer: 25 neue Weltkonzerne, mit denen wir rechnen müssen, München.

Dranove, David/Marciano, Sonia (2005) Kellogg on Strategy: Concepts, Tools, and Frameworks for Practitioners, Hoboken, New Jersey.

Fritzsche, Michael/Griese, Markus (2005) Legal Due Diligence, in: Berens, Wolfgang/Brauner, Hans U./Strauch, Joachim (Hrsg.), Due Diligence bei Unternehmensakquisitionen, 4. Auflage, Stuttgart, S. 457-488.

Frühauf, Stefan/Niederdrenk, Ralph (2008) Wie ein Unternehmen den Kaufprozess organisiert, Frankfurter Allgemeine Zeitung, 7. Juli 2008, Nr. 156, S. 20.

Gadiesh, Orit/Gilbert, James L. (1998a) Profit Pools: A Fresh Look at Strategy, Harvard Business Review, Mai–Juni 1998, Reprint 98305.

Gadiesh, Orit/Gilbert, James L. (1998b) How to Map Your Industry's Profit Pool, Harvard Business Review, Mai– Juni 1998, Reprint 98306.

Ghemawat, Pankaj/Pisano, Gary (1997) Sustaining Superior Performance: Commitments and Capabilities, Teaching Note 9-798-008, Harvard Business School.

Ghemawat, Pankaj (1991) Commitment: The Dynamic of Strategy, Free Press, New York, New York.

Ghemawat, Pankaj/Rivkin, Jan W. (2006) Creating Competitive Advantage, Teaching Note 9-798-062, Harvard Business School.

Grant, Robert M. (2005) Contemporary Strategy Analysis, Oxford, 5. Auflage.

Greenwald, Bruce/Kahn, Judd (2005a) Competition Demystified: A Radically Simplified Approach to Business Strategy„ New York, New York.

Greenwald, Bruce/Kahn, Judd (2005b) All Strategy Is Local, Harvard Business Review, September 2005, Reprint R0509E.

Hagel, John III/Singer, Marc (1999) Unbundling the Corporation, Harvard Business Review, März-April 1999, Reprint 99205.

Hansen, Hauke/Huhn, Wolfgang/Legrand, Olivier/Steiners, Daniel/Vahlenkamp, Thomas (2009) CapEx Excellence: Optimizing Fixed Asset Investments, Chichester, West Sussex.

Heuskel, Dieter (2004) Dekonstruktion: Die Wertschöpfung als dritte Dimension der Wettbewerbsstrategie; in: Fink, Dietmar (Hrsg.), Management Consulting Fieldbook: Die Ansätze der großen Unternehmensberater, 2. Auflage, München, S. 160-168.

Hertz-Eichenrode, Albrecht/Illenberger, Stephan/Jesch, Thomas A./Keller, Harald/Klebeck, Ulf/Rocholl, Jörg (2011) Private-Equity-Lexikon, Stuttgart (in Kürze erscheinend).

Holmes, Andrew (2008) Commoditization and the Strategic Response, Aldershot, Hampshire.

Johnson, Mark W./Christensen, Clayton M./Kagermann, Henning (2008) Reinventing Your Business Model, Harvard Business Review, Dezember 2008, Reprint R0812C.

Johnson, Mark W. (2010) Seizing the White Space: Business Model Innovation for Growth and Renewal, Boston, Massachusetts.

Kachaner, Nicolas/Lindgardt, Zhenya/Michael, David (2010) The New »Low Cost«, Boston Consulting Group, http://www.bcg.com/images/file62193.pdf.

Kaiser, Avid (2009) Solarindustrie – Nur die Starken überleben, Manager Magazin, 20.07.2009, http://www.manager-magazin.de/unternehmen/energie/0,2828,636790,00.html.

Kashani, Kamran (2006) Fighting Commoditization – Strategies for Creating Novel Customer Values, IMD Perspectives for Managers, No. 137, Oktober 2006.

Kegel, Nils/Müller, Matthias (2008) Alles zu seiner Zeit – Wie Private Equity-Häuser durch die Ausnutzung von Bewertungszyklen den Wert ihrer Investitionen erhöhen können, Venture Capital Magazin, Heft 1/2008, S. 42-43.

Kim, W. Chan / Mauborgne, Renée (2005) Blue Ocean Strategy, Boston, Massachusetts.

Kim, W. Chan / Mauborgne, Renée (2004) Blue Ocean Strategy, Harvard Business Review, Oktober 2004, Reprint R0410D.

Knust, Cornelia (2011) Eine Branche rettet ihr Geschäftsmodell, Online Ausgabe des Manager Magazins vom 26. April 2011, http://www.manager-magazin.de/politik/deutschland/0,2828,757952,00.html.

Klawitter, Nils / Schmitt, Jörg (2009) Der lachende Vierte, Der Spiegel, Heft 53/2009, S. 81.

Koch, Alfred / Menke, Jan-Philipp (2005) IT Due Diligence, in: Berens, Wolfgang. / Brauner, Hans U. / Strauch, Joachim (Hrsg.), Due Diligence bei Unternehmensakquisitionen, 4. Auflage, Stuttgart, S. 615-650.

Koller, Tim / Goedhart, Marc / Wessels, David (2005) Valuation: Measuring and Managing the Value of Companies, Hoboken, New Jersey, 4. Auflage.

Kraljic, Peter (1985) Versorgungsmanagement statt Einkauf, Harvard Business Manager vom 2.1.1995, S. 6ff..

Kumar, Nirmalya (2006) Strategies to Fight Low-Cost Rivals, Harvard Business Review, Dezember 2006, Reprint R0612F.

Laker, Michael / Zinöcker, Richard (2006) Eine Preisschlacht gewonnen, den Preiskrieg verloren?, Absatzwirtschaft – Zeitschrift für Marketing, 12/2006, S. 44-47.

Lele, Milind M. (2006) Monopoly Rules, London.

Leszinski, Ralf / Marn, Michael V. (1997) Setting Value, Not Price, McKinsey Quaterly, Number 1, S. 98-115.

Linder, Jane / Cantrell, Susan (2000) Changing Business Models: Surveying the Landscape, Accenture Institute for Strategic Change.

Maaß, Ingrid / Müller, Matthias (2006) Chinas »Going Global« – Eine Chance für den deutschen Mittelstand, M&A Review, Heft 10/2006, S. 428-434.

Mauboussin, Michael J. (2004) The Economics of Customer Businesses, Mauboussin on Strategy, Legg Mason Capital Management.

Mauboussin, Michael J. / Johnson, Paul (1997) Competitive Advantage Period: The Neglected Value Driver, Credit Suisse First Boston, Frontiers of Finance.

Magretta, Joan (2002) Why Business Models Matter, Harvard Business Review, Mai 2002, Reprint R0205F.

Marn, Michael V. / Roegner, Eric V. / Zawada, Craig C. (2004) The Price Advantage, Hoboken, New Jersey.

Mittal, Vikas / Sarkees, Matthew / Mursheed, Feisal (2008) The Right Way to Manage Unprofitable Customers, Harvard Business Review, April 2008, Reprint R0804F.

Mueller, Dennis C. (1986) Profits in the Long Run, Cambridge.

Mullins, John / Komisar, Randy (2009) Getting to Plan B – Breaking Through to a Better Business Model, Boston, Massachusetts.

Niederdrenk, Ralph (2004) Der Weg zum Erfolg – Wie Finanzinvestoren tatsächlich Mehrwert bieten können!, M&A Review, Heft, 12/2004, S. 528-531.

Niederdrenk, Ralph / Müller, Matthias (2008) Dealbreaker früh erkennen: Frühzeitige Analysen gewinnen infolge der Kreditmarktkrise an Bedeutung, Finance Magazin, Juni 2008.

Niederdrenk, Ralph / Müller, Matthias (2009) Wettbewerb aus Schwellenländern: Eine neue Herausforderung für die Commercial Due Diligence, M&A Review, Heft 3/2009, S. 114-119.

Niederdrenk, Ralph / Müller, Matthias (2010) Jetzt geht es um die Wurst(hülle): Zur Überprüfung des Transaktionsmotives der aktiven Marktkonsolidierung im Rahmen der Commercial Due Diligence, M&A Review, Heft 1/2010, S. 25-32.

Niederdrenk, Ralph / Müller, Matthias (2011) Vendor Due Diligence, in: Hertz-Eichenrode, Albrecht / Illenberger, Stephan / Jesch, Thomas A. / Keller, Harald et al. (2011), Private-Equity-Lexikon, Stuttgart, S. 211-212.

Ofek, Elie (2007) Forecasting the Adoption of a New Product, Revised Teaching Note 9-505-062, Harvard Business School.

Osterwalder, Alexander (2004) The Business Model Onthology, Dissertation, Universite de Lausanne, Ecole des Hautes Etudes Commerciales.

Osterwalder, Alexander / Pigneur, Yves (2010) Business Model Generation, Hoboken, New Jersey.

Pil, Frits K. / Holweg, Matthias (2006) Evolving from Value Chain to Value Grid, MIT Sloan Management Review, Sommer 2006, Vol. 47, Nr. 4, S. 72-80.

Porter, Michael E. (1980) Competitive Strategy: Techniques for Analyzing Industries and Competitors, New York, New York.

Porter, Michael E. (1985) Competitive Advantage: Creating and Sustaining Superior Performance, New York, New York.

Porter, Michael E. (2007) Understanding Industry Structure, Teaching Note 9-707-493, Harvard Business School.

Potter, Don (2004) Confronting Low-End Competition, MIT Sloan Management Review, Sommer 2004, Vol. 45 No. 4, S. 73-78.

Rappaport, Alfred (1998) Creating Shareholder Value: A Guide for Managers and Investors, 2. Auflage, New York, New York.

Rautenberg, Arndt F. / Rothauge, Frank A. / Ha, Sung / Specht, Wolfgang (2009) Anschluss Gesucht: Konsolidierung im deutschen Breitbandmarkt, OC&C Strategy Consultants / Sal. Oppenheim.

Reichheld, Frederick F. (1996) The Loyalty Effect, Boston, Massachusetts.

Rentzig, Sascha (2006) Enough silicon soon, new energy, Heft 6/2006, S. 46-49.

Ritson, Mark (2009) Should you launch a fighter brand?, Harvard Business Review, Oktober 2009, Reprint R0910K.

Roegner, Eric V. / Seifert, Torsten / Swinford, Dennis D. (2001) Putting a Price on Solutions, The McKinsey Quarterly, Nr. 3/2001, S. 94-97.

Rogers, Everett M. (Hrsg.) (2003) Diffusion of Innovations, 5. Auflage, New York, New York.

Rumelt, Richard P. (1984) Towards a Strategic Theory of the Firm, in: Lamb, Robert (Hrsg.), Competitive Strategic Management, Prentice-Hall, Englewood Cliffs, New Jersey, S. 556-570.

Ryans, Adrian (2009) Beating Low Cost Competition, Chichester, West Sussex.

Schmidt, Ingo (1996) Wettbewerbspolitik und Kartellrecht, 5. Auflage, Stuttgart.

Schmiedeberg, Armin / Gnamm, Jörg (2010) Stahl: Höhere Preise, mehr Volatilität, geringere Renditen, Bain & Company, http://www.bain.de/home/publikationen.

Schuh, Christian / Kromoser, Robert / Pérez, Ramon Romero / Strohmer, Michael / Triplat, Alenka (2008) Das Einkaufsschachbrett, Wiesbaden.

Schumacher, Nikolas / Warschun, Mirko / Kaltenbach, Timo / Stratmann, Jochen (2008) Kein Ohr am Kunden: Tonlage auf dem deutschen Hörgerätemarkt verschäft sich, A. T. Kearney, Executive Brief, http://www.atkearney.de/content/veroeffentlichungen/executivebriefs–detail.php/id/50476/practice/pharma.

Sebastian, Karl-Heinz / Maessen, Andrea (2003) Pricing-Strategie: Wege zur nachhaltigen Gewinnmaximierung, White Paper, Simon-Kucher & Partners.

Sebastian, Karl-Heinz / Niederdrenk, Ralph / Tesch, Andreas (1998) Market Due Diligence: Bewertung von Unternehmen aus Sicht des Marktes, M&A Review, Heft 5 1998, S. 207-211.

Sebastian, Karl-Heinz / Niederdrenk, Ralph / Tesch, Andreas (2005) Market Due Diligence, in: Berens, Wolfgang. / Brauner, Hans U. / Strauch, Joachim (Hrsg.), Due Diligence bei Unternehmensakquisitionen, 4. Auflage, Stuttgart, S. 490-511.

Seidensticker, Franz-Josef / Ming, Josef / Winterer, Christoph (2004) Die Kraft aus dem Kern: Strategien für nachhaltig profitables Wachstum, Bain & Company, http://www.bain.de/home/publikationen.

Simon, Hermann (1992) Preismanagement: Analyse – Strategie – Umsetzung, 2. Auflage, Wiesbaden.

Simon, Hermann (2006) Märkte ohne Margen, Manager Magazin vom 17.05.2006, http://www.manager-magazin.de/magazin/artikel/0,2828,407375,00.html.

Simon, Hermann / von der Gathen, Andreas (2010) Das große Handbuch der Strategieinstrumente: Alle Werkzeuge für eine erfolgreiche Unternehmensführung, 2. Auflage, Frankfurt am Main.

Slywotzky, Adrian J. / Wise, R. / Weber K. (2003) How to Grow When Markets Don't, New York, New York.

Strähler, Patrick (2002) Geschäftsmodelle in der digitalen Ökonomie. Merkmale, Strategien und Auswirkungen, 2. Auflage, Lohmar.

Stuckey, John / White, David (1993) When and When Not to Vertically Integrate, Sloan Management Review, Band 34, Nummer 3, S. 71-83.

Taleb, Nassim Nicholas (2010) The Black Swan: The Impact of the Highly Improbable, London, 2. Auflage.

Treacy, Michael / Wiersema, Fred (1995) The Discipline of Market Leaders, New York, New York.

van der Heijden, Kees (2005) Scenarios – The Art of Strategic Conversation, 2. Auflage, Chichester, West Sussex.

Viguerie, Patrick / Smit, Sven / Baghai, Mehrdad A. (2008) The Granularity of Growth, Hoboken, New Jersey.

Wasserstein, Bruce / Stewart, Thomas A. / Morse, Gardiner (2008) Giving Great Advice: An Interview with Bruce Wasserstein, Harvard Business Review, Januar 2008, Reprint R0801G.

Welbers, Hartwig (2005) Tax Due Diligence, in: Berens, Wolfgang. / Brauner, Hans U. / Strauch, Joachim (Hrsg.), Due Diligence bei Unternehmensakquisitionen, 4. Auflage, Stuttgart, S. 435-456.

Welge, Martin K. / Al-Laham, Andreas (2003) Strategisches Management, Wiesbaden, 4. Auflage.

William Demant (2008) Distribution Channel Discussion, Präsentation, Capital Market Day 2008, 23. September, abrufbar unter http://www.demant.com/events.cfm.

Zeng, Ming / Williamson Peter J. (2007) Dragons at Your Door: How Chinese Cost Innovation is Disrupting Global Competition, Boston, Massachusetts.

Zook, Chris / Allen, James (2003) Growth Outside the Core, Harvard Business Review, Dezember 2003, Reprint R0312E.

Zook, Chris (2003) Beyond the Core: Expand Your Market Without Abandoning Your Roots, Boston, Massachusetts.

Zook, Chris (2007) Finding Your Next Core Business, Harvard Business Review, April 2007, Reprint R0704D.

Abbildungsverzeichnis

Stichwortverzeichnis

f

g

h

i

Über die Autoren

Dr. Ralph Niederdrenk

Dr. Ralph Niederdrenk ist als Partner für die PwC Strategy Group tätig. In dieser Funktion berät er Private Equity Investoren und Industrieunternehmen aus den Branchen Industriegüter, Automobil und industrienahe Dienstleistungen bei Formulierung ihrer M&A- und Wachstumsstrategien. Einen besonderen Schwerpunkt bildet dabei die Commercial Due Diligence.

Zuvor arbeitete Ralph Niederdrenk vier Jahre im Private Equity bei der capiton AG und fünf Jahre in der Unternehmensberatung bei Simon–Kucher&Partners. Bei der capiton AG zeichnete er sich verantwortlich für Transaktionen vom Erstkontakt bis zum Exit im Rahmen von Management Buy Outs. Bei Simon–Kucher&Partners war Ralph Niederdrenk verantwortlich für Commercial Due Diligence und Wachstumsstrategieprojekte.

Ralph Niederdrenk studierte Betriebswirtschaftslehre an der Universität Bayreuth und an der ESC Dijon. Er promovierte zum Thema „Strategien für Zulieferunternehmen in der Automobilindustrie" an der Universität Bayreuth. Er ist Autor zahlreicher Artikel, u. a. in der Frankfurter Allgemeinen Zeitung, im Handelsblatt, in der M&A Review oder im Finance Magazin.

Matthias Müller

Matthias Müller ist als Senior Manager für die PwC Strategy Group tätig. In dieser Funktion berät er Private Equity Investoren und Industrieunternehmen aus den Branchen Industriegüter, Automobil und industrienahe Dienstleistungen bei Formulierung ihrer M&A- und Wachstumsstrategien. Einen besonderen Schwerpunkt bildet dabei die Commercial Due Diligence.

Zuvor arbeitete Matthias Müller für das Industrial Investment Council (IIC), eine öffentlich getragene Akquisitions- und Beratungsgesellschaft mit der Aufgabe, ausländische Direktinvestitionen für den Industriestandort

Ostdeutschland zu gewinnen. In dieser Rolle begleitete er zahlreiche Industrie- und Dienstleistungsunternehmen aus den USA und dem europäischen Ausland bei der Umsetzung ihrer Internationalisierungsstrategien. Er arbeitete zunächst am Hauptsitz des IIC in Berlin, bevor er die Leitung des in Tokio ansässigen Asienbüros mit Akquisitionsverantwortung für Japan, China und Südkorea übernahm.

Matthias Müller studierte Rechtswissenschaften an der Universität Passau, dem King's College London und der Humboldt-Universität zu Berlin. Er ist zudem Absolvent der London School of Economics (LSE), wo er einen Masterabschluss in International Political Economy erwarb. Er ist Autor zahlreicher Artikel in der M&A Review, dem Finance Magazin und dem Venture Capital Magazin.

TJI62834-9783527506682-15-11-17